特 集

マイコンによって力率改善回路やスイッチング電源を制御する
ディジタル制御電源の実践研究

ディジタル制御電源とは,広義にはシリアル通信やパラレル転送によるディジタル信号を使って,出力電圧の設定を行うものや,複数出力のON/OFF制御,電源シーケンスの制御を行うものなども含まれます.しかしここでは,マイコンのプログラムによって安定化電源のフィードバック制御を処理するものに限定して,ディジタル制御電源とします.従来からあるアナログ方式のフィードバック制御では実現が難しかった特殊な電源装置,プログラムによるきめ細かい動作設定を可能としつつ,仕様変更などに柔軟に対応できる電源装置の設計が容易になります.最近では,ディジタル制御電源に特化したマイコンのラインナップも増えてきています.複雑化と多様化の進むパワー・エレクトロニクスの制御にこそ,マイコンの活用が必須の時代になってきました.

第1章	dsPICマイコンを使用した電流臨界モードPFCの実験
第2章	全波整流ハーフ・ブリッジLLC共振コンバータの設計と試作
第3章	本格的フルディジタル制御電源の製作記
Appendix-1	ディジタル電源用マイコン「アリゲータ」の概要
Appendix-2	評価と制御ソフトウェアの概要
第4章	ディジタル電源スタータ・キットの動作実験

グリーン・エレクトロニクス No.13

マイコンによって力率改善回路やスイッチング電源を制御する
特集　ディジタル制御電源の実践研究

ディジタル制御による電流高調波の抑制
第1章　dsPIC マイコンを使用した電流臨界モード PFC の実験　田本 貞治 …… 4
- PFC の基礎 —— 4
- 臨界モード PFC の回路を製作して実験を行う —— 6
- 臨界モード PFC の動作実験 —— 13

高効率で低ノイズのスイッチング電源をマイコンで制御する
第2章　全波整流ハーフ・ブリッジ LLC 共振コンバータの設計と試作　喜多村 守 …… 17
- 全波整流ハーフ・ブリッジ LLC 共振コンバータ —— 17
- 全波整流ハーフ・ブリッジ LLC 共振コンバータの試作 —— 24
- 電源制御プログラムの設計 —— 31
- 試作電源の特性 —— 39

専用マイクロコントローラ Alligator を使った
第3章　本格的フルディジタル制御電源の製作記　並木 精司 / 星野 博幸 …… 40
- ディジタル制御電源の普及を阻害する要因 —— 40
- ディジタル制御電源の開発コンセプト —— 40
- 設計した回路の説明 —— 41
- 調整治具に関する説明 —— 51

Appendix-1　ディジタル電源用マイコン「アリゲータ」の概要 …… 53

Appendix-2　評価と制御ソフトウェアの概要 …… 57
- 試作電源の動作評価 —— 57
- ディジタル電源の制御ソフトウェアの概要 —— 59
- コラム　これからディジタル電源を開発する人へのアドバイス —— 60

dsPIC33FJ を使用したディジタル制御スイッチング電源評価ボード
第4章　ディジタル電源スタータ・キットの動作実験　田本 貞治 …… 62
- ディジタル電源ボードはどのようになっているか —— 62
- 降圧コンバータと昇圧コンバータを動作させてみる —— 69
- プログラムをビルドして実装する —— 74
- プログラムの設定値を確認する —— 75
- 演算パラメータを確認する —— 76

表紙デザイン　アイドマ・スタジオ（柴田 幸男）
表紙写真　矢野 渉

CONTENTS

GE Articles

特設記事 アダプティブ・ディジタル電源コントローラ ZL6105
アナログ制御を凌駕するディジタル制御電源
クリス・ヤング，訳：鏑木 司 ……………………………………………… 79
- 概要 —— 79
- ディジタル電源コントローラ ZL6105 —— 80

Appendix-A 先進ディジタル電源技術の現状と特長 …………………………………… 88

デバイス ディジタル制御によって高速応答と高効率を実現した
最新の POL デバイスをテストする　瀬川 毅 …………………………………… 92
- PI33xx シリーズの概要と特性 —— 92
- 出力電圧の変動とその対策 —— 96
- コラム　POL とは —— 99

デバイス 8 ピンでハイ・サイド・ドライバを内蔵した LLC コンバータ用コントローラ
IRS2795 シリーズを使用した LLC 共振電源の設計
吉岡 均 ……………………………………………………………………… 100
- IRS2795 の概要と機能 —— 100
- 動作モード —— 101
- 実装上の注意 —— 104
- LLC 共振ハーフ・ブリッジ・コンバータの動作 —— 104
- トランスと共振回路の設計 —— 107
- 損失 —— 112
- 周辺部品と評価ボード —— 114

デバイス $V_{in} = 8 \sim 30\,V$, $V_{out} = 3 \sim 16\,V$, $I_{out} = 0 \sim 2\,A$
**TO-220 パッケージで簡単に使える
DC-DC コンバータ・モジュール MPM80**　岡部 康寛 ……………………… 119
- レギュレータの種類 —— 119
- DC-DC コンバータの設計法 —— 120
- DC-DC コンバータを設計する際の注意点 —— 121
- DC-DC コンバータ・モジュール MPM80 —— 124

第1章

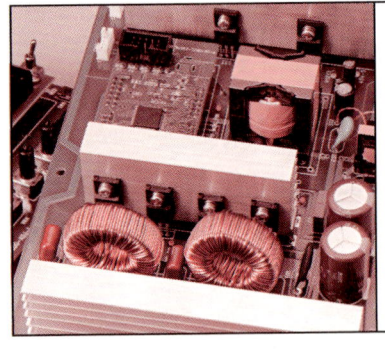

ディジタル制御による電流高調波の抑制

dsPICマイコンを使用した電流臨界モードPFCの実験

田本 貞治
Tamoto Sadaharu

　交流から直流に変換する電源では，商用電源を流れる電流に高調波成分が多いと，電力機器の過熱や動作不安定や唸りなどの悪影響が出てきます．また，高調波電流は力率を悪化させます．その結果，無効電流が増えることにより配電系統を流れる電流も増えるので，損失が増えることになります．

　そこで，このような電源では，高調波電流を抑制する回路を使用して入力電流を正弦波電流にします．このような回路をPFC（Power Factor Correction）といいます．また，力率を1に近づけるため，力率改善回路ともいいます．ここでは，PFC回路にマイコンを使用したディジタル制御により実験を行います．

PFCの基礎

● PFC回路とは

　トランジスタを1個使用する代表的なPFC回路を図1に示します．

　図1のPFC回路はいろいろな制御方式が提案されていますが，電流に着目すると図2のように，電流連続モード，電流臨界モード，電流不連続モードに分けることができます．

▶電流連続モード

　電流連続モードは，トランジスタのスイッチングに対して，チョーク・コイル電流は連続的に流れ，最も高調波電流を抑制することができます．しかし，この方式はスイッチング・トランジスタON時に整流ダイオードのリバース・リカバリ電流が流れます．そのため，スイッチング・ノイズの発生が大きいので，対策のためにノイズ・フィルタを強化する必要があります．

▶電流臨界モード

　一方，電流臨界モードは，整流ダイオードを流れている電流がゼロになったときにスイッチング・トランジスタをONします．そのため，ダイオードのリバー

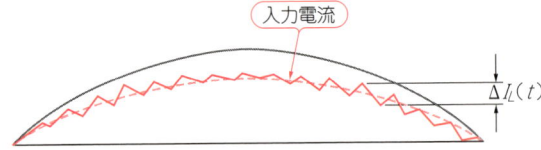

（a）電流連続モードPFC

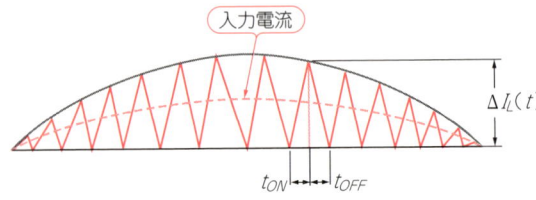

（b）電流臨界モードPFC

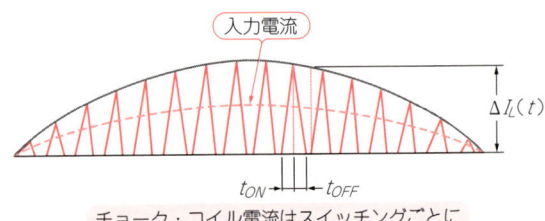

（c）電流不連続モードPFC

図2　PFCの電流モード

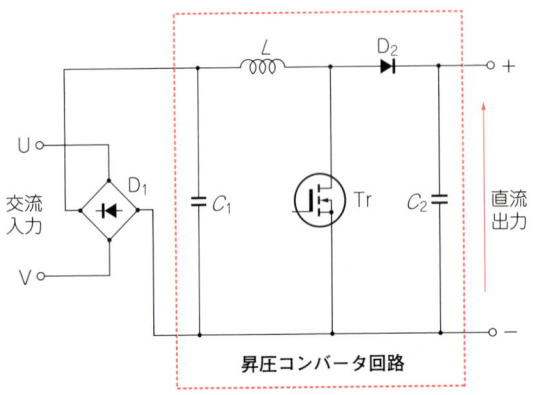

図1　1石式PFCの回路構成

ス・リカバリ電流が流れず，ノイズの発生が少ないので，最近はノイズを嫌うテレビ用の電源などで使用されるようになりました．しかし，チョーク・コイルを流れる電流のピーク値は入力電流の2倍になり，リプル電流が大きくなります．そのため，トランジスタの電流定格を大きくする必要があります．

▶電流不連続モード

電流不連続モードは最も簡単な制御で実現でき，回路を流れる電流は不連続になります．そのため，ダイオードのリバース・リカバリ電流は流れず，ノイズの発生も少ないのですが，高調波電流は他の制御法に比べると抑制効果は低くなります．また，チョーク・コイルを流れる電流のピーク値も電流臨界モードよりさらに大きくなり，半導体の定格も大きくなります．

この章では，ノイズの発生が少なく，高調波電流の抑制も良好な電流臨界モードについて実験を行い，どのくらい高調波電流が圧縮できるかを確認します．ここでは，マイクロチップ・テクノロジーの「dsPICマイコン」を使用して，ディジタル制御で実験します．

● 電流臨界モードPFCの動作原理

図1の回路は，入力のブリッジ整流ダイオードの後に昇圧コンバータを接続した回路となっています．電流臨界モードPFCの動作原理を考えるために，図1の回路をトランジスタがONしたときと，トランジスタがOFFしたときに分けて等価回路を作成すると，図3(a)(b)の回路ができます．

トランジスタがONしたときは，入力電源をチョーク・コイルを介してトランジスタで短絡します．これにより，チョーク・コイルに電流が流れてエネルギーを蓄積します．負荷には，出力コンデンサから放電して電力を供給します．

トランジスタがOFFすると，チョーク・コイル電流は流れ続けようとして，入力電源からチョーク・コイルとダイオードを通して，出力コンデンサと負荷に電流が流れます．

トランジスタがONしたときと，OFFしたときのチョーク・コイルの電流変化に着目して微分方程式を立てると，式(1)と式(2)ができます．

$$L \frac{di_L}{dt} = v_{in} \quad \cdots\cdots\cdots\cdots\cdots\cdots\cdots\cdots\cdots\cdots\cdots (1)$$

$$L \frac{di_L}{dt'} = V_{out} - v_{in} \quad \cdots\cdots\cdots\cdots\cdots\cdots\cdots (2)$$

式(1)および式(2)で，Lはチョーク・コイルのインダクタンス，i_Lはチョーク・コイル電流の瞬時値，v_{in}は入力電圧の瞬時値，V_{out}は出力電圧です．

図4のように，トランジスタがONしているときの電流はdi_L/dtの傾斜で増加します．トランジスタがOFFすると，チョーク・コイル電流はトランジスタからダイオードに転流し流れ続けます．そのときの電流は，di_L/dt'の傾斜で減少します．そこで，ちょうどダイオード電流が0Aになったときにトランジスタをオンすると，電流臨界モードとなります．

このように動作すると，図4の電流波形のようにチョーク・コイル電流は三角波になるので，三角波の平均電流はピーク電流の1/2になります．すなわち，式(3)のように，チョーク・コイル電流は入力電流の瞬時値$i_{in}(t)$の2倍のピーク電流$\Delta I_L(t)$になります．

$$2 i_{in}(t) = \Delta I_L(t) \quad \cdots\cdots\cdots\cdots\cdots\cdots\cdots\cdots\cdots (3)$$

トランジスタのON時間を$t_{ON}(t)$とし，チョーク・コイルの電流変化が直線的であるとすると，式(1)のdi_Lは$\Delta I_L(t)$に，dtは$t_{ON}(t)$に置き換えることができます．

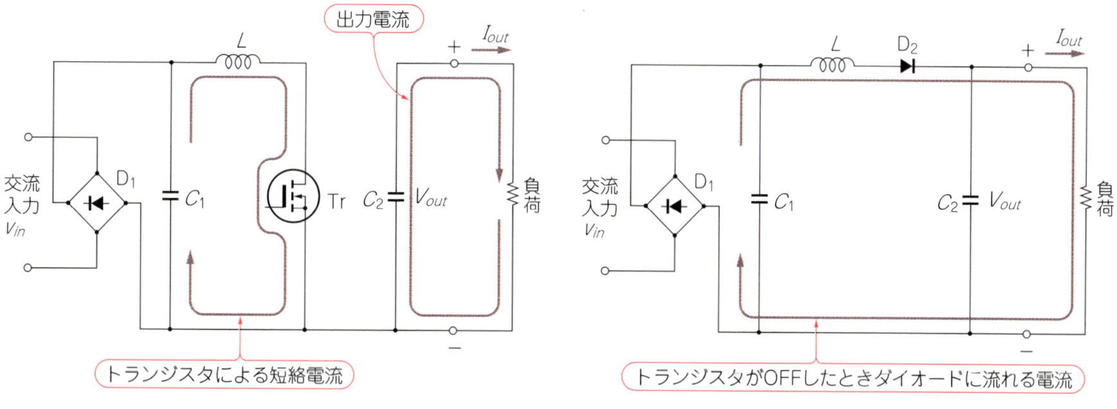

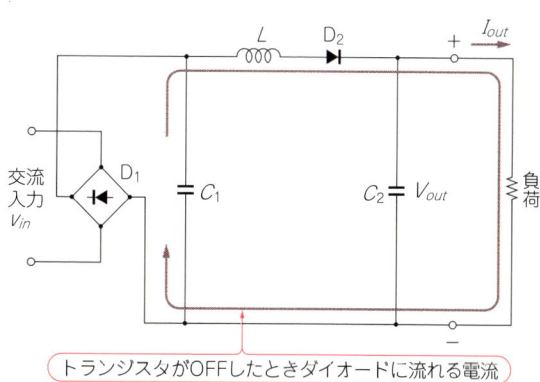

(a) トランジスタがONしたときの等価回路

トランジスタがONすると電源をLを介して短絡してチョーク・コイルに電流が流れる．このときの電流変化をdi_L/dtとする．電流変化は増加方向である

(b) トランジスタがOFFしたときの等価回路

トランジスタがOFFすると電源とC_1からチョーク・コイルとダイオードD_2を介して出力コンデンサC_2と負荷に電流が流れる．このときの電流変化をdi_L/dt'とする．電流変化は減少方向である

図3 電流臨界モードPFCの動作時の等価回路

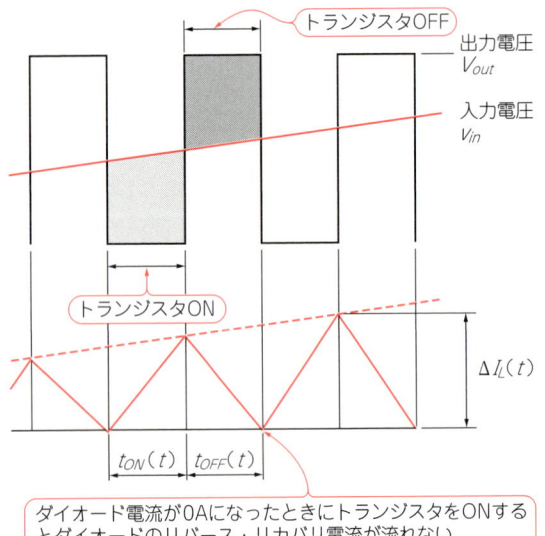

図4 電流臨界モードでの電流変化

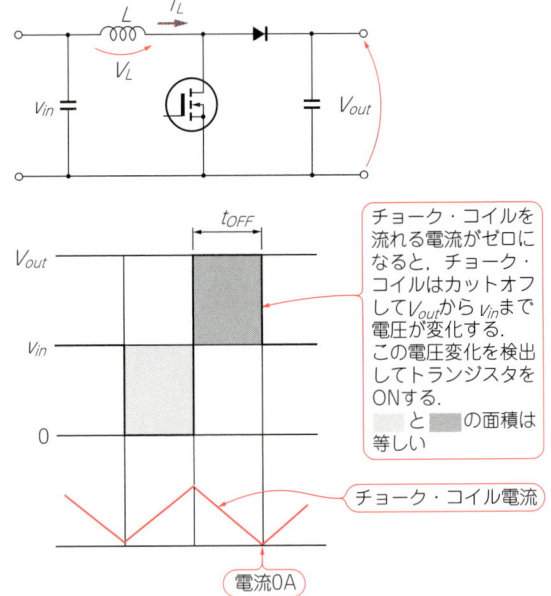

図5 電流臨界モード時のチョークコイルの電圧変化

また，入力電圧はsinを使用した瞬時値で表せますので，式(1)は式(4)のように書き直すことができます．式(4)のV_{inRMS}は入力電圧の実効値です．

$$L\frac{\Delta I_L(t)}{t_{ON}(t)} = \sqrt{2}V_{inRMS}\sin(\omega t) \cdots\cdots\cdots\cdots (4)$$

さらに，式(3)の$i_{in}(t)$は入力電流の瞬時値なのでsinを使用して表します．すると，$\Delta I_L(t)$は$i_{in}(t)$を使用して式(5)となります．

$$\Delta I_L(t) = 2i_{in}(t) = 2\sqrt{2}I_{inRMS}\sin(\omega t) \cdots\cdots (5)$$

式(5)のI_{inRMS}は入力電流の実効値です．

次に，式(4)に式(5)を代入して$\sin(\omega t)$を消去すると，式(6)ができあがります．

$$L\frac{2I_{inRMS}}{t_{ON}(t)} = V_{inRMS} \cdots\cdots\cdots\cdots\cdots\cdots\cdots (6)$$

式(6)から$t_{ON}(t)$，すなわちトランジスタのON時間は，チョーク・コイルのインダクタンスと入力電流と入力電圧で決まることがわかります．負荷が一定で入力電流が変化しないとすると，トランジスタのON幅は変化しないということになります．

すなわち，電流臨界モードの場合は入力電圧の位相によってパルス幅は変化しないので，直流電源と同様のパルス幅制御でよいことになります．また，チョーク・コイルのインダクタンスはトランジスタのON時間を決めると入力電流と入力電圧で決まるので，電源容量が決まるとチョーク・コイルのインダクタンスも決まります．

それでは，トランジスタのON時間が一定とすると何が変化するのでしょうか．それは，**図4**のようにトランジスタのOFF時間が変化することになります．その結果，電流臨界モードPFCでは，トランジスタのON時間は一定でOFF時間が変わり，スイッチング周期が変化することになります．

● 電流臨界モードPFCでは電流0Aの検出が必要

電流臨界モードPFCでは，ダイオード電流がゼロまで低下したときにトランジスタをONする必要があります．そのためには，電流ゼロを検出しなければなりません．

電流検出の方法としては，ダイオード電流が0Aになったことを直接検出する方法もありますが，この方法ではノイズにより0A検出が難しくなります．そこで，**図5**のように，ダイオード電流が0Aになると，チョーク・コイルはカットオフしてチョーク・コイルの両端電圧が急激に変化します．このチョーク・コイル電圧の変化を捉えて電流0Aを検出します．

臨界モードPFCの回路を製作して実験を行う

● 電流臨界モードPFCのハードウェア

まず，電流臨界モードPFCの仕様を決めます．この仕様を**表1**に示します．定格入力電圧はAC 100 Vです．定格出力電圧はDC 180 V，出力容量は270 Wで1.5 Aの出力電流となっています．

図6に実験用のPFC回路を示します．また，実際の実験ボードの外観を**写真1**に示します．この実験ボードでは，電流検出は必要ありませんが，電流連続モードの実験もできるように，電流検出回路が実装してあります．

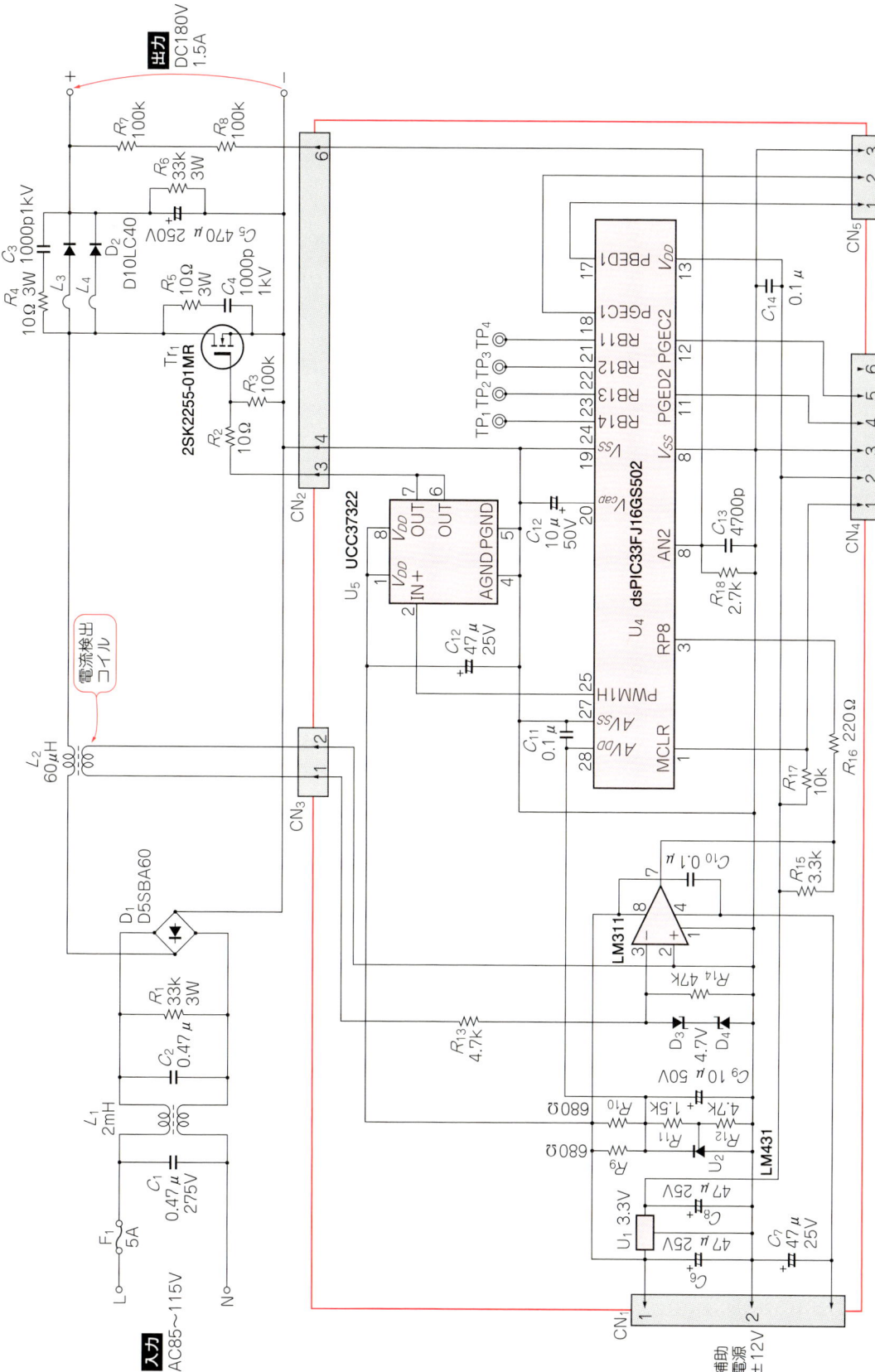

図6 実験用PFCの回路図

表1 実験用PFCの仕様

番号	項目	仕様
1	定格入力電圧	AC 100 V
2	入力電圧変動範囲	AC 100 V ± 15 V
3	入力周波数	50/60 Hz
4	定格出力電圧	DC 180 V
5	出力電圧変動範囲	DC 180 V ± 5 %
6	定格出力電力	270 W
7	定格出力電流	1.5 A
8	出力リプル電圧	10 V_{p-p} 以下
9	スイッチング周波数範囲	20 kHz ～ 100 kHz

写真1 実験ボードの外観

電流の0A検出は，チョーク・コイルにビニール線を4ターン巻いてチョーク・コイル電圧を取り出しています．この電圧変化をコンパレータにより検出して，トランジスタON時のタイミングを取得します．この検出電圧は，入力電圧が0°（ゼロ・クロス近辺）に近づくと振幅が小さくなって検出できなくなるため，検出電圧としては大き目に出して，定電圧ダイオードで電圧をクランプし，コンパレータの入力が過大にならないようにしています．

電流臨界モードを設計する場合，電流0A検出の遅れやトランジスタ駆動パルスの遅れは，動作を電流不連続モードに近づけてしまうため，電流波形の歪みが大きくなり高調波成分が大きくなります．したがって，電流検出遅れと駆動パルス遅れを極力少なくする必要があります．そのために，電流0A検出はアナログ・コンパレータを使用し，トランジスタ駆動パルスは専用の駆動ICを使用して出力しています．

電流臨界モードPFCでは，式(6)によりインダクタンスを設計することができます．まず，ここではトランジスタのON時間を5μsと決めます．また，出力電力は270Wなので，変換効率を90％とみて入力電力は300Wとします．入力電圧が最低のAC 85Vでも動作できなければならないので，この条件でチョーク・コイルのインダクタンスを決めることにします．AC 85Vにおける入力電流は，300 W/85 V = 3.5 Aとなります．チョーク・コイルのインダクタンスは，式(6)に値を代入して式(7)のように求められます．

$$L = \frac{85}{2 \times 3.5} \times 5 \times 10^{-6} = 60\ [\mu H] \quad \cdots\cdots (7)$$

以上で回路の準備ができましたので，マイコンのプログラムを作成します．

● 電流臨界モードPFCの制御はどのようにするか

電流臨界モードでは動作原理で示したように，直流電源と同じように出力電圧を検出し，基準電圧から出力電圧を引き算して誤差電圧を求めます．この誤差電圧を演算してPWMに設定してパルス幅変調します．

このように，電流連続モードPFCと異なり，交流電圧の変化に応じたパルス幅制御をする必要はありません．あとは，トランジスタがOFFしてチョーク・コイル電流が0Aになったとき，トランジスタをONすればよいことになります．

▶ 出力定電圧演算はどのようにするか

出力電圧演算はどのようにすればよいでしょうか．どのようなPFCでも，出力電圧には出力電流に応じて式(8)に示すリプル電圧ΔV_{out}が発生します．

$$\Delta V_{out} = \frac{I_{out}}{2\pi fC} \quad \cdots\cdots\cdots\cdots\cdots\cdots\cdots\cdots (8)$$

ここで，I_{out}は出力電流，fは商用電源の周波数，Cは出力コンデンサの容量です．式(8)のリプル電圧は，出力電流に出力コンデンサの商用周波数のインピーダンスを掛け算した値であることがわかります．これを今回の実験回路に当てはめると式(9)となります．この値は，図7に示す実際に実験したときの値とおおむね一致しています．

$$\Delta V_{out} = \frac{1.5}{2\pi \times 60 \times 470 \times 10^{-6}}$$
$$= 8.5\ [V_{p-p}] \quad \cdots\cdots\cdots\cdots\cdots\cdots (9)$$

図7のリプル電圧を見ると，商用周波数の2倍の周波数になっていることがわかります．このリプル電圧は，ダイオード電流が出力コンデンサを充放電したことにより発生したものです．したがって，ダイオード電流すなわち入力電流波形によりリプル電圧が変わることを示しています．出力電圧制御では，このリプル電圧に応答してリプル電圧が潰れてしまうと，入力電流波形の歪みが大きくなります．このように，入力電流を正弦波に保つためには，出力電圧演算は出力リプル電圧に応答しないようにする必要があります．

● dsPICを使用したプログラムの作成

ここからはマイコンのプログラムを作成します．使

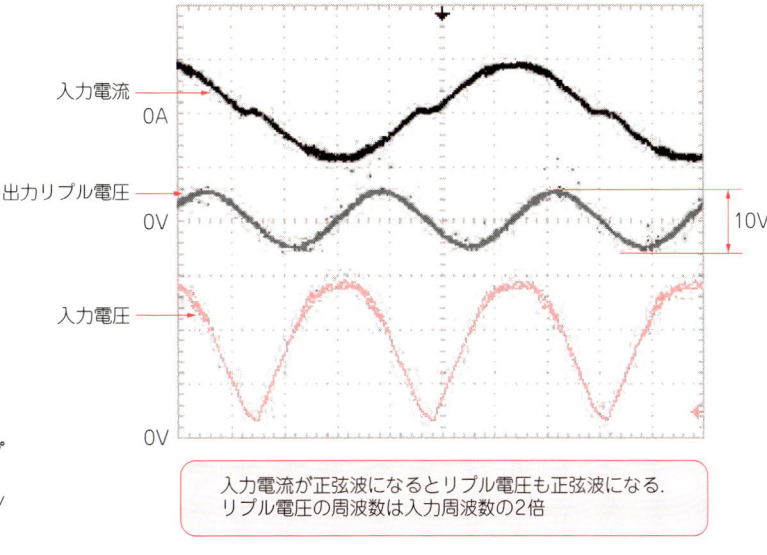

図7
負荷電流1.5A流したときの出力リプル電圧
入力電圧：50 V/div，リプル電圧：10 V/div，入力電流：5 A/div，2.5 ms/div

入力電流が正弦波になるとリプル電圧も正弦波になる．リプル電圧の周波数は入力周波数の2倍

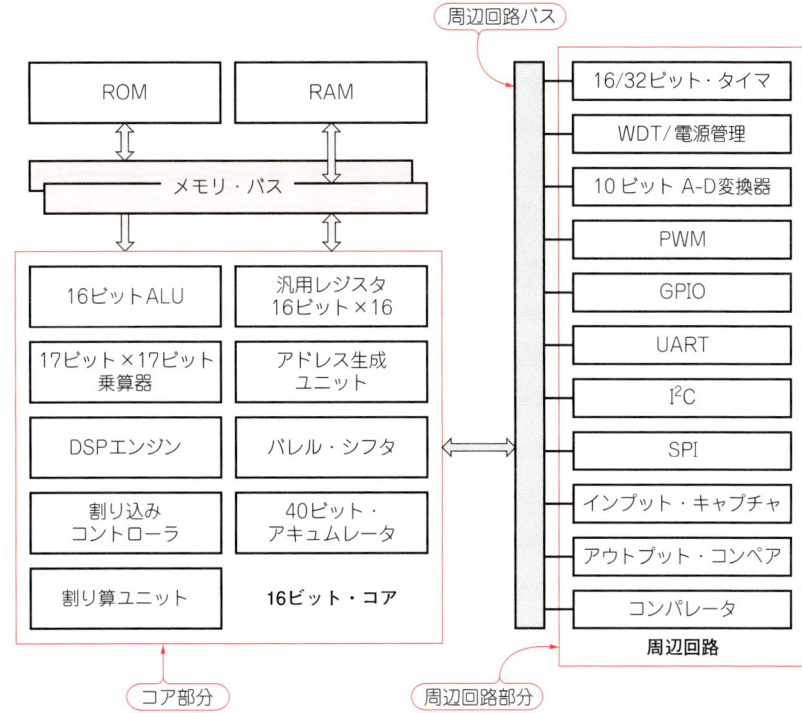

図8
dsPIC33FJ16GS502の内部ブロック構成

表2 dsPIC33FJ16GS502のおもな仕様

番号	項目	仕様
1	アーキテクチャ	16ビット固定小数点マイコン
2	端子数	28ピン
3	電源電圧	3.3 V
4	内蔵発振器	7.36 MHzのCR発振
5	動作周波数	40 MHz
6	タイマ	16ビット，チャネル数：3(TM1～TM3)
7	A-D変換器	チャネル数：6，分解能：10ビット，変換時間：0.5 μs
8	PWM	チャネル数：4，H/L 2出力，クロック：0.9837 GHz，分解能：16ビット

用するマイコンはマイクロチップ・テクノロジーのdsPIC33FJ16GS502です．このマイコンのブロック構成を図8に，おもな仕様を表2に示します．

▶dsPICマイコンの初期設定プログラムの作成

電流臨界モードPFCを実現するための初期設定プログラムを作成することにします．この初期設定が必要な周辺回路は以下のとおりです．

(1) A-D変換開始トリガとして使用するタイマTM2モジュールの初期設定
(2) 出力電圧の定電圧制御を行うために必要なA-D

表3 タイマ2モジュールの初期設定レジスタ

番号	レジスタ	名称	内容
1	TMR2	タイマ2カウント・レジスタ	タイマをカウントアップする
2	PR2	タイマ2周期レジスタ	タイマの周期時間を設定する
3	T2CON	タイマ2コントロール・レジスタ	タイマの始動/停止,プリスケーラの選択,クロック選択などの設定

表4 タイマ2モジュール・レジスタの初期設定値

番号	レジスタ	初期設定値	内容
1	TMR2	0	カウントはクリヤしておく
2	PR2	19814	メイン・クロック:39.63 MHz, タイマ周波数:2 kHz(500 μs周期), 周期 = 39.63 MHz/2 kHz = 19,814

表5 タイマ2モジュールのレジスタ・ビットの初期設定

番号	レジスタ	ビット番号	ビット名	設定値	内容
1	T2CON	15	TON	0	タイマの始動/停止,ここでは停止後から始動
		5~4	TCKPS	0	入力クロック・プリスケーラ選択ビット,1/1を選択
		1	TCS	0	クロック源選択ビット,内部クロック選択

表6 A-D変換モジュールで使用するおもなレジスタ

番号	レジスタ	名称	内容
1	ADCON	A-Dコントロール・レジスタ	A-D変換の開始/停止,A-D変換のクロック選択
2	ADSTAT	A-Dステータス・レジスタ	A-D変換ステータス(A-D変換完了)
3	ADPCFG	A-Dコンフィグレーション・レジスタ	A-D変換を行うポートを選択
4	ADCPC0	A-Dペア変換コントロール・レジスタ	A-D変換ペア(AN0,AN1とAN2,AN3)の変換割り込みの許可/禁止,A-D変換開始トリガ選択

表7 A-D変換モジュールのレジスタ初期設定

番号	レジスタ	初期設定値	内容
1	ADSTAT	0	A-D変換完了フラグをクリヤしておく

表8 A-D変換モジュールのレジスタ・ビットの初期設定

番号	レジスタ	ビット番号	ビット名	設定値	内容
1	ADCON	2~0	ADCS	3	A-D変換クロック分周を1/4(デフォルト)
		15	ADON	0	A-D変換の停止,後から開始
2	ADPCFG	2	PCFG2	0	A-D変換ポートAN2を有効
3	ADCPC0	15	IRQEN1	1	A-D変換ペアのAN2,AN3の変換割り込み許可
		12~8	TRGSRC1	0x1f	タイマ2をA-D変換開始トリガ・ソースに設定

変換モジュールの初期設定
(3) 電流臨界モードで動作させるためのPWM1モジュールの初期設定

▶タイマ2モジュールの初期設定

まず,タイマ2を使用して500 μsごとにA-D変換開始トリガを生成します.タイマ2は16ビット・カウンタで,周辺回路クロックにより,設定した値までカウントアップします.タイマ2の初期設定で使用するレジスタの内容を**表3**に示します.

実際にタイマ2関係レジスタに設定する値を**表4**に,レジスタ・ビットの設定値の内容を**表5**に示します.

▶A-D変換モジュールの初期設定

A-D変換モジュールでは,出力電圧を安定化するために出力電圧をA-D変換します.A-D変換器の変換開始トリガは,タイマ2のタイムアップ時とします.出力電圧はAN2から取り込み,A-D変換開始トリガをタイマ2に設定します.A-D変換モジュールで使用するレジスタを**表6**に示します.

A-D変換モジュール・レジスタに設定する値を**表7**に,レジスタ・ビットの値を**表8**に示します.

▶PWMモジュールの初期設定

このPWMモジュールでは,電流臨界モードで動作できるように設定します.PWMパルスはPWM1Hから出力し,駆動ICを介してトランジスタをON/OFFします.電流0 A検出用のコンパレータが動作したとき,PWMをリセットしてトランジスタがONするようにします.アナログ・コンパレータの出力はI/Oポートを再配置して電流制限ソースに結び付け,さらにPWMのリセットに結び付けます.**表9**に使用するPWMモジュールのレジスタを示します.

PWMモジュールで実際に設定するレジスタの値を**表10**に,レジスタ・ビットの設定値を**表11**に示します.なお,**表10**のFCLCONとLEBCONはビット設定ではなく,ワード設定にしないと動作しませんので注意してください.

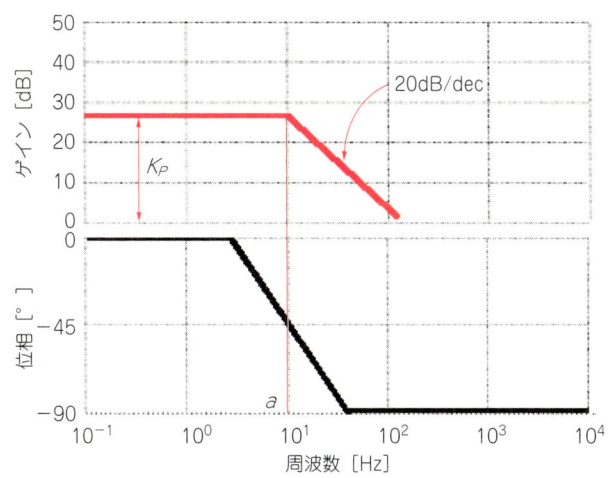

図9 式(10)に示す伝達関数のボード線図

表9 PWMで使用するレジスタ

番号	レジスタ	名称	内容
1	PTCON	PWMタイム・ベース・レジスタ	PWMを発生させるためのタイム・ベースの同期や特殊イベントに対する制御を行う
2	PHASE1	PWM1プライマリ位相シフト・レジスタ	PWM1の位相をシフトする．PTPERを使用しないときはPWM1の周期を設定する
3	PWMCON1	PWM1制御レジスタ	PWMの割り込みや制御の有効化と状態を示す
4	FCLCON1	PWM1フォルト電流制限制御レジスタ	フォルトや電流制限が発生したときのPWMの動作を制御する
5	LBCON1	PWM1リーディング・エッジ・ブランキング制御レジスタ	ブランキングの発生要因とブランキングする時間を設定する
6	IOCON1	PWM1 I/O制御レジスタ	PWMの出力端子や極性などの出力方法を制御する
7	PDC1	PWM1ジェネレータ・デューティ・サイクル・レジスタ	PWMにパルス幅を設定する

表11 PWMモジュールのレジスタ・ビットの初期設定

番号	レジスタ	ビット番号	ビット名	設定値	内容
1	PTCON	15	PTEN	0	PWMの始動/停止，ここでは停止後から始動
2	PWMCON1	9	ITB	1	独立タイム・ベース・モード
		7~6	DTC	2	デッド・タイムは使用しない
		1	XPRES	1	外部リセット・コントロール・ビット
		0	IUE	1	PWM値の即更新
3	IOCON1	15	PENH	1	PWM1HからPWMパルスを出力

表10 PWMモジュールのレジスタの初期設定

番号	レジスタ	初期設定値	内容
1	PHASE1	18874	9437.184 MHz/50 kHz = 18874
2	FCLCON1	0x0210	フォルト1を選択，負論理で動作，電流制限モード無効
3	LEBCON1	0x04CB	電流制限リーディング・エッジ・ブランキング有効，ブランキング時間200 ns
4	PDC1	16	パルス幅は最初値を設定

● 演算プログラムの作成

ここからは電圧演算プログラムを作成します．電圧演算では，前にも述べたように出力電圧のリプル電圧を制御で潰さないようにする必要があります．まず，演算に適用する伝達関数を式(10)とします．

$$G_C(s) = \frac{K_C}{s+a} \quad \cdots (10)$$

式(10)を骨格ボード線図で表すと図9となります．式(10)の中のaが図9に示すaの値で，ゲインが変化するポイントです．図9を見るとわかるように，aより高い周波数ではゲインが20 dB/decで減少しています．また，図9に示すK_Pは比例ゲインで，a以下の周波数では一定になります．

それでは，この伝達関数のaとK_Cをどのように決めればよいでしょうか．繰り返しになりますが，出力電圧のリプル電圧が電圧制御で潰されないようにしないといけません．図7で示したように，このリプル電

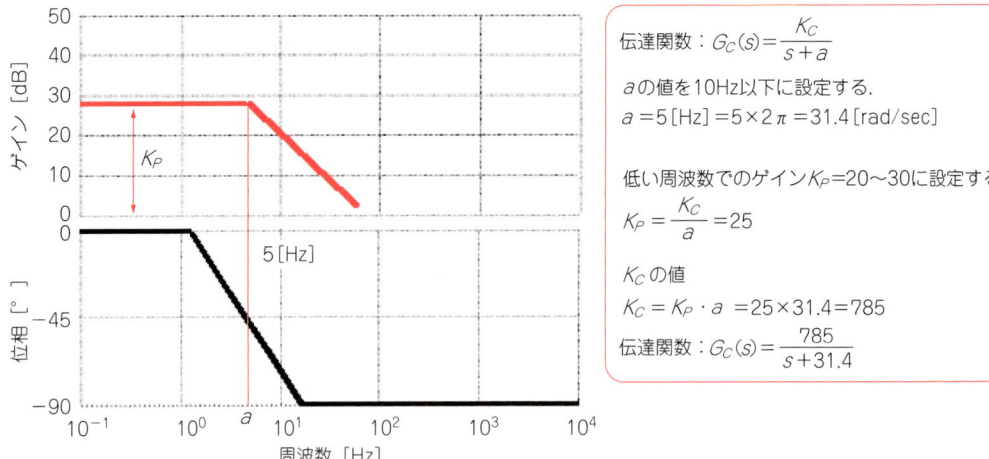

図10 電圧演算の伝達関数のボード線図

圧は電源周波数の2倍になっています．すなわち，100Hz/120Hzということになります．そこで，aの値を120/100Hzより十分に小さい値にすることにより，120/100Hzの周波数には応答しなくなります．すなわち，リプル電圧は潰れなくなります．そこで，aの値を10Hz以下に設定します．ここでは，5Hzに設定します．

次に比例ゲインですが，あまり大きくすると不安定になり，小さ過ぎるとゲイン不足になり出力電圧が安定化しません．そこで，K_Pの値を20〜30程度にします．ここでは，25とすることにします．次に，K_Cはどのような値になるかといいますと，式(11)のようになります．

$$K_C = aK_P \cdots\cdots\cdots\cdots\cdots\cdots (11)$$

この式で注意がありますが，aの値はHzではなくrad/secでなければなりません．Hzからrad/secへの変換は，Hzで表した値に2πを掛け算します．

そこで，ここまでで決めた値で計算すると，式(12)が得られます．

$$a = 2\pi \times 5 = 31.4$$
$$K_C = 25 \times 31.4 = 785 \cdots\cdots\cdots\cdots (12)$$

以上の結果，電圧演算の伝達関数は式(13)となります．

$$G_C(s) = \frac{785}{s + 31.4} \cdots\cdots\cdots\cdots (13)$$

また，式(13)を骨格ボード線図に表すと図10となります．

次に，式(10)は双一次変換を用いて離散化すると式(14)の離散化伝達関数に変換できます．

$$G_C(z) = \frac{K_0 + K_1 z^{-1}}{1 - K_2 z^{-1}} \cdots\cdots\cdots\cdots (14)$$

ここで，K_0，K_1，K_2は式(15)のように求められます．なお，式(15)の中のT_Sはサンプリング周期です．サンプリングはタイマTM2を使用して0.5msごとに行うので，$T_S = 0.5 \times 10^{-3}$ということになります．

$$K_0 = K_1 = \frac{K_C T_S}{2 + aT_S}, \quad K_2 = \frac{2 - aT_S}{2 + aT_S} \cdots\cdots (15)$$

実際の値を代入してK_0，K_1，K_2を求めると式(16)と

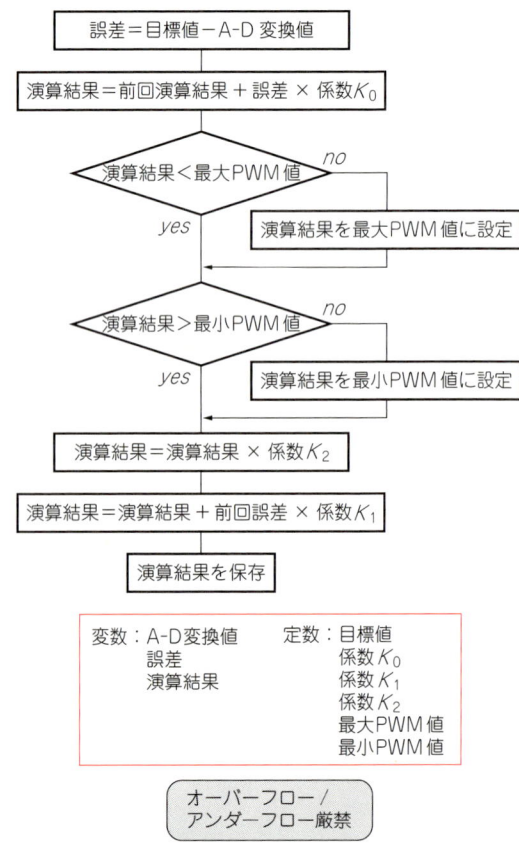

図11 出力電圧演算のフローチャート

なります.

$$K_0 = K_1 = \frac{785 \times 0.5 \times 10^{-3}}{2 + 31.4 \times 0.5 \times 10^{-3}} = 0.1947$$

$$K_2 = \frac{2 - 31.4 \times 0.5 \times 10^{-3}}{2 + 31.4 \times 0.5 \times 10^{-3}} = 0.9844 \quad \cdots\cdots\cdots (16)$$

この結果,離散化伝達関数は式(17)となります.

$$G_C(z) = \frac{0.1947 + 0.1947z^{-1}}{1 - 0.9844z^{-1}} \quad \cdots\cdots\cdots\cdots (17)$$

この式をプログラム化してdsPICマイコンに実装します.このプログラムのフローチャートを図11に示します.

臨界モードPFCの動作実験

写真1に示した実験ボードに,dsPICマイコンのプログラムを実装して動作させます.以降,この実験で測定した波形を見ていきます.

● 入力波形

図12の波形は入力電圧と入力電流です.入力電流は正弦波電流になっていることがわかります.ただし,入力電圧が0V近辺では,電流制御ができず一定になっている部分があります.これは図13に示すように,

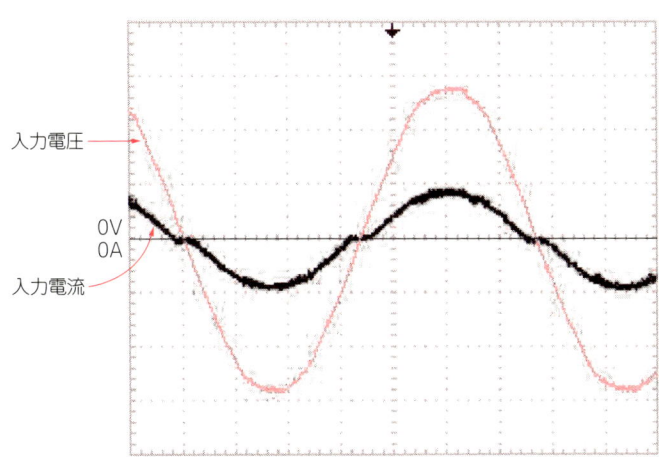

図12 入力電圧と入力電流の波形
入力電圧:50 V/div, 入力電流:5 A/div, 2.5 ms/div

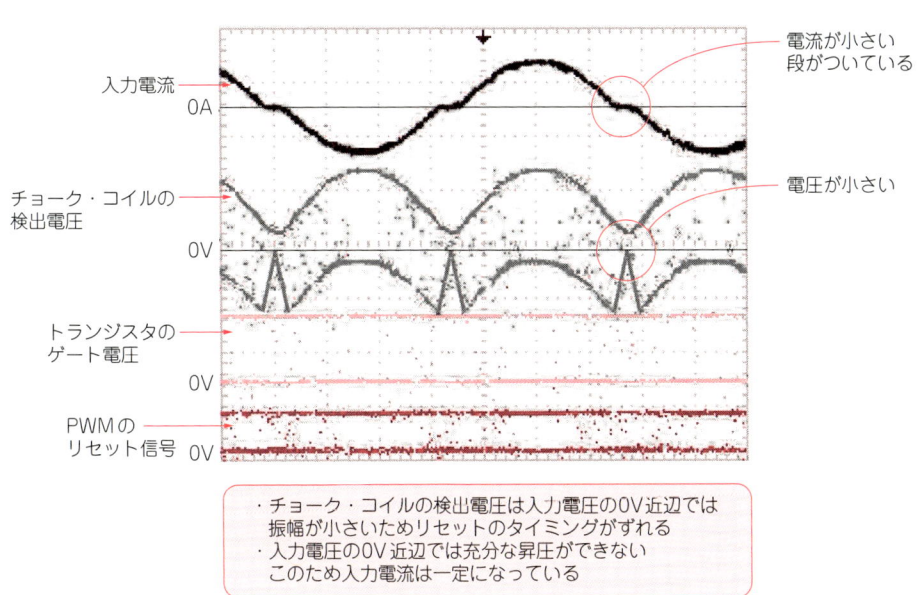

図13 入力電流とチョーク・コイルの検出電圧とトランジスタのゲート電圧とPWMのリセット信号
入力電流:5 A/div, チョーク・コイルの検出電圧:20 V/div, トランジスタのゲート電圧:10 V/div, PWMのリセット信号:5 V/div, 2.5 ms/div

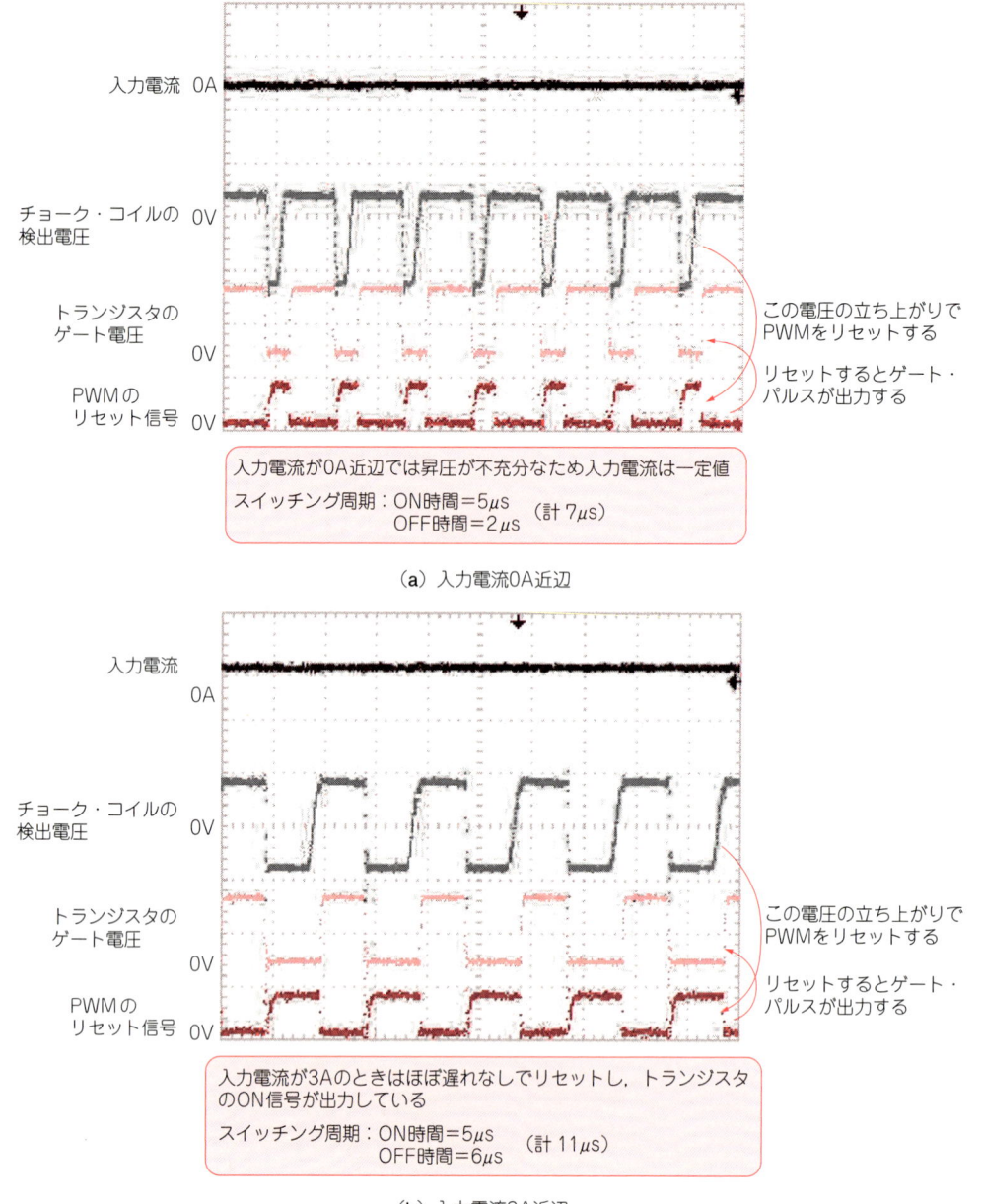

図14 入力電流とチョーク・コイルの検出電圧とトランジスタのゲート電圧とPWMのリセット信号(時間軸拡大)
入力電流：5 A/div，チョーク・コイルの検出電圧：20 V/div，トランジスタのゲート電圧：10 V/div，PWMのリセット信号：5 V/div，5 μs/div

この部分では入力電圧が小さいために十分な昇圧動作ができず，入力電流を流すことができないためです．
　このときの拡大波形を図14(a)に示します．
　それでは，ほかの部分ではどうでしょうか．図14(b)に入力電流が3Aのとき，図14(c)に入力電流が5Aのときのチョーク・コイル電圧波形，トランジスタのゲート電圧，PWMのリセット信号を示します．
　図14(b)(c)のように，入力電圧が大きいので十分な昇圧動作により電流波形も良好です．また，チョーク・コイル電圧の変化に合わせてPWMのリセット信号が生成し，トランジスタのゲート信号も出力しています．

● チョーク・コイル電流

　次に，チョーク・コイル電流が臨界モードで動作しているかどうかを見ていきます．図15は，チョーク・コイル電流と出力電圧とトランジスタのスイッチング波形と入力電圧を示しています．

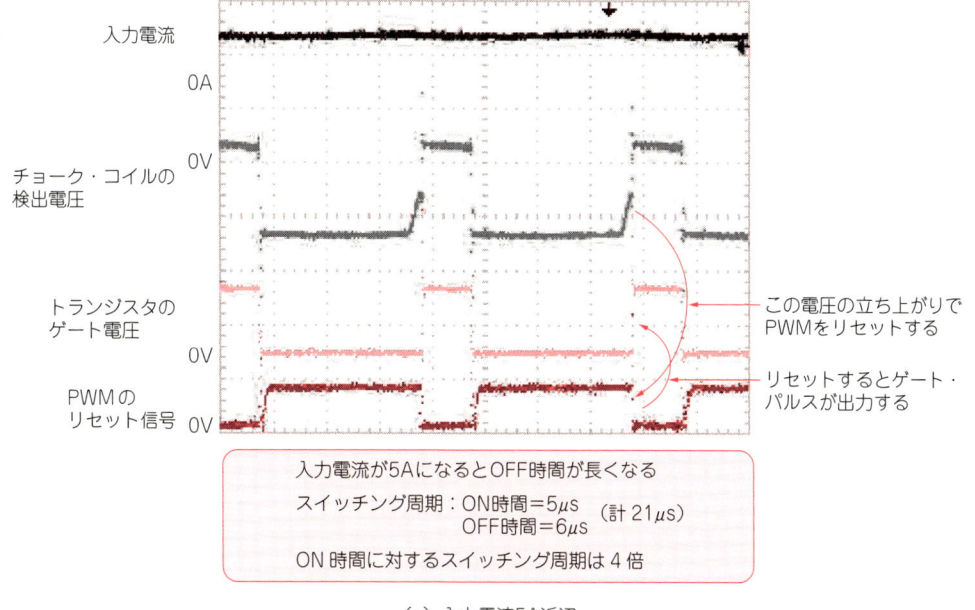

（c）入力電流5A近辺

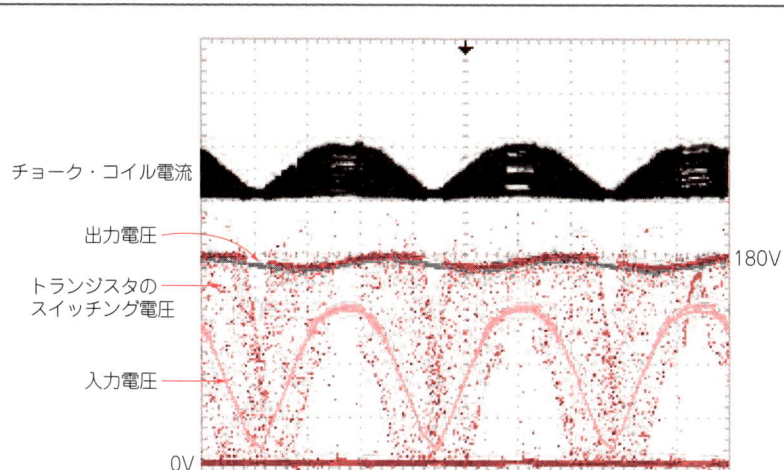

図15 チョーク・コイル電流と出力電圧とトランジスタのスイッチング電圧と入力電圧
チョーク・コイル電流：10 A/div，出力電圧：50 V/div，トランジスタのスイッチング電圧：50 V/div，入力電圧：50 V/div，2.5 ms/div

この波形ではよくわからないので，入力電圧が20 V近辺における拡大波形を図16(a)に示します．この波形を見ると電流臨界モードで動作していることがわかります．このときのパルス幅は5 μsで，スイッチング周期は7 μsです．

図16(b)は，入力電圧が60 V近辺です．この波形も電流臨界モードで動作しています．図16(a)と比べると，パルス幅は5 μsと同じですが，スイッチング周期は9 μsと長くなっています．図16(c)は，入力電圧が最大の140 Vのときです．チョーク・コイル電流は臨界モードで動作しています．パルス幅は5 μsで，スイッチング周期は21 μsと最も長くなっています．

以上の結果，パルス幅は5 μsと一定ですが，スイッチング周期は7 μsから21 μsの間で変化していることがわかります．

まとめ

この章では，マイクロチップ・テクノロジーのdsPICを使用して，PFCを電流臨界モードで動作させました．入力電圧が0 V近辺では電流変化がない部分がありますが，そのほかの部分では正弦波電流となりました．dsPICのPWMにはリセットPWMの機能があります．この機能を使用すると，容易に電流臨界モードPFCが実現できます．

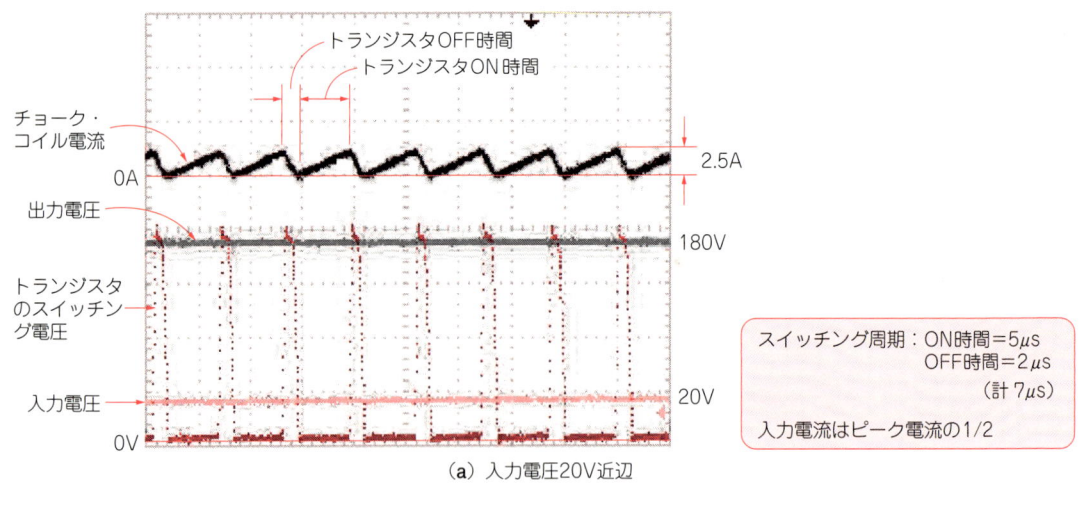

（a）入力電圧20V近辺

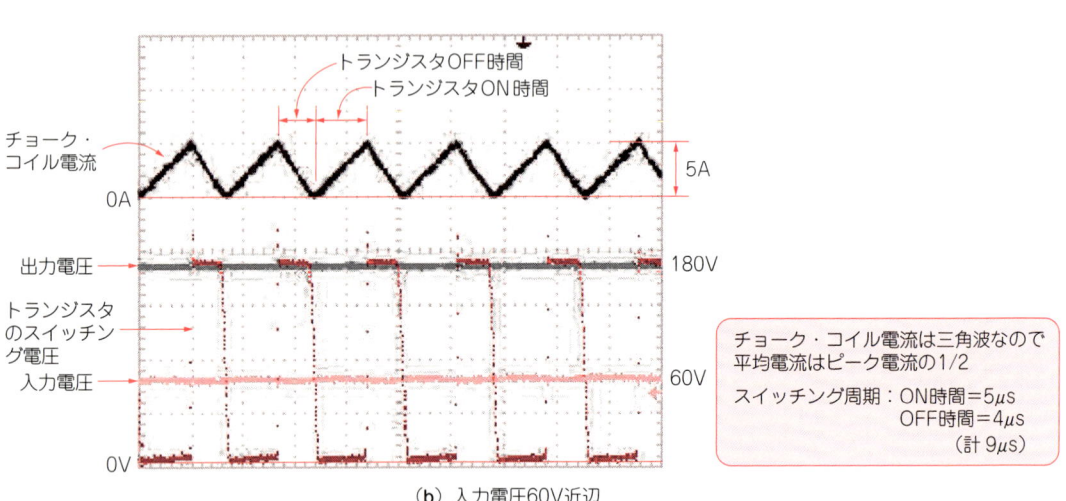

（b）入力電圧60V近辺

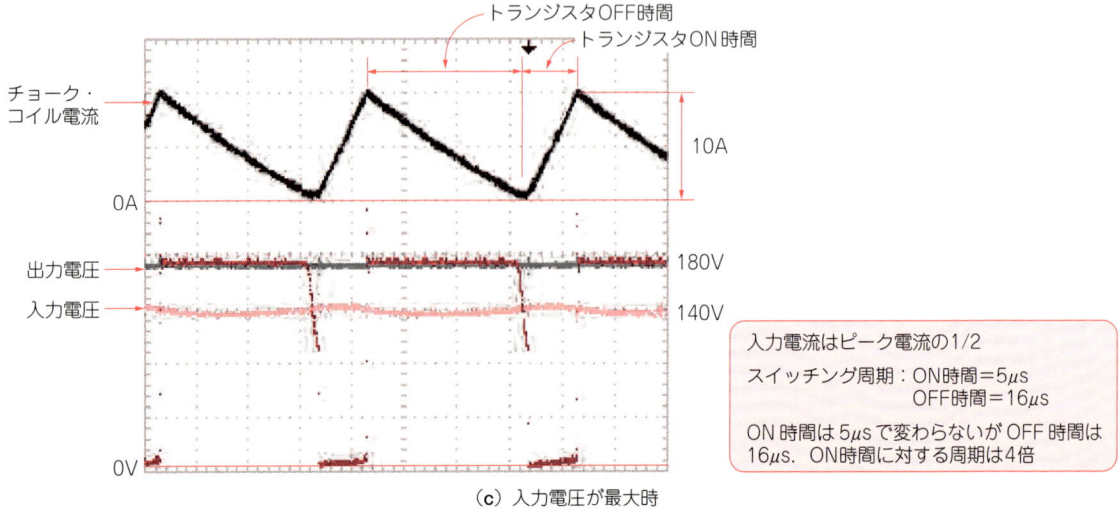

（c）入力電圧が最大時

図16　チョーク・コイル電流と出力電圧とトランジスタのスイッチング電圧と入力電圧（時間軸拡大）
チョーク・コイル電流：10 A/div，出力電圧：50 V/div，トランジスタのスイッチング電圧：50 V/div，入力電圧：50 V/div，5 μs/div

第2章

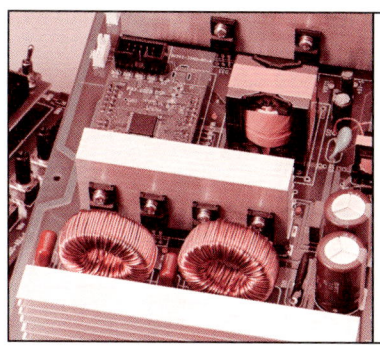

**高効率で低ノイズのスイッチング電源を
マイコンで制御する**

全波整流ハーフ・ブリッジ
LLC共振コンバータの設計と試作

喜多村 守
Kitamura Mamoru

特集 ディジタル制御電源の実践研究

電圧,電流を高速でON/OFFするスイッチング電源では,いたるところでLC共振現象によるサージ電圧やサージ電流が発生して,ノイズや損失を増加する原因となっています.このやっかいなLC共振現象ですが,きちんと制御することで,逆にノイズや損失を低減するスイッチング技術が研究/開発されています.なかでもLLC共振コンバータは,効果と技術が一般的に認知された優れた電源方式の一つです.今では高効率/低ノイズを要求される液晶テレビやパソコン,サーバ用電源など多くの電源で使われています.

LLC共振コンバータはPWMコンバータとは異なり,動作が複雑で入力電圧範囲を広くしにくいという欠点がありますが,優れた制御ICとAC入力電圧の変化を吸収するPFCコンバータを使用することで,容易に解決できるようになってきています.

本稿では,LLC共振コンバータの一つである,全波整流ハーフ・ブリッジLLC共振コンバータについて,その概要と電源制御用マイコンRX62Gを使ったディジタル制御方法について解説します.

全波整流ハーフ・ブリッジ
LLC共振コンバータ

ここでは,全波整流ハーフ・ブリッジLLC共振コンバータ(以降,LLC共振コンバータ)の動作概要,設計の基礎となる等価回路やその解析方法について説明します.

● 特徴

まず,LLC共振コンバータの動作に深く関わる特徴について簡単に説明します.このような特徴がなぜあるのかについては,次項以降で詳しく見ていきます.

▶長所

(1) 高効率(90〜95%程度)

ZVS(Zero Volt Switching)技術によりスイッチング損失を低くできます.また,オン抵抗の低いMOSFETの使用が可能です(ハーフ・ブリッジ方式なので600VクラスのSJ-MOSを使用可能).さらに,低耐圧のダイオードを使用できます(全波整流方式のため,12V出力だと60V以下の低V_Fダイオードを使用可能).

(2) 低ノイズ

正弦波に近いスイッチング電流波形とソフト・スイッチングで,サージ電流/電圧が少なくなります.

(3) トランスの使用効率が高い

ハーフ・ブリッジ方式のためトランスを正負両方向の励磁で使用できます.

(4) 多出力電源化が容易

PWM制御のようなオン・デューティの制御ではなく,トランスの2次側電圧そのものが変化する制御方式です.また,デューティ50%動作なので,オン・デューティが負荷により大きく変わることがなく,他チャネルの負荷の影響を受けにくくなります.

▶短所

(1) 動作が複雑

LLC共振コンバータには二つのインダクタンスがありますが,そのうちの一つが負荷と並列に接続されるためLLC共振回路の周波数特性は負荷の変化とともに変化します.この特性を理解して制御する必要があります.

(2) 入力電圧範囲の制限,共振外れ

入力電圧や負荷を大きく変化すると共振条件を外れ,損失やノイズが増加するため,周波数制限などの対策が必要です.

(3) 軽負荷時の損失が大きい

励磁電流が原因なのである程度インダクタンスの選定で調整できますが,ZVS動作のために励磁電流が必要であることから減らすことが容易ではなく,間欠発振させるなどの工夫が必要です.

(4) トランス漏れ磁束が大きい

励磁インダクタンスを小さくするため,コアのエア・ギャップを大きくします.このため漏れ磁束が大きくなり,周辺部品やパターンへの配慮が必要となります.

● 基本回路

LLC共振回路の基本回路を図1に示します.1次側は,

Q_1 と Q_2 によるハーフ・ブリッジ回路, 1次巻き線と直列接続されたインダクタンス L_R とコンデンサ C_R, トランス1次巻き線の励磁インダクタンス L_M で構成されています. 2次側は, 全波整流回路となっています.

ここで, $L_R \to L_M \to C_R$ が直列に接続された共振回路からなるコンバータであることから, LLC共振コンバータと呼ばれています.

Q_1, Q_2 はデッド・タイムをもったデューティ50%のドライブ信号で動作し, 矩形波電圧 V_{inSQ} を作ります. デッド・タイムは Q_1, Q_2 の貫通電流を防止するほか, Q_1, Q_2 のZVS動作のために重要な役割を果たします.

矩形波電圧 V_{inSQ} は, 図1(b)のように正極性で, 振幅は V_{in} となります. V_{inSQ} をLLC共振回路に印加すると, 共振コンデンサ C_R の働きで直流成分がなくなり, 図1(c)のような正負極性の矩形波電圧になります. これがトランスの1次巻き線に印加されます.

2次側へは巻き数比 n で電圧変換して伝達され, 全波整流して出力されます. 全波整流回路は, ダイオード D_1, D_2 の代わりに低オン抵抗のMOSFETを使った同期整流回路とすることで, より低損失化できます.

● 基本動作

図2(a)に, LLC共振コンバータに流れる電流を示します. 図2(b)は負荷抵抗 R_{out} を1次側の抵抗 R_{outP} に変換した等価回路です. I_{outP} はダイオード電流 I_{out1}, I_{out2} を1次側に変換した電流で, 励磁インダクタンス L_M には流れません. このため出力電流の経路は共振インダクタンス $L_R \to$ 共振コンデンサ C_R となります. I_M はトランスの励磁電流で, 経路は共振インダクタンス $L_R \to$ 励磁インダクタンス $L_M \to$ 共振コンデンサ C_R となります.

図2(b)の等価回路を見ると明らかなように, この回路は LC 直列共振回路となっています. したがって, PWMコンバータとは異なり, 矩形波電圧を印加しても LC 共振によって電流は直線的には変化せず, 正弦

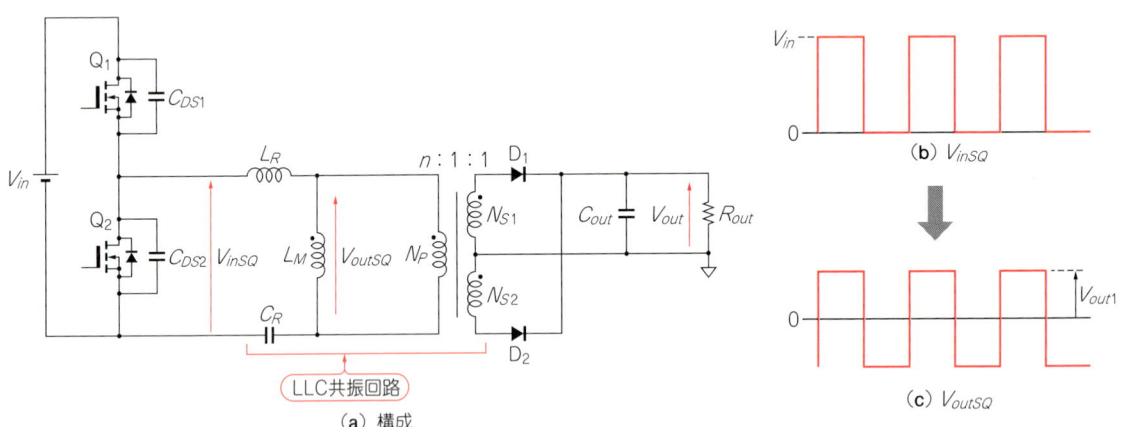

図1 全波整流ハーフ・ブリッジLLC共振コンバータの回路構成
L_R:共振インダクタンス, L_M:励磁インダクタンス, C_R:共振コンデンサ, C_{DS1}, C_{DS2}:Q_1, Q_2のドレイン-ソース間容量, n:トランス巻き数比($n=N_P/N_{S1}(N_{S2})$), V_{in}:直流入力電圧, V_{inSQ}:LLC共振回路を駆動する矩形波電圧(正極性), V_{outSQ}:トランス1次巻き線に印加される矩形波電圧(正負極性), V_{out}:直流出力電圧, R_{out}:負荷抵抗

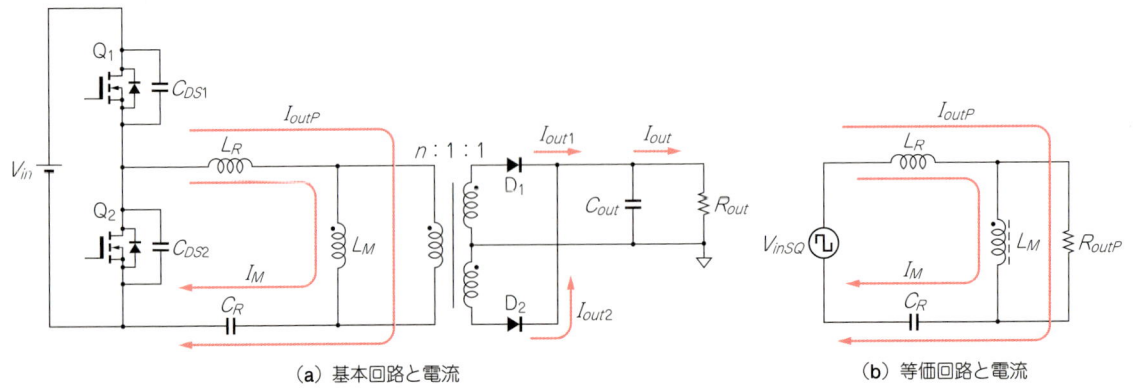

図2 全波整流ハーフ・ブリッジLLC共振コンバータの電流の流れ
I_{out}:直流出力電流(V_{out}/R_{out}), I_M:励磁電流, I_{outP}:負荷電流(2次側負荷電流 I_{out} の1次側への変換値), R_{outP}:負荷抵抗(2次側負荷抵抗 R_{out} の1次側変換値)

波状になります．この様子を図3に示します．

図3は電流波形のイメージを示しています．電流はLC共振により正弦波に近くなることから，正弦波で表現しています．負荷電流I_{outP}は励磁インダクタンスL_Mを流れないので，共振周波数はスイッチング周波数f_{SW}に影響されず一定です．

図3(a)は，スイッチング周波数がf_{RH}に等しい状態を表しています．共振回路を駆動する矩形波電圧に合わせて負荷電流I_{outP}が正弦波になって流れ，この電流が整流されてダイオード電流I_{out1}，I_{out2}となります．図3(b)は，スイッチング周波数がf_{RH}よりも低い状態を表しています．この状態ではスイッチング周期が電流の共振周期$1/f_{RH}$よりも長いため，スイッチング周期が終了するまえに負荷電流が流れなくなります．

図2(b)を見ると，負荷抵抗R_{outP}は励磁インダクタンスL_Mと並列に接続されています．このため，LLC共振回路の共振周波数はR_{outP}によって変化します．R_{outP}は，最大で無負荷～短絡の間で変化します．

無負荷($R_{outP}=\infty$)の場合，共振回路はL_R+L_MとC_Rとの共振になりますので，共振周波数は式(1)となります．負荷短絡($R_{outP}=0$)の場合，共振回路はL_RとC_Rの共振となりますので，共振周波数は式(2)となります．よってLLC共振回路の共振周波数f_RはR_{outP}で変化し，負荷の変化とともに$f_{RL} \leq f_R \leq f_{RH}$の範囲で変化することになります．

$$f_{RL} = \frac{1}{2\pi\sqrt{(L_R+L_M)C_R}} \quad \cdots\cdots(1)$$

$$f_{RH} = \frac{1}{2\pi\sqrt{L_R C_R}} \quad \cdots\cdots(2)$$

図3のt_DはQ_1，Q_2のデッド・タイムです．各スイッチング・エッジでは，Q_1またはQ_2がOFFになっても励磁電流I_Mが流れ続けようとするため，Q_1，Q_2のドレイン-ソース間の容量C_{DS1}，C_{DS2}を定電流で充電します．このため，それぞれのドレイン電圧が0Vのときにドレイン電流が流れ始めるZVS動作となります．

● 等価回路

LLC共振回路を制御して，入力電圧変動や負荷変動に対して出力電圧を一定に保つには，その入出力伝達特性を明確にする必要があります．この項では，その伝達特性を近似的に求めるための等価回路について説明します．

▶ FHA法による解析

図4(a)は，図1で示した基本回路の負荷抵抗R_{out}を1次側に変換したR_{outSQ}で表現した等価回路です．この回路はQ_1，Q_2のスイッチングによって作られる矩形波電圧V_{inSQ}で駆動されます．この等価回路での解析はPWMコンバータでは有効ですが，共振によって電流が正弦波状になるLLC共振コンバータでは簡単に解析することができません．

そこでLLC共振コンバータでは，単一周波数の正弦波での動作として解析する手法が一般的に使われています．これは矩形波電圧の基本周波数のみに注目して近似的に解析する手法で，基本波近似法(First Harmonic Approximation；FHA)と呼ばれています．実際の動作と完全に一致はしませんが，スイッチング周波数が共振周波数f_{RH}に近いか，f_{RH}であれば，その解析結果は十分に実用的なものとなります．

図4(b)は，図4(a)にFHA法を適用した等価回路です．矩形波電圧V_{inSQ}の基本波V_{inAC}を入力電圧として，負荷抵抗R_{out}を1次側の抵抗R_{outAC}に変換しています．

図5は矩形波電圧の基本波を表しています．V_{inAC}は式(3)，その実効値は式(4)で表されます．

$$V_{inAC} = \frac{4}{\pi}\frac{V_{in}}{2}\sin(\omega_{SW}t) = \frac{2V_{in}}{\pi}\sin(\omega_{SW}t) \cdots(3)$$

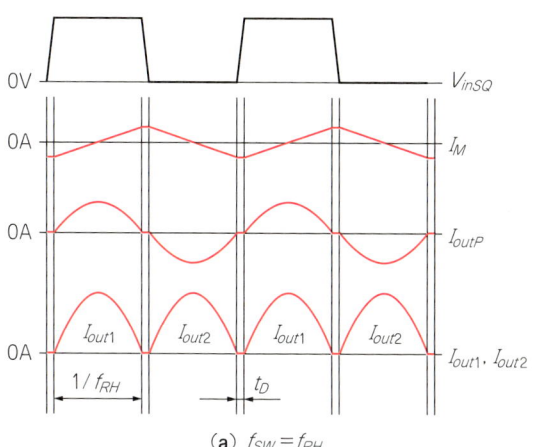

(a) $f_{SW} = f_{RH}$

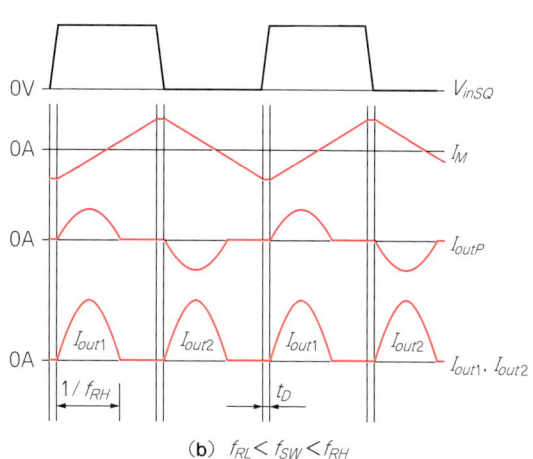

(b) $f_{RL} < f_{SW} < f_{RH}$

図3 電流波形イメージ
f_{RH}：L_RとC_Rによる共振周波数，f_{RL}：L_R+L_MとC_Rによる共振周波数

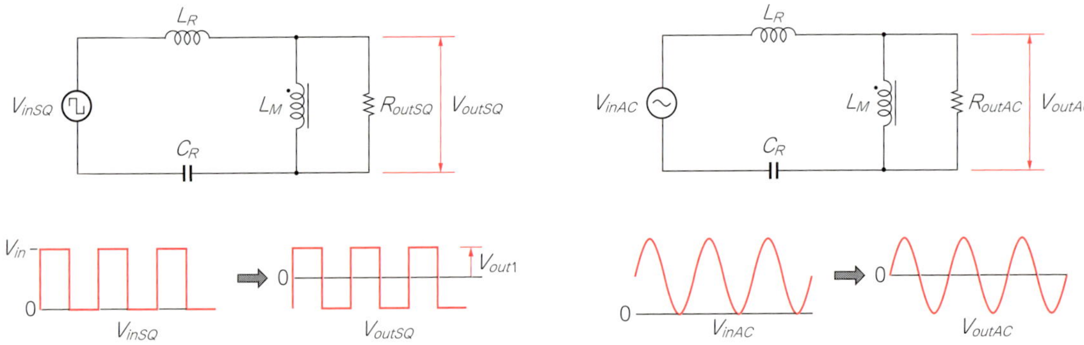

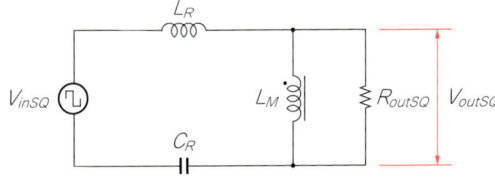

(a) 非線形等価回路

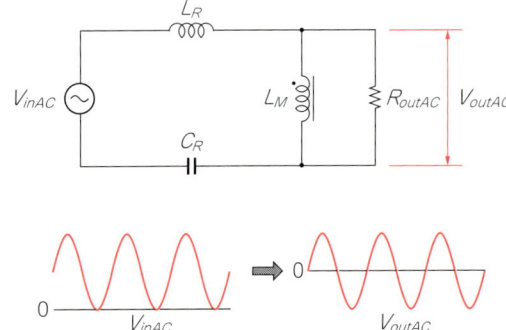

(b) 線形等価回路

図4 全波整流ハーフ・ブリッジLLC共振コンバータ 等価回路
R_{outSQ}：負荷抵抗R_{out}の非線形等価回路の1次側への変換値，R_{outAC}：負荷抵抗R_{out}の線形等価回路の1次側への変換値

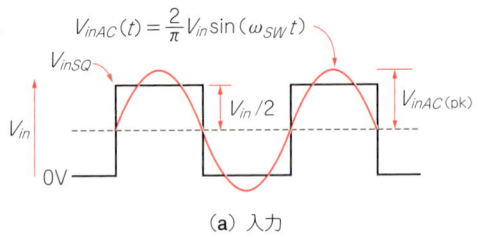

(a) 入力

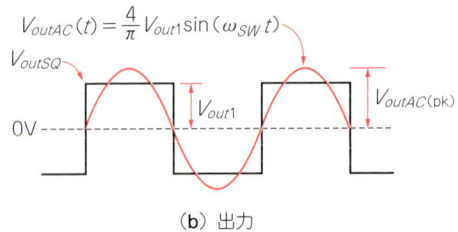

(b) 出力

図5 矩形波電圧の基本波
V_{inSQ}：矩形波入力電圧，V_{outSQ}：矩形波出力電圧，V_{in}：矩形波入力電圧の振幅，V_{out1}：矩形波出力電圧の振幅，V_{inAC}：矩形波入力電圧の基本波，V_{outAC}：矩形波出力電圧の基本波，$V_{inAC(pk)}$：矩形波入力電圧の基本波の振幅，$V_{outAC(pk)}$：矩形波出力電圧の基本波の振幅

$$V_{inAC(RMS)} = \frac{1}{\sqrt{2}} \frac{2V_{in}}{\pi} = \frac{\sqrt{2} V_{in}}{\pi} \cdots\cdots(4)$$

ω_{SW}：スイッチング角周波数($2\pi f_{SW}$)
f_{SW}：スイッチング周波数

整流ダイオードのV_Fや出力回路の抵抗成分を無視して，2次巻き線電圧の振幅を出力電圧V_{out}と等しいとすると，矩形波出力電圧の基本波V_{outAC}は式(5)，その実効値は式(6)となります．

$$V_{outAC} = \frac{4}{\pi} V_{out1} \sin(\omega_{SW} t)$$
$$= \frac{4}{\pi} n V_{out} \sin(\omega_{SW} t) \cdots\cdots(5)$$

$$V_{outAC(RMS)} = \frac{1}{\sqrt{2}} \frac{4}{\pi} n V_{out} = \frac{2\sqrt{2}}{\pi} n V_{out} \cdots(6)$$

▶共振電流

次に，LLC共振回路の電流を求めます．**図6**は負荷電流を1次側へ変換する様子を表しています．負荷R_{out}に流れる出力電流I_{out}は，ピーク値$I_{out(pk)}$の正弦波の全波整流波形の平均値として，式(7)で求められます．

$$I_{out} = \frac{2 I_{out(pk)}}{\pi} \cdots\cdots\cdots\cdots\cdots\cdots(7)$$

式(7)から1次側に変換した出力電流のピーク値$I_{outAC(pk)}$は式(8)，その実効値は式(9)となります．

$$I_{outAC(pk)} = \frac{I_{out(pk)}}{n} = \frac{\pi I_{out}}{2} \frac{1}{n} \cdots\cdots\cdots(8)$$

$$I_{outAC(RMS)} = \frac{\pi I_{out}}{2\sqrt{2} n} \cdots\cdots\cdots\cdots\cdots(9)$$

負荷抵抗R_{out}の1次側換算値R_{outAC}は，式(6)，式(9)より，式(10)として求められます．

$$R_{outAC} = \frac{V_{outAC(RMS)}}{I_{outAC(RMS)}} = \frac{2\sqrt{2}}{\pi} n V_{out} \frac{2\sqrt{2} n}{\pi I_{out}}$$
$$= \frac{8 n^2 R_{out}}{\pi^2} \cdots\cdots\cdots\cdots\cdots\cdots(10)$$

次に，励磁電流I_Mの実効値$I_{M(RMS)}$を求めます．ここでは，単一周波数の正弦波による等価回路で動作解析しているので，I_Mは式(11)で求められます．

$$I_{M(RMS)} = \frac{V_{outAC}}{\omega_{SW} L_M} = \frac{2\sqrt{2}}{\pi} \frac{n V_{out}}{\omega_{SW} L_M} \cdots\cdots(11)$$

共振インダクタンスL_Rを流れる電流I_Rは，励磁電流$I_{M(RMS)}$と負荷電流の1次側換算値$I_{outAC(RMS)}$から，式(12)で求められます．

$$I_{R(RMS)} = \sqrt{I_{M(RMS)}^2 I_{outAC(RMS)}^2} \cdots\cdots\cdots(12)$$

● 出力電圧調整

前項で，LLC共振回路の等価回路の各パラメータについて求めました．ここでは，その電圧ゲインG_Pがどのようになっているか，次いで出力電圧が変化す

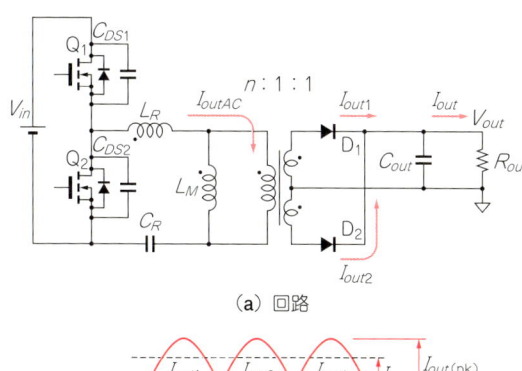

(a) 回路

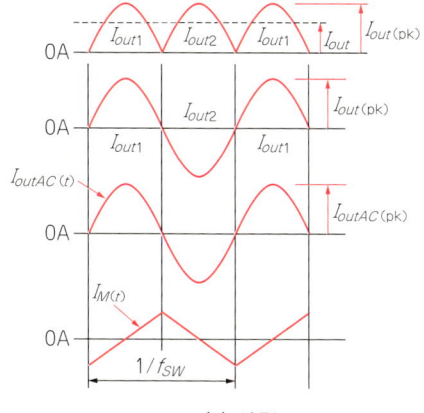

(b) 波形

図6 負荷抵抗の1次側等価抵抗への変換
I_{out}：直流出力電流(V_{out}/R_{out})，I_{outAC}：直流出力電流の1次側変換値，$I_M(t)$：励磁電流の基本波

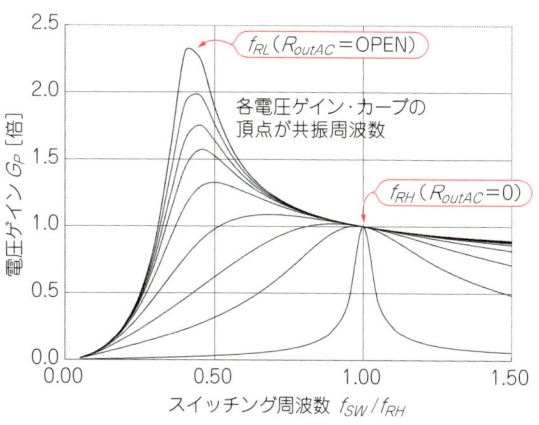

図7 図4(b)の周波数特性例

る様子を簡単に説明します．
▶電圧ゲイン G_P

ハーフ・ブリッジLLC共振回路をFHA法で等価回路化した図4(b)から，LLC共振コンバータの電圧ゲイン $G_P(=V_{out}/V_{in})$ を求めると式(13)になります．この周波数特性から，直流安定化電源としてどのように制御したらいいかを考えます．伝達関数の求めかたについては参考文献(4)で詳解されていますので，ここでは結果のみ示します．

$$G_P = \frac{V_{out}}{V_{in}}$$
$$= \frac{1}{\sqrt{\left(1+\frac{1}{K}\times\left(1-\frac{1}{X^2}\right)\right)^2 + \left(Q\times\left(X-\frac{1}{X}\right)\right)^2}}$$
·················(13)

K：励磁インダクタンス L_M と共振インダクタンス L_R の比(L_M/L_R)
Q：負荷抵抗の1次側換算値と特性インピーダンスの比($(1/R_{outAC})\sqrt{L_R/C_R}$)
X：L_RとC_Rの共振周波数とスイッチング周波数の比(f_{SW}/f_{RH})

図7は，図4(b)で負荷抵抗 R_{outAC} をパラメータとした電圧ゲイン G_P の周波数特性です．$R_{outAC}=0\,\Omega$，つまり負荷短絡のとき，並列接続される励磁インダクタンス L_M は無視され，C_R と L_R の共振となります．共振周波数は式(2)の f_{RH} で最大共振周波数となります．

R_{outAC} の値が大きく，つまり負荷が軽くなってくると，共振周波数は L_M の影響を受けはじめて R_{outAC} とともに低くなります．$R_{outAC}=\infty$，つまり開放のとき，R_{outAC} の影響はなくなり，共振周波数は(L_M+L_R)と C_R の共振となります．共振周波数は式(1)の f_{RL} で，最小共振周波数となります．

図7から，スイッチング周波数 f_{SW} を変えることで，電圧ゲイン $G_P(V_{out}/V_{in})$ を変えることができることがわかります．LLC共振コンバータは，この特性を利用して出力電圧 V_{out} を調整することで，入力電圧や負荷抵抗の変化に対して出力電圧を安定化します．

ただし，スイッチング周波数の利用範囲には制限があります．周波数変化に対する電圧ゲインの変化を一方向とするため，スイッチング周波数の下限を最小共振周波数 f_{RL} より高くします．こうすることにより，スイッチング周波数の変化の方向と制御器出力（アナログ制御ではエラー・アンプ出力）の方向が連続となり，設計がしやすくなります．

スイッチング周波数の上限については，通常，最大共振周波数 f_{RH} とします．これは，その周波数以上での電圧ゲインの減少が緩く，出力電圧を制御するためのスイッチング周波数の変化幅が大きくなり制御しにくいためです．また，スイッチング損失が少ない電源方式ですが，トランスやコイルのコア損失が増えるので，あまり極端にスイッチング周波数を上げることを避けます．

下限を f_{RL} とするのにはもう一つ理由があります．それは，スイッチング周波数が共振周波数 f_{RL} よりも低い領域ではZVSからハード・スイッチングになり，損失が増えるためです．

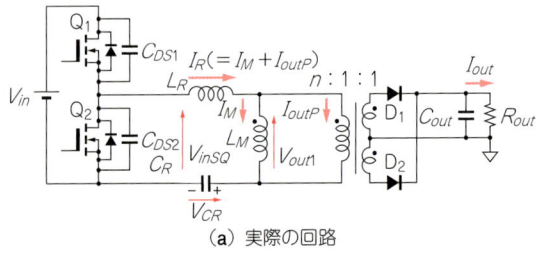

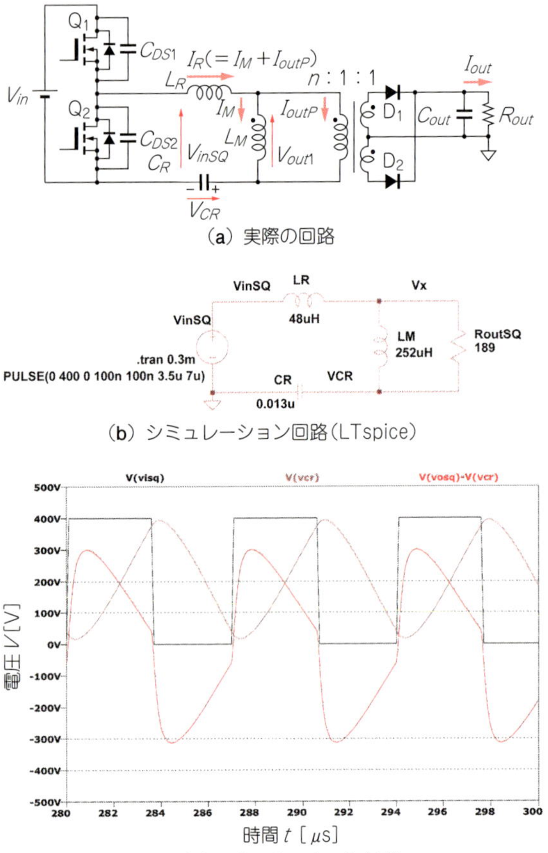

(a) 実際の回路

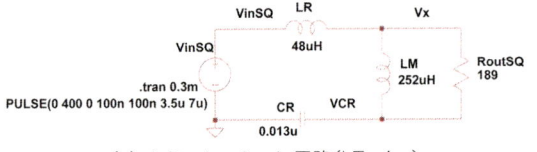

(b) シミュレーション回路(LTspice)

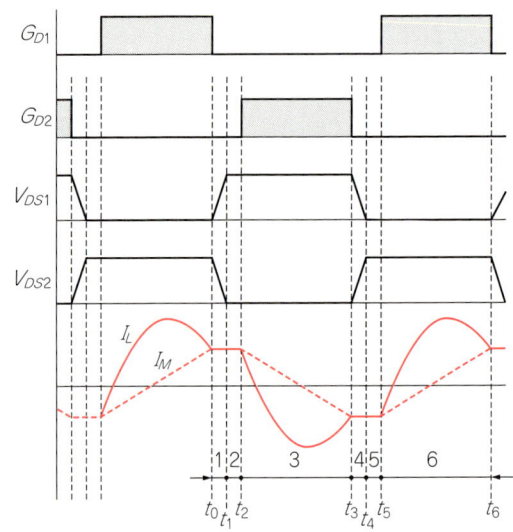

図9　ZVSタイミング

● **ZVS(Zero Volt Switching)動作**

ここまで主に等価回路のAC解析について説明してきましたが，次にスイッチング動作について説明します．スイッチング動作は**図7**の周波数特性から，次の3領域に分けられます．

① $f_{SW} < f_R$
② $f_R < f_{SW} < f_{RH}$
③ $f_{SW} > f_{RH}$

f_{SW}：スイッチング周波数
f_R：共振周波数(負荷によって$f_{RL} \sim f_{RH}$の間で変化する)
$f_{RH} = 1/2\pi \sqrt{L_R C_R}$
$f_{RL} = 1/2\pi \sqrt{(L_R + L_M) C_R}$

制御に使用する領域は一般的に②となります．②の領域はZVS動作となり，低スイッチング損失でかつ電圧制御特性が良い領域です．③の領域もZVS動作ですが，電圧ゲインを下げるためには周波数を大きく上げなければならず，制御しにくいため使いません．①の領域はハード・スイッチングとなり損失が増えることと，電圧ゲインの傾きが逆となることからやはり使いません．

図9に，②の領域のZVS動作タイミングを示します．**図10**は1周期の動作を示したものです．

ZVS動作は，ハーフ・ブリッジの各スイッチング・デバイスの両端容量をデッド・タイム時間内に充放電することで実現します．デッド・タイムが短すぎたり，充放電電流が不足するとZVS動作せず，MOSFETのターン・オンがハード・スイッチングになり，スイッチング損失が増えます．ZVS動作するには，スイッチング期間の終わりの励磁電流によって励磁インダクタンスに蓄えられたエネルギーE_L [J]が，容量C_{DS1}，

図8　全波整流ハーフ・ブリッジLLC共振コンバータの出力電圧調整

▶出力電圧調整

LLC共振回路の電圧ゲインが，スイッチング周波数を変えることで変わるのはなぜなのかを見てみます．

図8(c)は，出力電圧が変わる様子のシミュレーション結果です．PWMコンバータでは，スイッチング周波数を固定としてオン・デューティを変えることでLCフィルタによる平均電圧つまり出力電圧を調整します．これに対してLLC共振コンバータでは，デューティを50％に固定して，スイッチング周波数を変えることで出力電圧を調整します．

LLC共振回路を駆動する矩形波電圧V_{inSQ}の振幅は入力直流電圧値V_{in}で固定ですが，L_R，L_M，C_Rによる共振でC_Rの両端電圧は変化します．この電圧は通常，**図8(a)**の極性に充電され，1次巻き線電圧V_{outSQ}をV_{in}に対して下げる働きをします．スイッチング周波数が低くなるとV_{CR}の両端電圧が下がり，結果としてV_{outSQ}が大きくなります．このため，2次巻き線電圧も大きくなります．出力電圧を下げるときはスイッチング周波数を上げます．こうすることでV_{CR}が上昇し，V_{outSQ}は下がります．

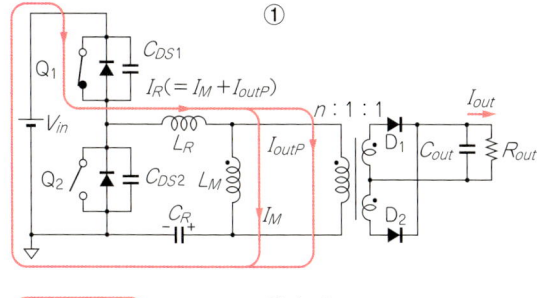
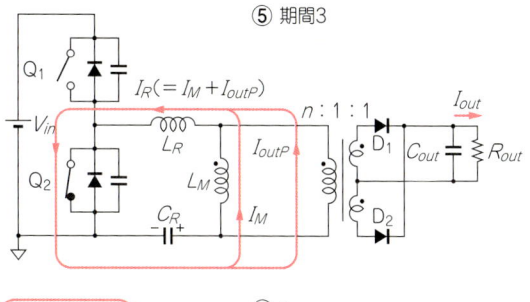
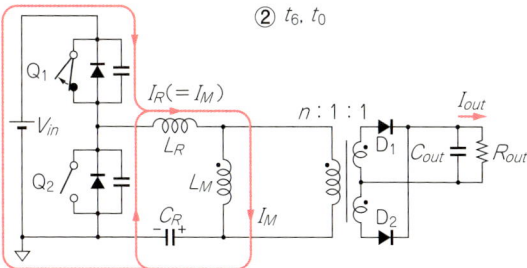
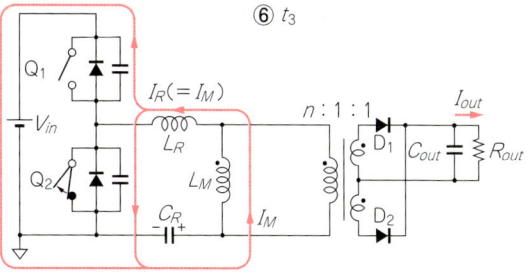
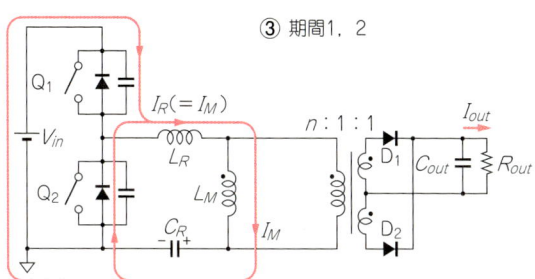
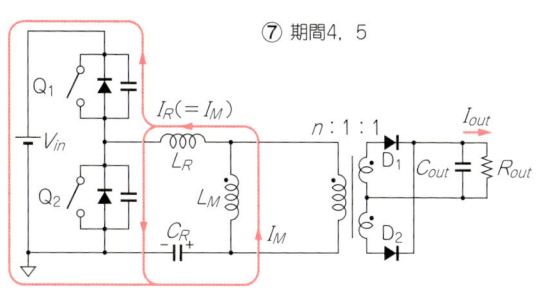
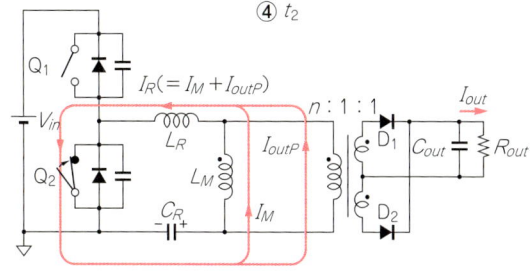
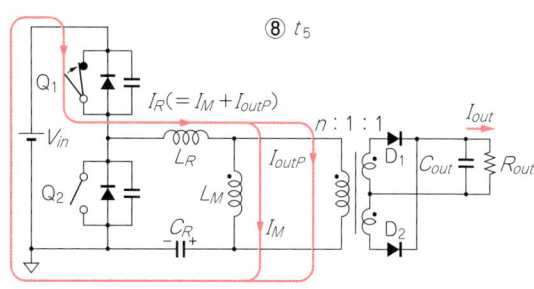

図10 ZVS動作

C_{DS2}を入力電圧V_{in}まで充電(放電)するのに必要なエネルギーE_C［J］よりも大きくなければなりません．その条件下で，デッド・タイムt_Dは式(19)で求められます．励磁電流の波形を図11に示します．

$$E_L\ [\text{J}] = \frac{1}{2}(L_M + L_R)I_{M(\text{pk})}^2 \quad \cdots\cdots(14)$$

$$E_C\ [\text{J}] = \frac{1}{2}(2C_{DS})V_{in}^2 \quad \cdots\cdots(15)$$

$$E_L > E_C \quad \cdots\cdots(16)$$

$$\frac{V_{in}}{2} = L_M I_{M(\text{pk})} \times 4 f_{SW} \quad \cdots\cdots(17)$$

$$I_{M(\text{pk})} = \frac{1}{L_M}\frac{V_{in}}{2}\frac{1}{4 f_{SW}} \quad \cdots\cdots(18)$$

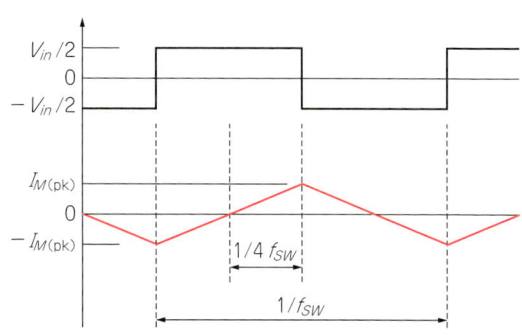

図11 励磁電流波形

$$t_D = \frac{C_{DS}}{I_{M(pk)}} V_{in} = 2C_{DS}V_{in} \frac{8 f_{SW} L_M}{V_{in}}$$
$$= 16\, C_{DS} f_{SW} L_M \cdots\cdots\cdots\cdots\cdots\cdots (19)$$

ただし，$C_{DS} = C_{DS1} = C_{DS2}$ とする

全波整流ハーフ・ブリッジ LLC共振コンバータの試作

今回試作したボードは，パワー・ボードとマイコン・ボードが分離しています．パワー・ボードはユニバーサル基板に部品を実装して製作しました．マイコン・ボードはRX62Gと周辺回路を搭載しています．

● 設計仕様

表1に，今回試作したLLC共振コンバータ・ボードの仕様を示します．

● 電源ボードの外観とシステム構成

写真1は今回試作した電源ボードです．
図12は今回試作した電源のシステム構成です．電源制御マイコンRX62Gは5Vで動作しますので，ドライブICを使用してMOSFETをドライブします．ま

た，多くの場合前段にPFCを設けるため，PFCとLLC共振コンバータを一つのマイコンで制御できるよう，マイコンを1次側に置きます．このため，出力電圧のフィードバックには絶縁アンプを使用します．絶縁アンプの2次側の電源はトランスの補助巻き線から生成します．過電流保護は共振コンデンサC_Rから取り込んだ電流信号を使います．

● 回路

図13，図14は試作した電源ボードの回路図です．図13はパワー・ボードで補助電源，MOSFETドライバ，絶縁アンプを含みます．今回の試作ではトランスと共振コイルとは分離タイプとしました．
図14はマイコン・ボードの回路図です．マイコン内蔵のA-Dコンバータの前段にはOPアンプによるバッファを実装しています．PFC回路とLLC共振コンバータを一つのマイコンで制御する場合，基準点（GND）をどこにするかが問題になりますが，OPアンプ回路を差動アンプとしてありますので，自由に一か所に決めることができます．

表1 設計仕様

仕様	記号	min	typ	max
DC入力電圧	V_{in}	350 V	395 V	400 V
DC出力電圧	V_{out}	11.0 V	12.0 V	13.0 V
出力電流	I_{out}	0 A	−	16.7 A
出力電力	P_{out}	0 W	−	200 W
負荷短絡時共振周波数	f_{RH}	−	−	200 kHz
無負荷時共振周波数	f_{RL}	80 kHz	−	−
スイッチング周波数範囲	f_{SW}	100 kHz		200 kHz
最大オン・デューティ	D_{max}		50 %	
ソフト・スタート時間	t_{SS}		10 ms	
ソフト・スタート周波数	f_{SS}		300 kHz	
効率（目標）	η		90 %以上	
過電流保護設定値	I_{OC}		20A	

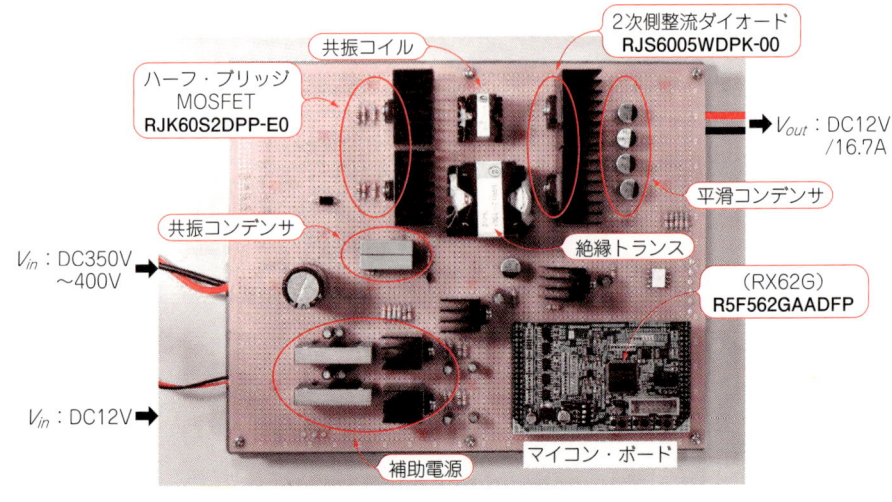

写真1 試作したボードの外観

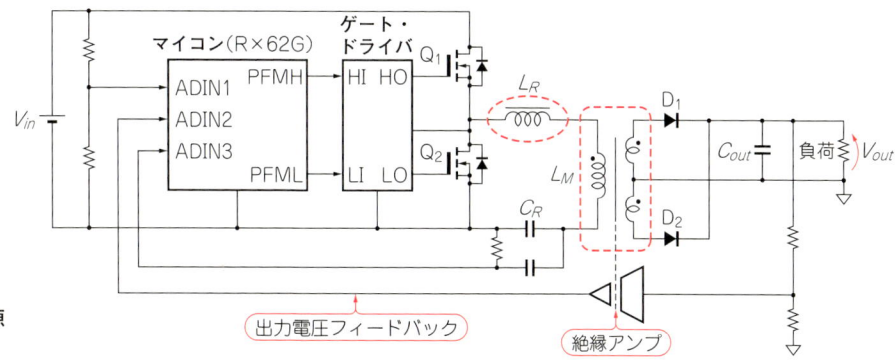

図12 試作した電源ボードの基本構成

● LLC共振回路の設計

ここから前節で説明した計算式を使い，**表1**の仕様に基づいてLLC共振コンバータを設計していきます．ここで求める電流や電圧はFHA法による近似値なので，LTspiceなどのシミュレータで検証してからデバイス選定や定数設定をします．慣れてくればシミュレーションから開始して得られた値の根拠を前節の説明で理解して解析する…といった進めかたも効率良く進める方法の一つです．

【STEP1】 トランス巻き数比 $n(=N_P/N_S)$

ハーフ・ブリッジに入力される電圧 V_{in} が最大で，無負荷 $R_{out}=\infty$ のとき，出力電圧 V_{out} が最小となるようにトランスの巻き数比を決めます．このとき定電圧制御で動作していれば，共振回路の電圧ゲイン G_P は最小となっています．本試作では $G_{P(min)}$ を1とします．これらの条件から巻き数比を決めれば，スイッチング周波数を上げて $G_P=1$ とすることで，入力電圧が最大であっても出力電圧を仕様の範囲に収めることができます．

最大入力電圧は，PFC出力電圧のオーバーシュートを30 V加算して430 Vにしました．最小出力電圧は，整流ダイオードの V_F として1.5 Vを加算しています．その結果，式(20)から17.2となりましたので，$n=18$ として設計していきます．

$$n = \frac{V_{in(max)}}{2} G_{P(min)} \frac{1}{V_{out(min)} + V_F} \cdots\cdots(20)$$
$$= \frac{430}{2} \times 1 \times \frac{1}{11.0 + 1.5} = 17.2$$

【STEP2】 最大スイッチング周波数 $f_{SW(max)}$

使用するスイッチング・デバイスやトランスの性能から，最大スイッチング周波数 $f_{SW(max)}$ を決めます．今回の試作では $f_{SW(max)}=200$ kHzとしますが，EMIの問題やコア損失の面からもう少し低く，150 kHz以下とする場合もあります．

【STEP3】 共振周波数 f_{RL}, f_{RH} とインダクタンス比 K

図7に示すように，通常，最大スイッチング周波数 $f_{SW(max)}=f_{RH}$ とします．ハーフ・ブリッジに入力される電圧 V_{in} が最小で，かつ負荷が最大のとき，定電圧制御していれば最小スイッチング周波数 $f_{SW(min)}$ となります．制御器出力（アナログ制御ではエラー・アンプ出力）がスイッチング周波数の指示値になりますが，この値の変化に対してあまり過敏に周波数が変化しないようスイッチング周波数の可変幅にある程度の幅をもたせます．ここでは，$f_{SW(min)}=f_{SW(max)}/2=100$ kHzとします．

負荷開放時の共振周波数 f_{RL} ［式(2)］は，$f_{SW(min)}$ より低い周波数に設定することで，ゲイン特性が反転する領域までスイッチング周波数が下がらないようにします．ここでは，f_{RH} と f_{RL} の比率として表し，$f_{RH}/f_{RL}=2.5$ とします．そうすると，$f_{RH}=f_{SW(max)}=200$ kHzより，$f_{RL}=80$ kHzとなります．また，式(21)よりインダクタンス比 K は5.25となります．

$$K = \frac{L_M}{L_R} = \left(\frac{f_{RH}}{f_{RL}}\right)^2 - 1 \cdots\cdots(21)$$
$$= \left(\frac{200 \text{ kHz}}{80 \text{ kHz}}\right)^2 - 1 = 5.25$$

【STEP4】 電圧ゲイン G_P（Q パラメータ）

STEP1～STEP3で，Q を除いてLLC共振回路の電圧ゲイン G_P ［式(13)］の変数が求められました．Q は式(22)で表されますが，まだ L_R，C_R は決まっていないので，Q を適当なパラメータとして電圧ゲイン G_P の周波数特性を求めると**図15**のようになります．Q は負荷抵抗の1次側換算値 R_{outAC} と，特性インピーダンス $\sqrt{L_R/C_R}$ の比なので，**図15**は電圧ゲイン G_P の周波数特性の，負荷による変化を表すことになります．

$$Q = \frac{1}{R_{outAC}} \sqrt{\frac{L_R}{C_R}} \cdots\cdots(22)$$

【STEP5】 最大電圧ゲイン $G_{P(max)}$

最小入力電圧 $V_{in(min)}$，かつ最大負荷のとき，最大出力電圧 $V_{out(max)}$ を出力するための電圧ゲイン $G_{P(max)}$ は，式(23)より1.49となります．

$$G_{P(max)} = \frac{2nV_{out(max)}}{V_{in(min)}} \cdots\cdots(23)$$

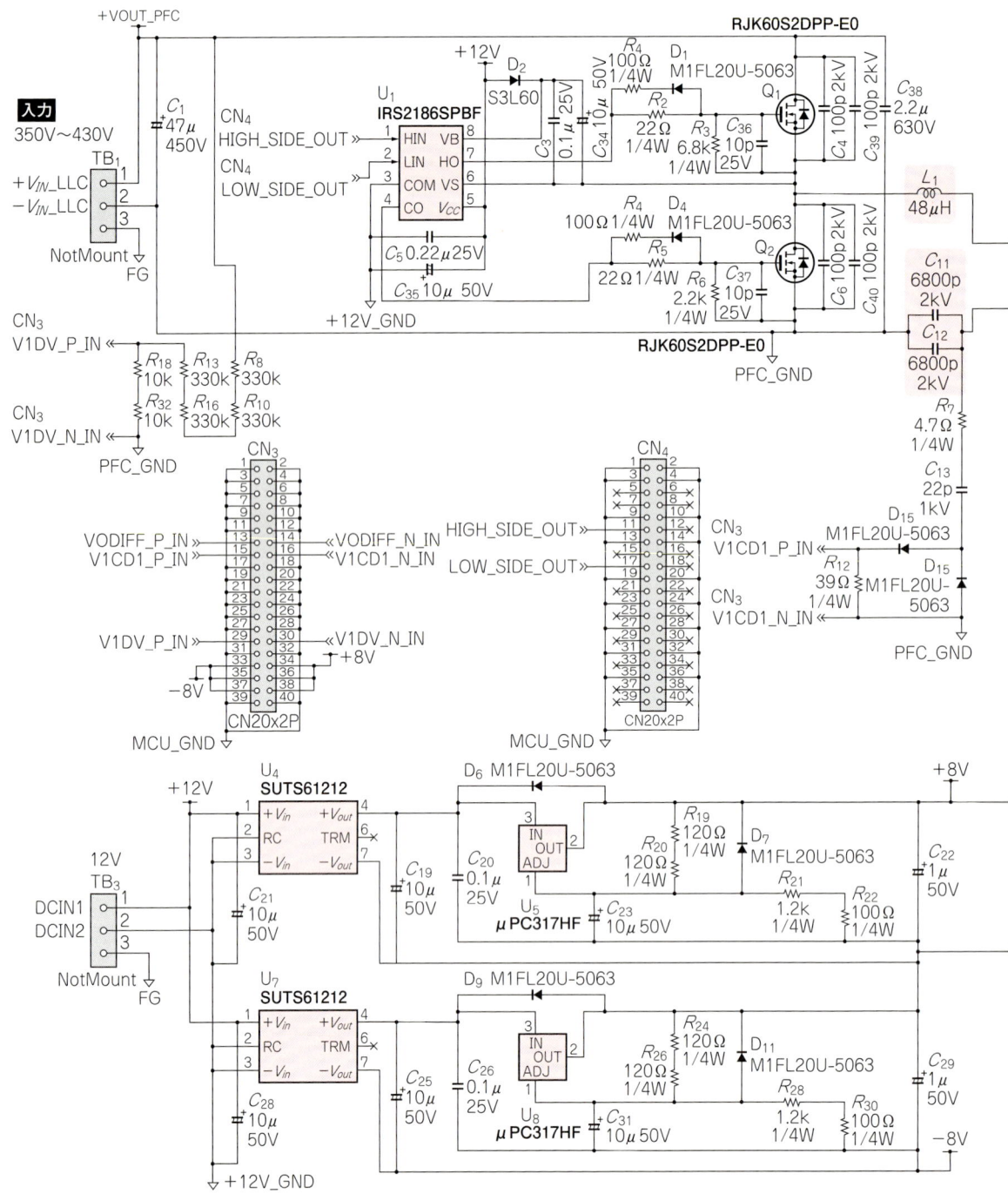

図13 パワー・ボードの回路

$$= \frac{2 \times 18 \times 14.5}{350} = 1.49$$

図15から，最小スイッチング周波数 $f_{SW(\min)}$ = 100 kHzで電圧ゲインが $G_{P(\max)} \geqq 1.49$ となる Q を調べると，$Q = 0.32$ であれば十分な余裕をもって条件を満たすことがわかります．電圧ゲインを下げる方向では，設計値の最大スイッチング周波数は200 kHzを越えて

もゲインをさらに下げる特性なので問題ありません．しかし，電圧ゲインを上げる方向では，設計値の100 kHzを大きく下回ると，図15からわかるように逆にゲインを下げる方向となり制御できなくなってしまいますので注意が必要です．

【STEP6】 LLCの定数 L_R, L_M, C_R

STEP5で最大負荷時の Q の値が0.32と決まったの

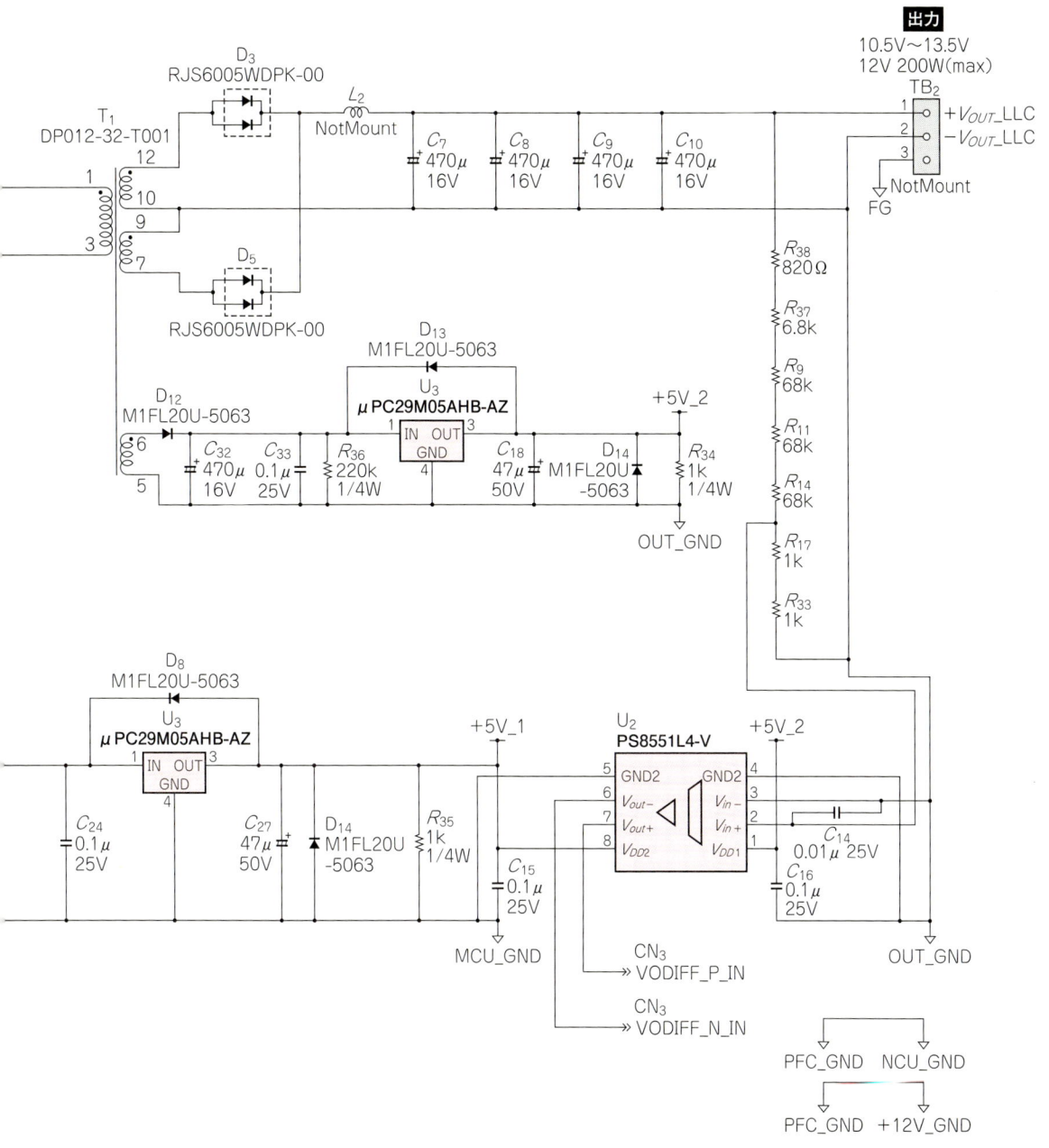

で，LLC共振回路のインダクタンスL_M，L_RとキャパシタンスC_Rを求めます．これで，共振に関係する定数をすべて求めることができます．

$$L_R = \frac{R_{outAC}\ Q}{2\pi f_{RH}} = \frac{189.1 \times 0.32}{2\pi \times 200 \times 10^3} = 48.2\ \mu H \cdots(24)$$

$$R_{outAC} = \frac{8\,n^2 R_{out}}{\pi^2} \cdots\cdots\cdots\cdots\cdots\cdots\cdots\cdots\cdots\cdots(25)$$

$$= \frac{8 \times 18^2 \times 12^2/200}{\pi^2} = 189.1\ \Omega$$

式(21)，式(22)より，励磁インダクタンスL_Mは，次のように求められます．

$$L_M = 5.25\,L_R = 5.25 \times 48 \times 10^{-6} = 252\ \mu H \cdots(26)$$

$$C_R = \frac{L_R}{R_{outAC}^2\ Q^2} \cdots\cdots\cdots\cdots\cdots\cdots\cdots\cdots\cdots\cdots(27)$$

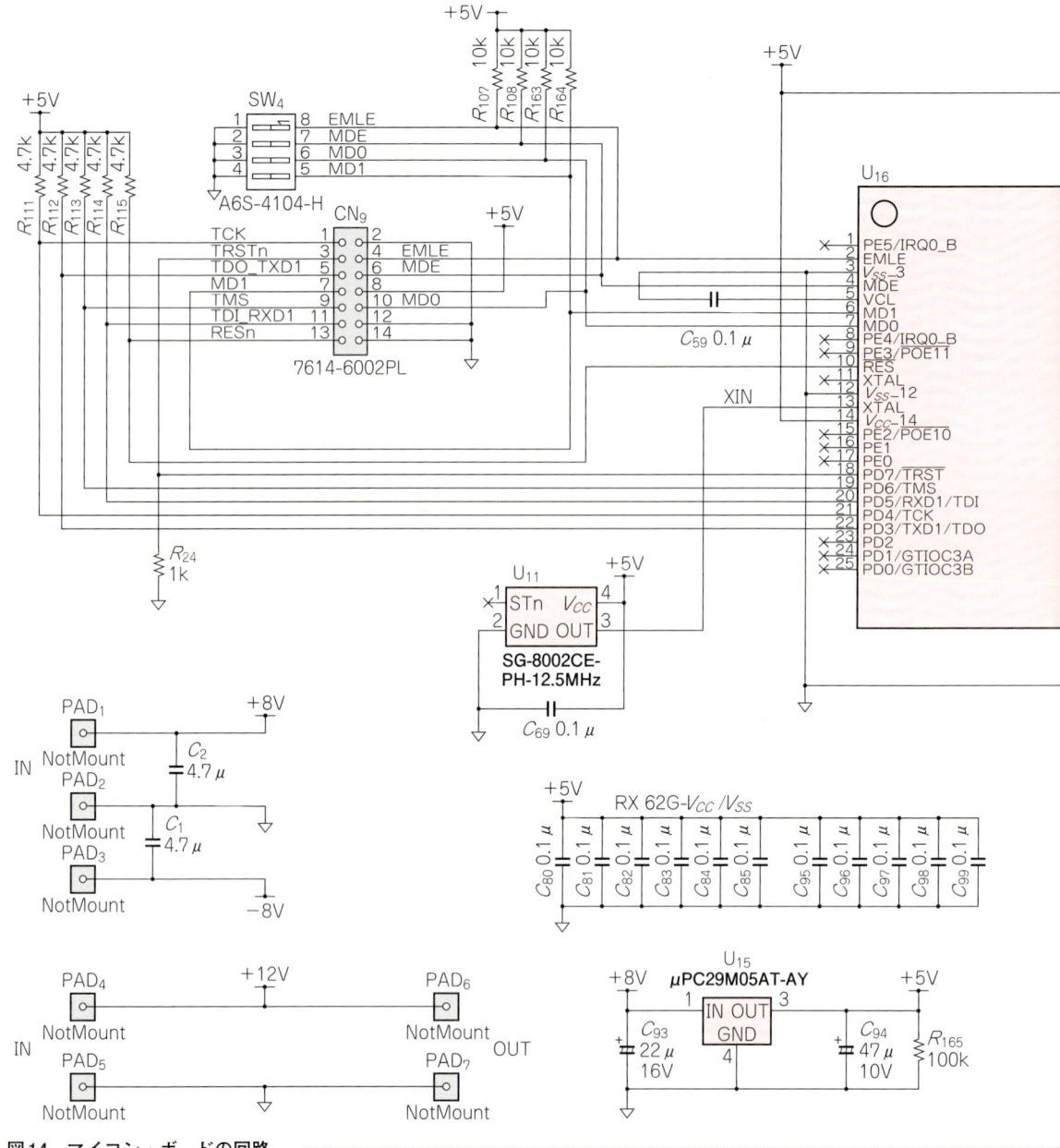

図14 マイコン・ボードの回路

$$= \frac{48 \times 10^{-6}}{189.1^2 \times 0.32^2} = 0.013 \ \mu F$$

【STEP7】電圧ゲインG_Pの周波数特性（負荷電力パラメータ）

LLC回路の定数がすべて求められたので，次に負荷電力をパラメータとしてQを求め，式(13)から電圧ゲインG_Pの周波数特性を求めると**図16**のようになります．電圧ゲインG_Pは，トランス巻き数比nと出力電圧V_{out}が一定であれば，式(23)から入力電圧V_{in}にのみ依存することになります．このため，設計仕様の入力電圧範囲V_{in} = 350 V～430 Vでは，電圧ゲインG_Pは1.49～1.21程度の値を取ります．これを**図16**に当てはめるとスイッチング周波数は，最大負荷電力200 Wで約110 kHz，1 mWで約146 kHzになることがわかります．このLLC共振回路のスイッチング動作範囲は**図16**の斜線部になります．

V_{in} = 350 V～430 Vは，LLC共振コンバータの前段にPFC回路を設けることを想定した仕様です．上限値はほとんどのPFC回路でこの値で問題ないと思いますが，下限値についてはPFC回路の出力電圧設定や入出力変動による降下電圧によっては320 V程度まで考慮することもあります．この場合でも設計ステ

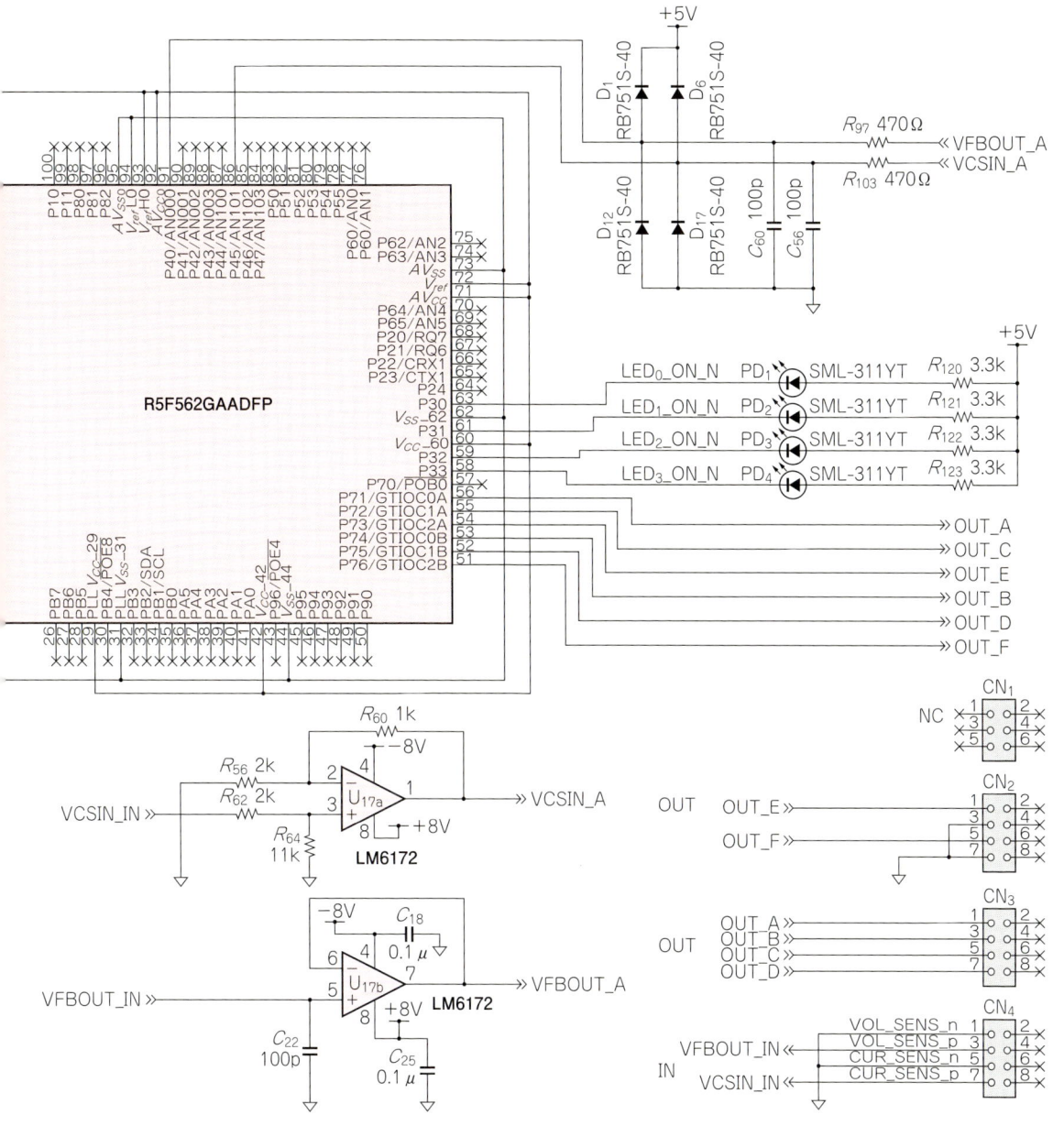

ップに沿って定数を決めていけば問題なく設計できますが，PFC回路がなく，入力電圧範囲をワールドワイド対応（AC 85 V〜264 V）とする場合は，各定数の設定がかなり困難となります．

【STEP8】 LLC共振回路の電流

スイッチング回路の部品選定のため，各部の最大電流を求めます（**図17**）．LLC共振回路を流れる電流は，共振コイルを流れる電流 I_R を式(30)から，そのピーク値を式(31)から求めることができます．

$$I_{M(RMS)} = \frac{2\sqrt{2}}{\pi} \frac{nV_{out}}{\omega_{SW} L_M} \quad \cdots\cdots(28)$$

$$= \frac{2\sqrt{2}}{\pi} \times \frac{18 \times 12}{2\pi \times 100 \times 10^3 \times 252 \times 10^{-6}} = 1.23 \text{ A}$$

$$I_{outAC(RMS)} = \frac{\pi I_{out}}{2\sqrt{2} n} = \frac{\pi \times 16.7}{2\sqrt{2} \times 18} = 1.03 \text{ A} \cdots(29)$$

$$I_{R(RMS)} = \sqrt{I_M^2 + I_{outAC}^2} \quad \cdots\cdots\cdots\cdots\cdots(30)$$

$$= \sqrt{1.23^2 + 1.03^2} = 1.60 \text{ A}$$

$$I_{Q1(pk)} = I_{Q2(pk)} = \sqrt{2} I_{R(RMS)} \quad \cdots\cdots\cdots\cdots(31)$$

$$= \sqrt{2} \times 1.63 = 2.31 \text{ A}$$

よって，Q_1，Q_2 は最大定格電流2.31 A以上のデバイスを選択します．

【STEP9】 共振コイル，トランス

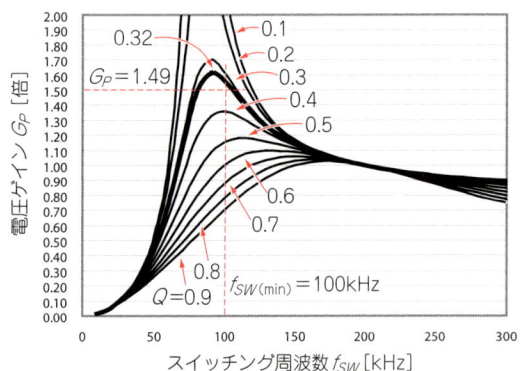

図15　電圧ゲインG_PのQに対する周波数特性

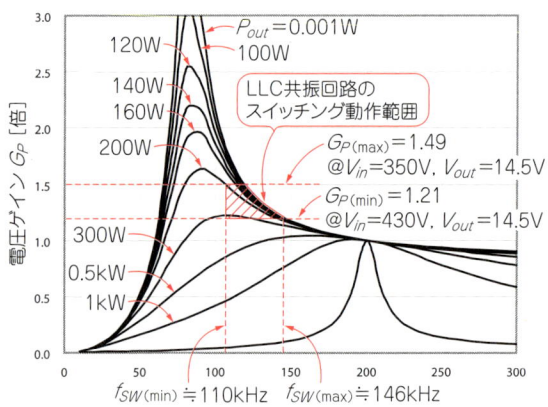

図16　電圧ゲインG_Pの負荷電力に対する周波数特性

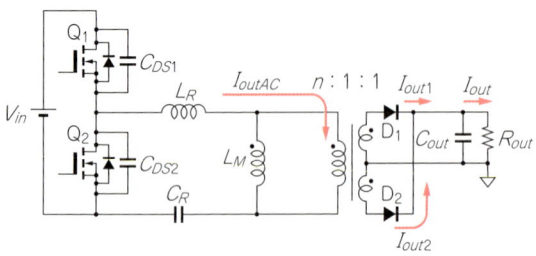

図17　全波整流ハーフ・ブリッジLLC共振コンバータに流れる電流
I_{outAC}：共振コイルに流れる電流を出力電流で表した電流，
$I_{Q1(pk)}$，$I_{Q2(pk)}$：Q_1，Q_2のピーク電流

今回の試作では共振コイルとトランスを分離しますので，それぞれ別々に設計します．トランスは，式(26)で求めた励磁インダクタンスとなるように設計します．巻きかたは通常のトランスと同様，漏れインダクタンスが小さくなるようにします．漏れインダクタンスをゼロにはできませんが，通常数μH程度なので共振周波数には影響しません．よって，この漏れインダクタンスは設計値には入れません．

今回の試作ではPQ3230を使って設計しました．AL値を260 nH/N²として1次巻き線数N_Pを求めると31.2となりましたので，32 Tとします．

$$N_P = \sqrt{\frac{L_M}{AL}} \quad \cdots\cdots\cdots\cdots\cdots\cdots\cdots (32)$$

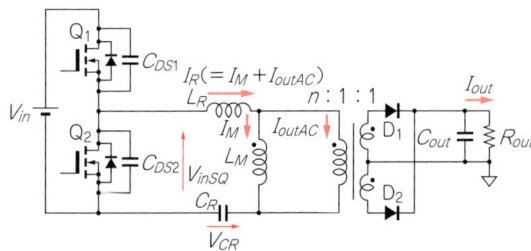

図18　基本回路での共振コンデンサにかかる電圧

$$= \sqrt{\frac{253 \times 10^{-6}}{260 \times 10^{-9}}} = 31.2 \text{ T}$$

次に，2次巻き線数N_Sを巻き数比$n = 18$から求めると，2Tとなります．

$$N_S = \frac{N_P}{n} = \frac{32}{18} = 2 \text{ T} \quad \cdots\cdots\cdots\cdots (33)$$

使用するコア材の特性から，コアが飽和しないように十分に検証します．巻き線は，式(30)で求めたLLC共振回路の最大電流の実効値から1次巻き線を，出力電流から2次巻き線を最適な線径とします．

【STEP10】共振コンデンサC_R

共振コンデンサC_Rを選定します（図18）．コンデンサは印加される最大電圧と流れる最大電流，およびそれらの周波数が選定条件となります．共振コンデンサC_Rの両端電圧V_{C_R}は，共振コイルL_Rの電流I_Rで充放電されることで，通常動作時は図19のようにほぼ正弦波になります．よって，式(30)で求めた$I_{R(RMS)}$からV_{C_R}を求めることができます．

$$V_{CR(RMS)} = \frac{I_{R(RMS)}}{2\pi f_{RL} C_R} \quad \cdots\cdots\cdots\cdots (34)$$

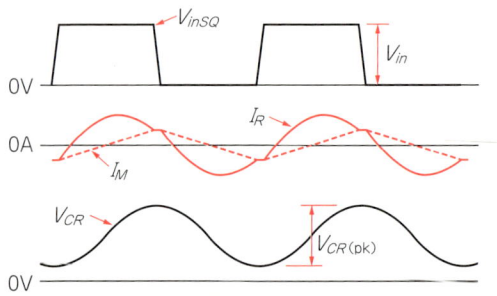

図19　通常動作時の電圧／電流波形

$$= \frac{1.60}{2\pi \times 100 \times 10^3 \times 0.013 \times 10^{-6}}$$
$$= 195.9\,\text{V}$$
$$V_{CR(\text{pk})} = \sqrt{2}\,V_{CR(\text{RMS})} + \frac{V_{in(\max)}}{2} \cdots\cdots\cdots(35)$$
$$= \sqrt{2} \times 195.9 + 395/2 = 474.5\,\text{V}$$

共振コンデンサ C_R には交流の高電圧がかかり，負荷電流，励磁電流が流れるので，電圧，電流とも定格に注意して選択します．

【STEP11】 ZVSとデッド・タイム

STEP1～10で設定した定数からZVS動作するかを確認し，必要なデッド・タイム T_D を求めます．式(36)で求めた最小励磁電流 $I_{M(\min)}$ と，式(37)，式(38)から E_L [J] と E_C [J] を求めると，E_L のほうが大きいのでZVS動作可能であることがわかります．ここで，C_{DS} は外付け容量200 pF，f_{SW} は図16で求めた最大スイッチング周波数146 kHzとします．

式(39)から最小デッド・タイム T_D を求めると118 nsなので，これ以上のデッド・タイムとなるようにマイコンのタイマを設定し，実機でZVS動作を確認しながら最適値とします．

$$I_{M(\min)} = \frac{2\sqrt{2}}{\pi} \frac{nV_{out}}{2\pi f_{SW}L_M} \cdots\cdots\cdots\cdots(36)$$

$$= \frac{2\sqrt{2}}{\pi} \times \frac{18 \times 12}{2\pi \times 146 \times 10^3 \times 252 \times 10^{-6}}$$
$$= 0.84\,\text{A}$$
$$E_L = \frac{1}{2}(L_M + L_R)I_{M(\text{pk})}{}^2 \cdots\cdots\cdots\cdots(37)$$
$$= \frac{1}{2}(252 \times 10^{-6} + 48 \times 10^{-6}) \times (\sqrt{2} \times 0.84)^2$$
$$= 0.12\,\text{mJ}$$
$$E_C = \frac{1}{2}(2\,C_{DS})V_{in}{}^2 \cdots\cdots\cdots\cdots(38)$$
$$= \frac{1}{2}(2 \times 200 \times 10^{-12}) \times (400)^2 = 0.032\,\text{mJ}$$
$$E_L > E_C \cdots \text{OK}$$
$$t_D \geq 16 \times C_{DS}f_{SW}L_M \cdots\cdots\cdots\cdots(39)$$
$$= 16 \times 200 \times 10^{-12} \times 146 \times 10^3 \times 253 \times 10^{-6}$$
$$= 162\,\text{ns}$$

電源制御プログラムの設計

前節で設計したLLC共振回路をマイコンを使って制御し，出力電圧を安定させます．そのための制御について説明していきます．

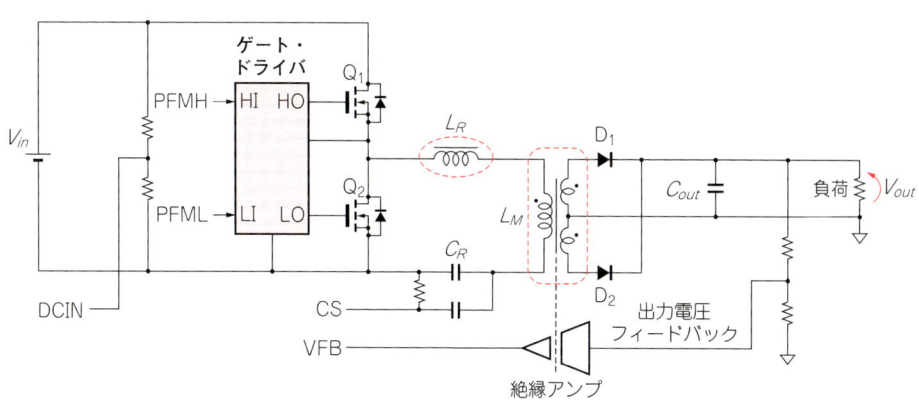

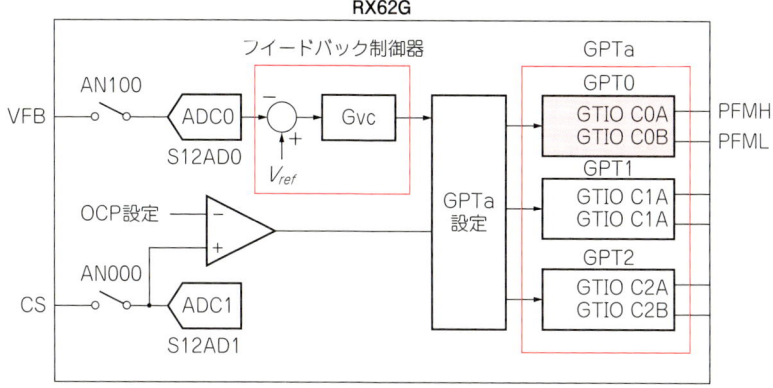

図20　システム構成

● システム構成

図20に，今回試作したLLC共振コンバータのシステム構成を示します．このシステムでは，A-Dコンバータで次の三つのアナログ値を取り込んで制御します．
(1) 出力電圧 V_{out}
(2) 入力電圧 V_{in}
(3) 共振回路電流 I_R

出力電圧制御では，出力電圧を取り込んで基準値と比較し，一定の電圧となるようにスイッチング周波数を制御します．

入力電圧は，スイッチング周波数が制御範囲を越えないよう，スイッチング周波数に制限をかけるなどの保護に使用します．共振回路電流は，過負荷を検出して出力電圧を下げるなどして，負荷と電源自身を保護します．

● 保護機能のOCPについて

LLC共振コンバータの課題の一つが，スイッチング周波数が低くなって共振周波数に近づいたり，負荷電流が大きすぎたりした場合に起きる共振外れ現象です．この現象が起きると，スイッチング・デバイスはZVS動作できずハード・スイッチングとなるため，電力損失やノイズが増加するといった問題が発生します．この対策には，スイッチング周波数の最低周波数設定とOCP（過電流保護）機能が重要です．

今回の試作では，図16から最大負荷電力200 W，入力電圧350 Vで約110 kHzという設定になることがわかります．これ以上の負荷はないので，最小スイッチング周波数をプログラムで100 kHzに制限しています（S12ADA1_s12adi1_ini()関数のスイッチング周波数リミッタの行）．

よって，負荷が重くなってもスイッチング周波数は100 kHz以下にならないため，定常状態では共振外れは起きません．急に200 W以上の負荷を引いた場合には，ゲイン・カーブが下がりスイッチング周波数がそのままだと共振外れが起きますが，この過負荷電流をOCP機能で検出してスイッチング周波数を上げることで共振外れを回避します．

スイッチング・デバイスがZVS動作しているかどうかを検出して共振外れか否かを判断することも可能ですが，今回の試作ではこの機能は実装していません．

● マイコンの基本設定

表2にマイコン内蔵機能の設定仕様を示します．

汎用PWMタイマGPTaのGPT0を使って，スイッチング周波数100 kHz～200 kHzのPFM信号を生成します．今回は未使用ですが，GPT1は2次側の同期整流を制御する信号用に確保してあります．GPT2はA-D変換トリガ生成に使用しており，PFM信号の周波数とは別に200 kHz固定としています．

出力電圧の取り込みは，2個ある12ビットA-Dコンバータ・ユニットのうちのS12ADA0を使い，GPT0からのトリガ信号でA-D変換します．

● 電源の基本動作

図21にスイッチング動作タイミングを示します．RX62Gの内蔵タイマGPTaと，そのHR-PWM（高分解能PWM）機能を使うことで，高分解能PFM（Pulse Frequency Modulation）信号を簡単に実現できます．

▶PFM信号生成

ハーフ・ブリッジを構成する2個のMOSFETのドライブ信号として，PFMH（ハイ・サイド）とPFML（ロー・サイド）信号をGPT0で生成します．PFMLは，PFMHからGPTaのデッド・タイム自動設定機能を使って自動生成するので，周波数設定はPFMHだけです．

PFM信号は，周期設定レジスタGPT0.GTPRの設定値を毎周期調整することで作ります．さらに，今回はHR-PWM機能を併用することで，タイマ・クロック周期 t_{clk} の1/32の分解能を得ています．これによって，より高周波域でのLLC共振動作を実現できます．

表2 制御プログラムの設計仕様

周辺機能	設定項目	設定
12ビットA-Dコンバータ S12ADA1	A-D変換クロック	50 MHz（変換時間：1 μs）
	動作モード	1サイクル・スキャン
	A-D変換開始タイミング	GPT2からのトリガ
汎用PWMタイマ GPTa	GPT0	ゲート信号 PFMH，PFML
	GPT1	ゲート信号 同期整流用[*1]
	GPT2	A-D変換トリガ（200 kHz固定）
	動作モード	のこぎり波ワンショット・パルス・モード
	動作クロック	100 MHz
	スイッチング周波数	100 kHz～200 kHz
	S12ADA1変換トリガ	GPT2.GTADTRAコンペアマッチ
コンペアマッチ・タイマ CMT	動作クロック	PCLK/32（50 MHz/32）
	設定周期	10 ms（main()実行周期）

＊1：試作ボードでは未使用

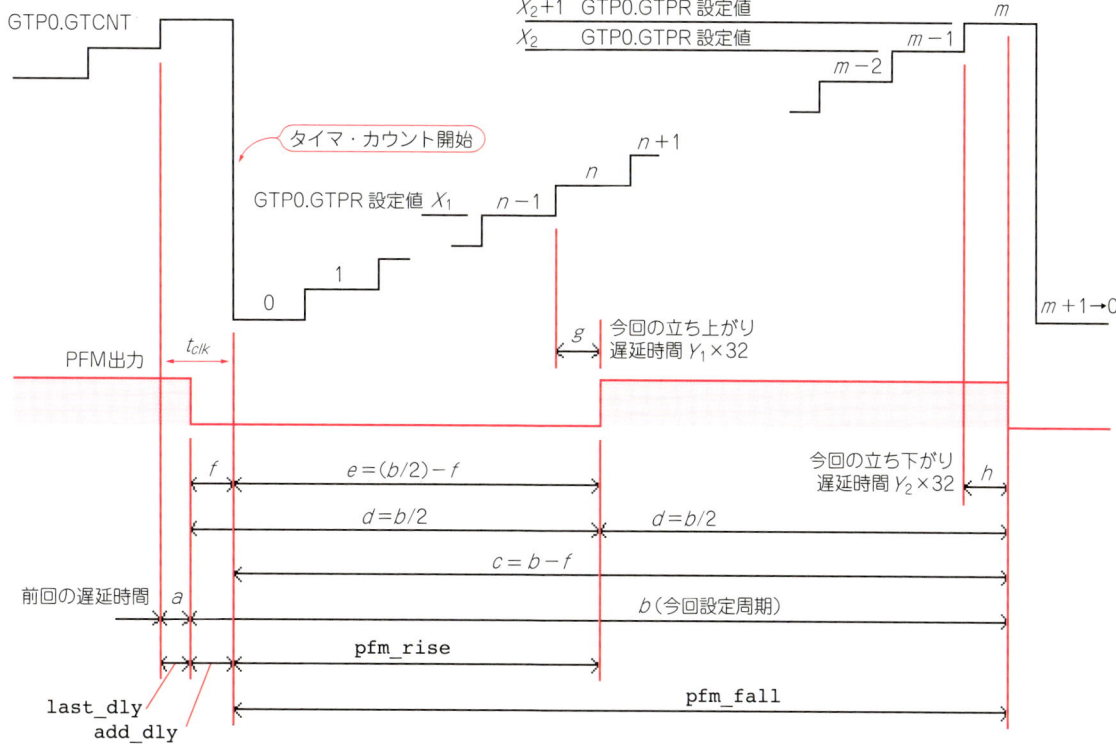

図21 スイッチング動作のタイミング

まず，今回周期として設定する周期 b [ns]を求めます．HR-PWM機能を使った場合，前回周期の終わり（立ち下がり位置）はクロックをカウントして得られる立ち下がり位置とは異なり f [ns]だけタイマ・カウント開始点から前になります．よって，今回周期の実際の立ち下がり/立ち上がり位置は，t_{clk} と a [ns]の差 f [ns]を引いた値で計算していきます．それが c と e になります．

レジスタにはクロック数を設定しますので，式(40)～式(43)のように求めた値を t_{clk} で割って，カウント数 `pfm_rise`(立ち上がり位置)と `pfm_fall`(立ち下がり位置)を求めます．これらには小数を含みますので，整数の部分 X_1，X_2 と，小数の部分 Y_1，Y_2 に分けます．周期設定レジスタGTPRには整数だけ設定できますので，t_{clk} のカウント数として X_1，X_2 を設定します．小数は遅延値で，1 t_{clk} の何パーセントを遅延させるかを表しますので，式(42)，式(43)のように32をかけることで遅延値を求めることができます．この値を遅延設定レジスタGTDLYに設定します．

$$\mathtt{pfm\_rise}[カウント数] = \frac{e}{t_{clk}} = X_1.Y_1 \cdots(40)$$

$$\mathtt{pfm\_fall}[カウント数] = \frac{c}{t_{clk}} = X_2.Y_2 \cdots(41)$$

$$\mathtt{last\_dly}[カウント数] = a\frac{32}{t_{clk}} \cdots\cdots(42)$$

$$\mathtt{add\_dly}[カウント数] = f\frac{32}{t_{clk}} \cdots\cdots(43)$$

a：前回周期の遅延設定値[ns]
b：今回周期の設定値[ns]
c：$b-f$ [ns] 今回周期の立ち下がり位置
d：$b/2$ [ns]
e：$(b/2)-f$ [ns] 今回周期の立ち上がり位置
f：$t_{clk}-a$ [ns]
g：$Y_1 \times 32$(今回周期の立ち上がり遅延設定値)…(44)
h：$Y_2 \times 32$(今回周期の立ち下がり遅延設定値)…(45)
n：X_1(整数 t_{clk} カウント数) ………………(46)
m：X_2(整数 t_{clk} カウント数) ………………(47)
t_{clk}：クロック周期 10 ns(100 MHz)

LLC共振コンバータの制御が始まると，マイコンは出力電圧 V_{out} を常に一定周期でA-D変換します．サンプリングは最大スイッチング周波数の200 kHz固定です．スイッチング周波数は変わりますので，A-D変換はスイッチング周期とは非同期で動作します．

図22は，スイッチング周期と出力電圧 V_{out} のA-D変換周期，A-D変換したデータを使った周波数設定値の計算タイミング，およびその周波数設定値のGPTへの設定の反映の様子を表しています．スイッチング周波数は変動しますので，**図22**は125 kHzのときの例です．この例では演算で得た周波数設定値 $n-1$ は使用されません．

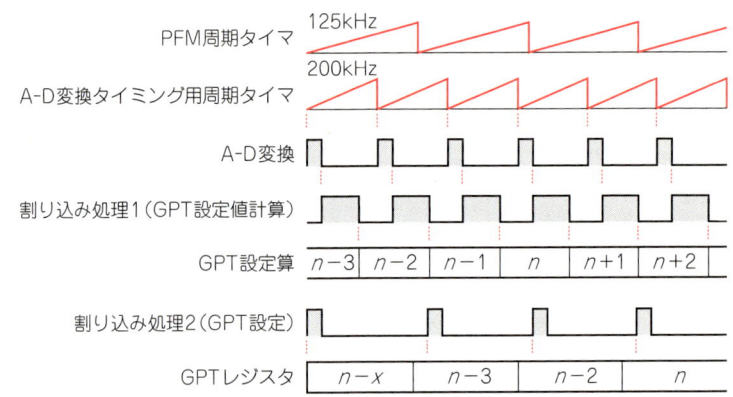

図22 スイッチング周期とA-D変換周期

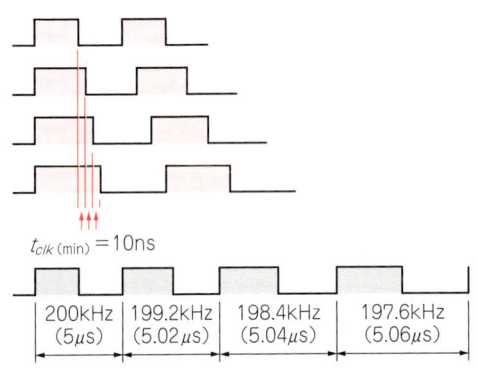

図23 PFM信号例 (f_{SW} = 200 kHz, f_{clk} = 100 MHz)

▶PFM信号の周波数分解能

 LLC共振コンバータではデューティが50％に固定で，周波数が変化するドライブ信号が必要になります．このドライブ信号で出力電圧を調整するので，精度良く出力電圧を制御するには周波数を細かく変えなくてはなりません．

 アナログ制御では発振器の発振周波数を電圧で制御できるので，周波数分解能を細かくできますが，ディジタル制御ではクロック周波数で分解能が決まります．図23はクロック周波数100 MHzで作ったPFM信号です．最小分解能が10 nsですので，スイッチング周波数200 kHz付近では約800 Hz刻みで周波数が変化します．

● 出力電圧制御

 一般に，電源は出力電圧をフィードバック制御することで出力電圧を安定させます．アナログ制御ICでは通常，OPアンプによるエラー・アンプをフィードバック制御器としています．ここには出力電圧と基準電圧の差をゼロにすることと，位相補償による安定化の働きがあります．

 ディジタル電源制御では，このOPアンプを使ったフィードバック制御器と同等の機能／性能を，ディジタルIIR（Infinite Impulse Response）フィルタを使って実現します．

 ディジタル制御では負荷応答特性などの特性を改善するためにいろいろな制御特性が提案されていますが，試作ではOPアンプによる特性をディジタルIIRフィルタで実現しています．こうすることで，アナログ電源制御ICによる設計経験があれば，容易にディジタル制御電源を設計することができます．

 図24は，LLC共振コンバータのフィードバック制御にアナログ制御ICを使った場合とマイコンを使った場合の比較を表しています．アナログ制御ICでは，一般的に出力電圧の検出にはシャント・レギュレータとフォトカプラを使います．エラー・アンプと基準電圧はシャント・レギュレータに内蔵されています．マイコンも同様にできますが，今回の試作ではエラー・アンプをディジタル・フィルタで実現するため，絶縁アンプを使って出力電圧を1次側へフィードバックします．

● フィードバック制御器の構成と調整

 フィードバック制御器（以下，制御器）は，1次IIRフィルタを2段カスケード接続した構成で，Lag-Lead（位相遅れ-進み補償）特性とします．以下，具体的にこの特性をどのように実現するかを説明します．

▶IIRフィルタの構成

 図25(a)の初段のGDCはDCゲインで周波数特性はなく，全周波数に渡って影響します．2段目，3段目はそれぞれ同じ構成の1次IIRフィルタです．今回実装する特性は，電源制御ICで一般的に使用されているType Ⅱとします．

 この特性を得るため，各段の係数［図25(b)のa_0, a_1, b_1］を調整します．具体的には，制御するLLC共振コンバータとその入出力条件に合わせ，f_Z（ゼロ周波数）とf_P（ポール周波数）を動かしてフィードバック制御器の周波数特性を調整します．

 図25(a)の制御器全体の伝達関数は式(48)で，$G_{C1}(z)$,

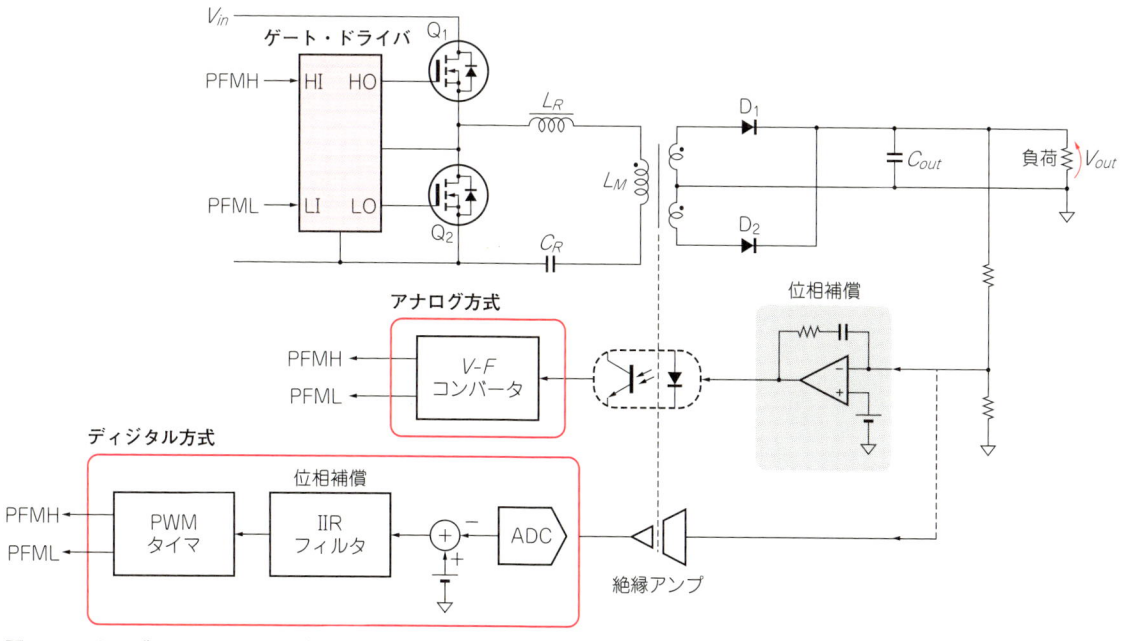

図24 アナログ・エラー・アンプとの比較

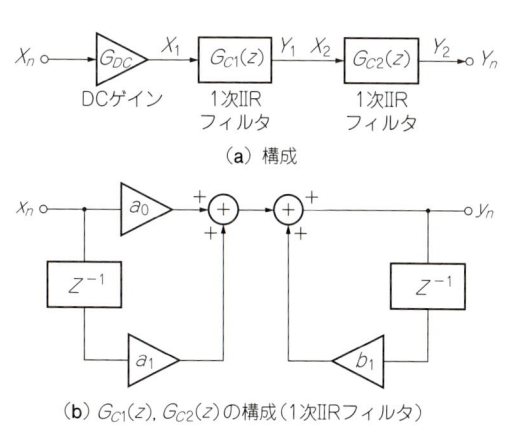

図25 フィードバック制御器

$G_{C2}(z)$ は形は同じで係数のみ異なり，それぞれ式(49)，式(50)で表せます．係数は式(51)～式(56)で求めることができ，これらはサンプリング周期 T_S，ゼロ周波数 f_Z，およびポール周波数 f_P を決めれば簡単に求められます．DCゲイン G_{DC} は単に何倍にするかだけなので，ボード線図上ではゲイン・カーブが上下に変化します．よって，ゲインカーブの形は変わりませんが，0 dBとクロスする周波数を変えることができます．

図26は，図25の制御器の f_Z，f_P とサンプリング周期 0.1 μsから係数を求めて描いたボード線図です．ディジタル・フィルタなので，サンプリング周波数 f_S の半分の5 MHz以上では一致しませんが，通常使用する周波数域ではほぼ同一の特性を得られることがわか

ります．

$$G_C(z) = G_{DC}\,G_{C1}(z)G_{C2}(z) \quad \cdots (48)$$

$$G_{C1}(z) = \frac{a_{10} + a_{11}z^{-1}}{1 - b_{11}z^{-1}} \quad \cdots (49)$$

$$G_{C2}(z) = \frac{a_{20} + a_{21}z^{-1}}{1 - b_{21}z^{-1}} \quad \cdots (50)$$

$$a_{10} = 1 + \frac{T_S}{2T_Z} \quad \cdots (51)$$

$$a_{11} = -1 + \frac{T_S}{2T_Z} \quad \cdots (52)$$

$$b_{11} = 1 \quad \cdots (53)$$

$$a_{20} = \frac{T_S}{T_S + 2T_P} \quad \cdots (54)$$

$$a_{21} = \frac{T_S}{T_S + 2T_P} \quad \cdots (55)$$

$$b_{21} = \frac{-T_S + 2T_P}{T_S + 2T_P} \quad \cdots (56)$$

a_{10}, a_{11}, b_{11}, a_{20}, a_{21}, b_{21}：伝達関数の係数
T_S：サンプリング周期
$T_Z(=1/(2\pi f_Z))$：ゼロ角周波数の逆数
$T_P(=1/(2\pi f_P))$：ポール各周波数の逆数
f_Z：ゼロ周波数
f_P：ポール周波数

式(49)，式(50)は入出力比の形となっていますが，これでは実際のプログラムとして書きにくいので，式(57)，式(58)のように z^{-1} を1サイクル前の値を表す n−1 を使って表します．

```
Y1n=a10X1n+a11X1n-1+b11Y1n-1 …(57)
Y2n=a20X2n+a21X2n-1+b21Y2n-1 …(58)
```

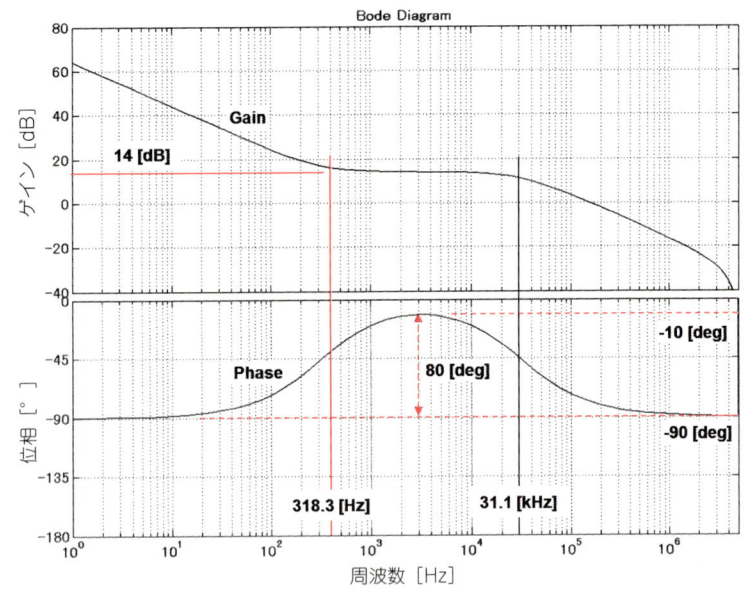

図26 ディジタルIIRフィルタによる制御器の周波数特性例

▶周波数特性調整

ディジタル電源の設計では係数を調整しますが，これはゼロとポールの位置を調整して制御器の伝達関数の周波数特性を調整するということです．この調整にはMATLABのように離散形のシミュレーションができるシミュレータが必要になりますが，f_Z, f_P, G_{DC} だけに注目することで，LTspiceのようなアナログ・シミュレータで調整することが可能です．

● 制御のフローチャート

図27は実装した制御プログラムのフローチャートです．mainはマイコン周辺機能の初期化完了後，CMT（Compare Match Timer）によって10 ms周期で実行され，LLC共振コンバータ制御の状態を管理します．

LLC共振コンバータ制御では，まず，ソフト・スタート処理を実行し，出力電圧が目標電圧に達すると定常状態に移行します．

LLC共振コンバータ制御処理は，A-D変換終了割り込み内で実行します．A-D変換開始要求は，A-D変換タイミング生成用のGPT（General Purpose Timer）が1周期ごと（試作では200 kHz）に発行します．

● フィードバック制御器のプログラミング

次に，図27に基づいてフィードバック制御器などの主要プログラムを設計していきます．定数は表3を，

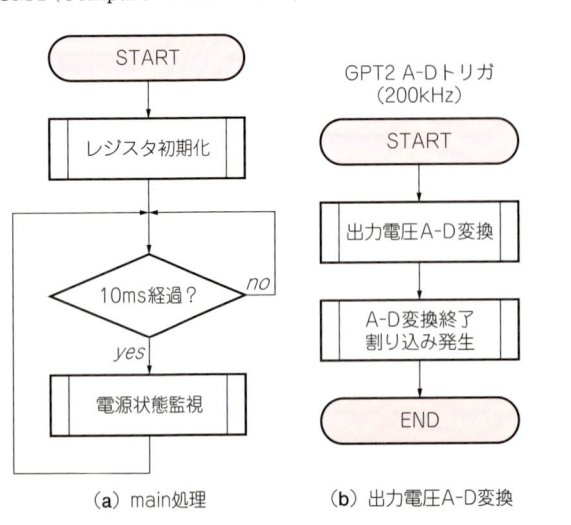

(a) main処理　　(b) 出力電圧A-D変換　　(c) A-D変換終了割り込み　　(d) GPT0オーバーフロー（周期）割り込み

図27 制御のフローチャート

変数は**表4**を参照してください．ただし，本プログラムは基本的な考えかたを示しただけですので，実際の設計ではマイコンの仕様や使いかたについて参考文献(1)，(2)のマニュアルを参照ください．

▶main()

リスト1のmain関数では，制御動作に入るまえに内部機能を設定するレジスタの初期設定をし，その後10msごとにフィードバック制御以外のプログラムを実行します．

▶Register_Init()

リスト2のRegister_Init関数はmain関数で実行される関数です．使用するすべてのレジスタを初期設定しますが，ここではPFM信号を作るタイマGPT0と出力電圧を200 kHzでA-D変換するトリガ信号を作るタイマGPT2の設定について説明します．おもな設定は，スイッチング周波数，デッド・タイム自

リスト1 メイン関数

```
/**** 10msec 周期で実行 ****/
void main( void )
{
  flg_10ms = 0;
  Register_Init();   //レジスタ初期設定
  while(1)
  {
    if(flg_10ms == 1)
    {
      flg_10ms = 0;
      LLC_cont();    //メイン制御以外のプログラム
    }
  }
}

/**** 10msec タイマ用フラグのセット ****/
void CMTO_cmio_int()
{
  flg_10ms = 1;      //10ms count flag set
}
```

表3 定数の設定

定数名	型*2	内容
VREF	ui16	基準電圧（2312d）
GDC	float	制御器直流ゲイン（0.100000000）
A10	float	制御器パラメータ（1.005000000）
A11	float	制御器パラメータ（−0.995000000）
B11	float	制御器パラメータ（1.000000000）
A20	float	制御器パラメータ（0.036145453）
A21	float	制御器パラメータ（0.036145453）
B21	float	制御器パラメータ（0.210521342）
GCV_OUT_MAX	float	1.0d（制御器出力の最大値）
GCV_OUT_MIN	float	0.0d（制御器出力の最小値）
T_MAX	float	10.0d（1/100 kHz）［μs］
T_MIN	float	5.0d（1/200 kHz）［μs］
T_LMT	float	5.0d（T_MAX − T_MIN）［μs］
T_CLK	float	0.01d［μs］
TD	float	デッド・タイム70d（700 ns）*1
TDLY_1STP	float	0.01d/32d［μs/1step］

*1：クロック周期10 ns，*2：ui16はunsigned int（16ビット）

表4 変数の設定

変数名	型	G/L	内容
ad_data_vfb	ui16	G	出力電圧フィードバックA-D変換値
vol_err	float	L	電圧偏差
x1n,y1n	float	G	制御器1 入出力今回値
x1n_1,y1n_1	float	G	制御器1 入出力前回値
x2n,y2n	float	G	制御器2 入出力今回値
x2n_1,y2n_1	float	G	制御器2 入出力前回値
period_ratio	float	L	周期比（周期の可変範囲に対する）
b	float	L	今回周期設定値［μs］
c	float	G	今回周期 − f［μs］
f	float	G	T_CLK − a［μs］
e	float	G	(b/2) − f［μs］
a	float	G	前回周期立ち下がり遅延［μs］
pfm_period	ui16	L	今回周期設定値［カウント］
pfm_rise	float	L	PFMH立ち上がり位置［カウント］
pfm_rise_ui	ui16	L	PFMH立ち上がり位置［カウント］
pfm_rise_dly	ui16	L	PFMH立ち上がり位置の遅延値［カウント］
pfm_fall	float	L	PFMH立ち下がり位置［カウント］
pfm_fall_ui	ui16	L	PFMH立ち下がり位置［カウント］
pfm_fall_dly	ui16	L	PFMH立ち下がり位置の遅延値［カウント］
gpt_reg_period	ui16	G	PFMH周期設定用データ
gpt_reg_rise	ui16	G	PFMH立ち上がり位置設定用データ
gpt_reg_fall	ui16	G	PFMH立ち下がり位置設定用データ
gpt_reg_rise_dly	ui16	G	PFMH立ち上がり位置遅延設定用データ
gpt_reg_fall_dly	ui16	G	PFMH立ち下がり位置遅延設定用データ

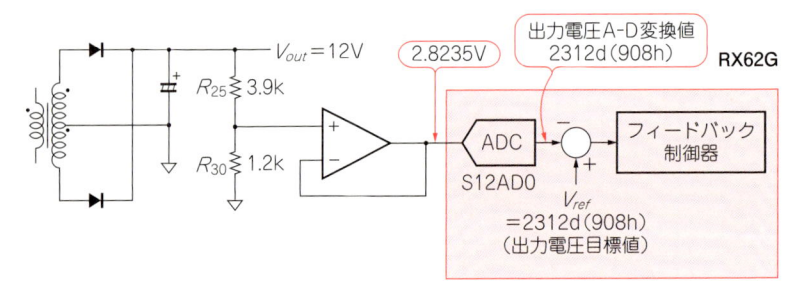

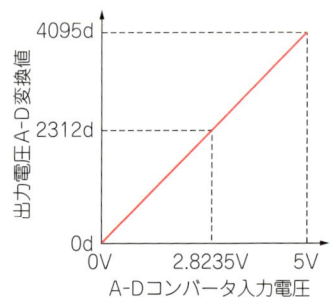

図28 出力電圧のA-D変換

リスト3 S12ADA1_s12adi1_int関数

```
void S12ADA1_s12adi1_int(void)
{
    ad_data_vfb = S12AD1.ADDR0A;        //出力電圧検出  AN001
    vol_err     = VREF - ad_data_vfb;    //出力電圧と目標値の偏差
    x1n         = GDC * vol_err;         //偏差×直流ゲイン

/**** 1st stage IIR filter ****/
    y1n = A10 * x1n + A11 * x1n_1 + B11 * y1n_1;
    x1n_1 = x1n;     //次サイクル用データ保持
    y1n_1 = y1n;     //次サイクル用データ保持

/**** 2nd stage IIR filter ****/
    x2n = y1n;
    y2n = A20 * x2n + A21 * x2n_1 + B21 * y2n_1;

/**** 制御器出力リミッタ ****/
    if(y2n > GCV_OUT_MAX) {y2n = GCV_OUT_MAX;}       //最大値 1
    else if(y2n < GCV_OUT_MIN) {y2n = GCV_OUT_MIN;}  //最小値 0

    x2n_1 = y2n;                 //次サイクル用データ保持
    y2n_1 = y2n;                 //次サイクル用データ保持
    period_ratio = y2n;          //制御器出力を周期比とする
    b =(period_ratio * T_LMT) + T_MIN; //周期

/**** スイッチング周波数リミッタ ****/
    if(b < T_MIN) {b = T_MIN;}   //最小値  5[us]
    if(b > T_MAX) {b = T_MAX;}   //最大値 10[us]

/**** PFMH, PFML立ち上がり, 立ち下がり位置演算 ****/
    ICU.IER[ 0x16 ].BIT.IEN2 = 0;  //GTCIV0禁止
    pfm_period = b / T_CLK;

    f = T_CLK - a;
    e = (b / 2) - f;
    pfm_rise    = e / T_CLK;        //立ち上がり位置 (float)
    pfm_rise_ui = e / T_CLK;        //立ち上がり位置 (ui16)
    pfm_rise_dly = 32 * (pfm_rise - pfm_rise_ui);
                                    //立ち上がり遅延

    c = b - f;
    pfm_fall    = c / T_CLK;        //立ち下がり位置 (float)
    pfm_fall_ui = c / T_CLK;        //立ち下がり位置 (ui16)
    pfm_fall_dly = 32 * (pfm_fall_fp - pfm_fall_ui);
                                    //立ち下がり遅延
/**** Set regster value ****/
    gpt_reg_period   = pfm_period;
    gpt_reg_rise     = pfm_rise_ui;
    gpt_reg_fall     = pfm_fall_ui;
    gpt_reg_rise_dly = pfm_rise_dly;   //GPT A delay
    gpt_reg_fall_dly = pfm_fall_dly;   //GPT A delay
    ICU.IER[0x16].BIT.IEN2 = 1;        //GTCIV0許可
}
```

リスト2 Register_Init関数

```
void Register_Init( void )
{
/**** GPT周期, モード設定 ****/
    GPT0.GTCR.WORD = 0x0001;      //のこぎり波ワンショット・パルス・モード
    GPT2.GTCR.WORD = 0x0001;      //
    GPT0.GTPR      = 0x01F4;      //PFM周期初期設定 500d*10ns 200kHz
    GPT2.GTPR      = 0x01F4;

/**** デッドタイム自動設定 ****/
    GPT0.GTIOR.WORD  = 0x1B07;    //トグル出力, 周期開始Low
    GPT0.GTDTCR.WORD = 0x0131;    //GTCCRBに自動設定
    GPT0.GTDVU       = TD;        //GTCCRB rise dead time
}
```

リスト4 GPT0_gtciv0_int関数

```
void GPT0_gtciv0_int(void)
{
    GPT0.GTPBR        = gpt_reg_period;        // 周期
    GPT0.GTCCRC       = gpt_reg_rise;          // 立ち上がり位置
    GPT0.GTCCRD       = gpt_reg_period - TD;   // 立ち下がり位置
    GPT0.GTDLYRA.WORD = gpt_reg_rise_dly;      // PFMH立ち上がり遅延
    GPT0.GTDLYFA.WORD = gpt_reg_fall_dly;      // PFMH立ち下がり遅延
    GPT0.GTDLYFB.WORD = gpt_reg_rise_dly;      // PFML立ち上がり遅延
    GPT0.GTDLYRB.WORD = gpt_reg_fall_dly;      // PFML立ち下がり遅延
    last_dly = gpt_reg_fall_dly * TDLY_1STP;   // μsへ変換
}
```

動設定機能の設定，立ち下がり位置の設定です．

▶S12ADA1_s12adi1_int()

リスト3のS12ADA1_s12adi1_int関数は，12ビットA-Dコンバータの変換終了割り込みで実行される，出力電圧制御プログラムです．この関数内でA-D変換値の取り込みから，PFM信号を生成する汎用タイマGPT0のレジスタ設定までを実行します．

図28は，出力電圧のA-D変換値と出力電圧の目標値の関係を表しています．12ビットA-Dコンバータの入力電圧は，出力電圧12Vを3.9kΩと1.2kΩで分圧して約2.8235Vとなります．A-Dコンバータの基準電圧は5Vですので，これをA-D変換すると2312.45となりますが，A-D変換値は小数を表現できないので2312dとなります．この値を出力電圧の目標値とします．

▶GPT0_gtciv0_int()

リスト4のGPT0_gtciv0_int関数は，GPT0のオーバーフロー割込みが発生すると実行されるGPT0

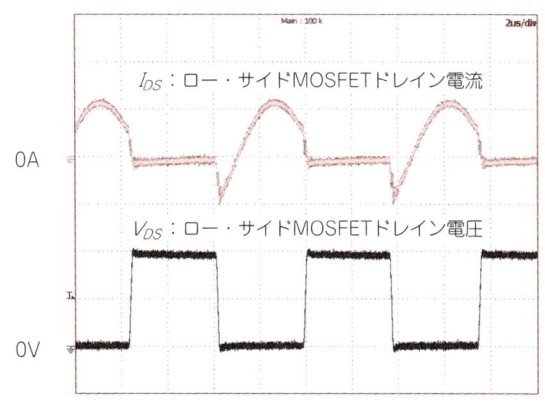

図29 ロー・サイドMOSFETのドレイン電流/電圧（2 A/div，200 V/div，2 μs/div）
V_{in} = 395 V，P_{out} = 200 W，V_{out} = 12 V，I_{out} = 16.7 A

図30 共振コイルの電流波形（2 A/div，2 μs/div）
V_{in} = 395 V，P_{out} = 200 W，V_{out} = 12 V，I_{out} = 16.7 A

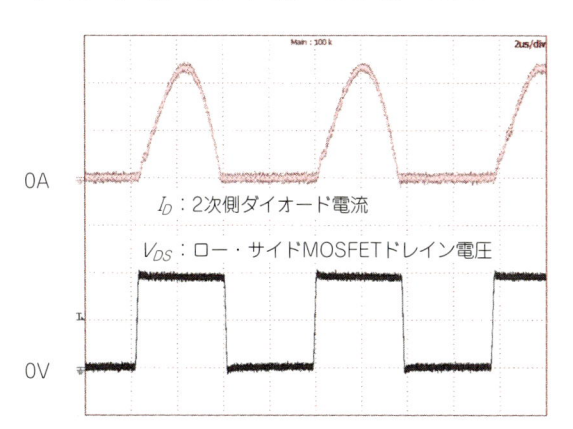

図31 2次側ダイオードの電流波形（10 A/div，2 μs/div）
V_{in} = 395 V，P_{out} = 200 W，V_{out} = 12 V，I_{out} = 16.7 A

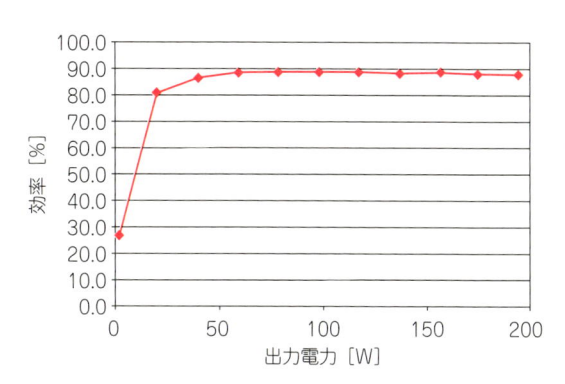

図32 効率-負荷特性

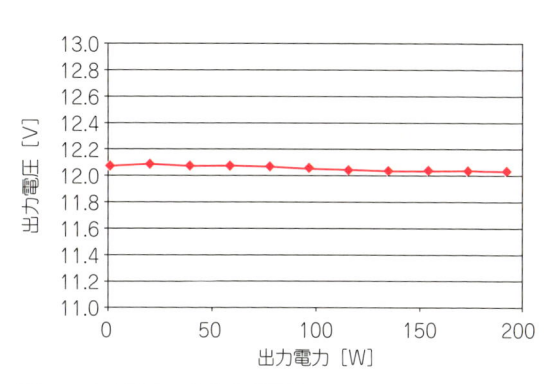

図33 出力電圧の負荷変動特性

レジスタ設定プログラムです．このプログラムは，実行される時に設定されている各設定値を使います．

プログラムの最後にpfmhの立ち下がり遅延設定値を遅延ステップ数から時間［μs］に変換しておきます．この値を使ってS12ADA1_s12adi1_int()関数が次の周期（周波数）を計算します．

試作電源の特性

最後に，試作した電源の実測特性を示します．

図29はロー・サイドMOSFETのドレイン電流と電圧の波形です．図30は共振コイルの電流波形，図31は2次側ダイオードの電流波形です．

負荷による効率の変化を図32に，出力電圧の負荷変動特性を図33に示します．

◆参考文献◆

(1) RX62Gグループユーザーズマニュアル ハードウエア編，㈱ルネサスエレクトロニクス．

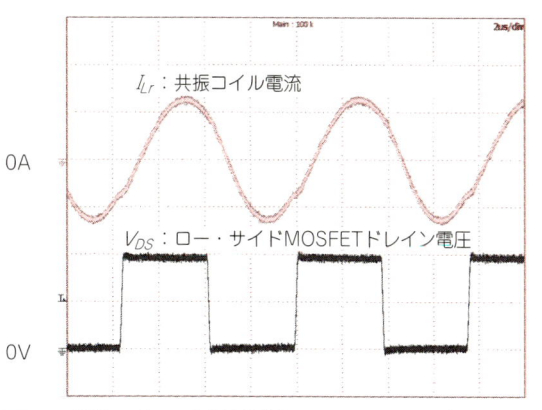

(2) RXファミリC/C++コンパイラ，アセンブラ，最適化リンケージエディタコンパイラパッケージV.1.01 ユーザーズマニュアル，㈱ルネサスエレクトロニクス．
(3) 森田浩一；LLC共振コンバータの設計，電源回路設計2009，pp.191～204，CQ出版社．
(4) Hong Huang；Designing an LLC Resonant Half-Bridge Resonant Converter, 2000, shimei, Texas Instruments.
(5) Doug Mattingly；Designing Stable Compensation Networks for Single Phase Voltage Mode Buck Reguloators, 2003, TB417.1, Intersil.
(6) 原田耕介，二宮 保，顧 文建；スイッチングコンバータの基礎，1992年，コロナ社．

第3章

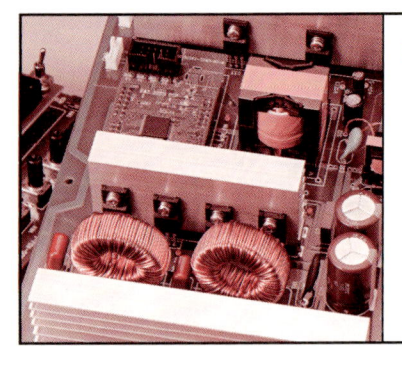

専用マイクロコントローラAlligatorを使った
本格的フルディジタル制御電源の製作記

並木 精司／星野 博幸
Namiki Seiji/Hoshino Hiroyuki

　私が現役のエンジニアの頃に，すでにディジタル制御電源が登場して話題となっていました．その当時からずっとその存在が気になっておりましたが，安物電源の開発が主でなかなか開発をするチャンスがなく，今に至っていました．

　今回やっと，ディジタル制御電源を開発するチャンスがやってきました．私にとっても始めての経験であり，先入観なしで今までの電源との違いやその優位点，欠点を確認し，何か今後のディジタル制御電源の開発手法に提言ができないか探ってみました．

ディジタル制御電源の普及を阻害する要因

　何年もまえからディジタル制御電源が話題になっていましたが，実態はいろいろな問題があり，いまだ量産に採用される機会が多いとはいえない状況にあります．その原因はいろいろありますが，私なりに考えてみました．

(1) アナログ電源と何が違うのか？ 優位点が明確に説明できていない．アナログICの機能を置き換えただけではだめ
(2) 制御マイコンの出力がTTLレベルのためにドライバ回路の外付けが必須になり，コスト的に不利（アナログICのほとんどはドライバ回路込み）
(3) 最近は安くなってきたとはいえ，いまだ制御マイコンの価格はアナログICに比較して高く，コスト重視の量産品に採用しにくい
(4) 制御マイコンを1次側，2次側のどちらにおいても，アナログ信号の絶対値を絶縁して伝えるデバイスが必要になる．アナログ信号を高精度，高速で伝達できる絶縁デバイスの価格は高くコスト的に不利
(5) 電源エンジニアは一般的にソフトウェア開発が苦手，逆にソフトウェア・エンジニアは電源やアナログが苦手と言える．よって，ディジタル制御電源をいざ開発する場合，両方の技術に精通するエンジニアは少なく開発に対する敷居が高い

　上記のようないろいろな問題を抱えるディジタル制御電源ですが，最近ではコントローラの価格も大きく下がってきており，今後は産業用の比較的大きな電力の電源にはコスト的にもメリットが出せるはずです．今からでもディジタル制御電源技術をやっておく必要があると判断しました．

　従来の電源の設計開発に人並みの経験を有していると自負する私達が，実際の設計開発のプロセスでどのような問題にぶつかってそれをどう解決したか，失敗も含めて記事にしています．これからディジタル制御電源をやってみたいエンジニアの方々に，少しくらいは参考になるものと信じています．

　ただし，本記事は具体的なディジタル制御電源の製作記事であり，ディジタル制御電源の制御ソフトウェアに関する説明および電源パワー部の設計に関する説明は省きました．それらに関する情報についてはすでに多くの専門書が出版されていますので，そちらを参照されるようお願いいたします．

ディジタル制御電源の開発コンセプト

　まず設計に先立ち，開発関係者にて今回のディジタル制御電源のコンセプトを討議しました．その内容は以下のとおりです．

(1) ディジタル制御電源の技術的なノウハウを得るためのプロトタイプ電源である
(2) 小ロット大容量電源への応用を考慮し，汎用性のある回路を採用する
(3) 組み込みソフトウェアの経験がない電源エンジニアでも，今回の開発の成果を利用して新規設計に応用できる簡便性を追及する
(4) 産業用の中大電力電源で従来のアナログ電源に対抗できるコストが達成可能な回路構成を追求する

● ディジタル制御電源の開発方針

　以上のコンセプトを実現するために，具体的に次のような開発方針を設定しました．

(1) 動作評価の容易さを考慮し200～300W程度の電源とする
(2) DC-DCコンバータ部は大容量電源に使用される

機会の多いフェーズ・シフト・コンバータと，200～500W程度の電源に使用される電流共振コンバータに対応できるようにする（ソフトウェアは別々になる）

(3) 力率改善部は大電力に強く入力EMIフィルタを小さくできるメリットがあるインターリーブ方式に対応

(4) 上記のスイッチング方式に対応した標準のソフトウェアを開発，ユーザが開発する各々のアプリケーションに対応するパラメータ設定項目はソフトウェア書き換えることなく外部から簡単に設定できる仕組みを準備する

(5) デバッガなどのツールを使用しなくてもコントローラの動作状態がリアルタイムでモニタできる仕組みを準備する．ディジタル電源は普通のディジタル・アプリケーションと違い，デバッガによるステップ実行を行うとスイッチング・デバイスが破壊してしまうのでデバッガの使用不可（専用の動作状態をモニタできるツールを開発）

(6) アナログ信号の絶縁素子および絶縁ドライバの使用を極力減らすために，コントローラを1次側に配置した

ソフトウェア書き込み時に接続するとき，パソコンを1次側に接続することになり安全性に問題がありますが，この電源を取り扱うユーザは電源エンジニアであることを前提にしました．当然，絶縁USBアダプタやAC入力側に絶縁トランスを利用すればより安全になります．

(7) 2次側からのアナログ信号の検出は絶縁アンプなどの高価なデバイスを使用しないで済むように，安価なA-Dコンバータ付きのマイクロコントローラを使用して2次側でいったんディジタル信号に直し，シリアル通信を利用して1次側のスイッチング制御用コントローラに情報を伝えるようにすることでコストを下げる

(8) スイッチング制御用マイクロコントローラは新日本無線のアリゲータ（Alligator）と言われるディジタル電源に特化したDSP内臓のNJU20011を採用する（本ICの概要は稿末のAppendix-1を参照）．

(9) 電源仕様は入力90～264 V_{AC}，出力24 V_{DC}/12.5 A（300 W）で，PFC付き，力率90%以上を想定した

設計した回路の説明

上記コンセプトを元にして実際に設計した電源のブロック図を図1に，ディジタル電源制御CPUモジュールの回路を図2に，ディジタル制御電源回路を図3(a)(b)(c)(d)に示します．

完成基板の外観を写真1に示します．

● デバイスと部品選択

ここで，今回開発したディジタル電源の回路について簡単に説明します．

2次側のアナログ信号検出およびシリアル通信を担当するICは，コストパフォーマンスの良いマイ

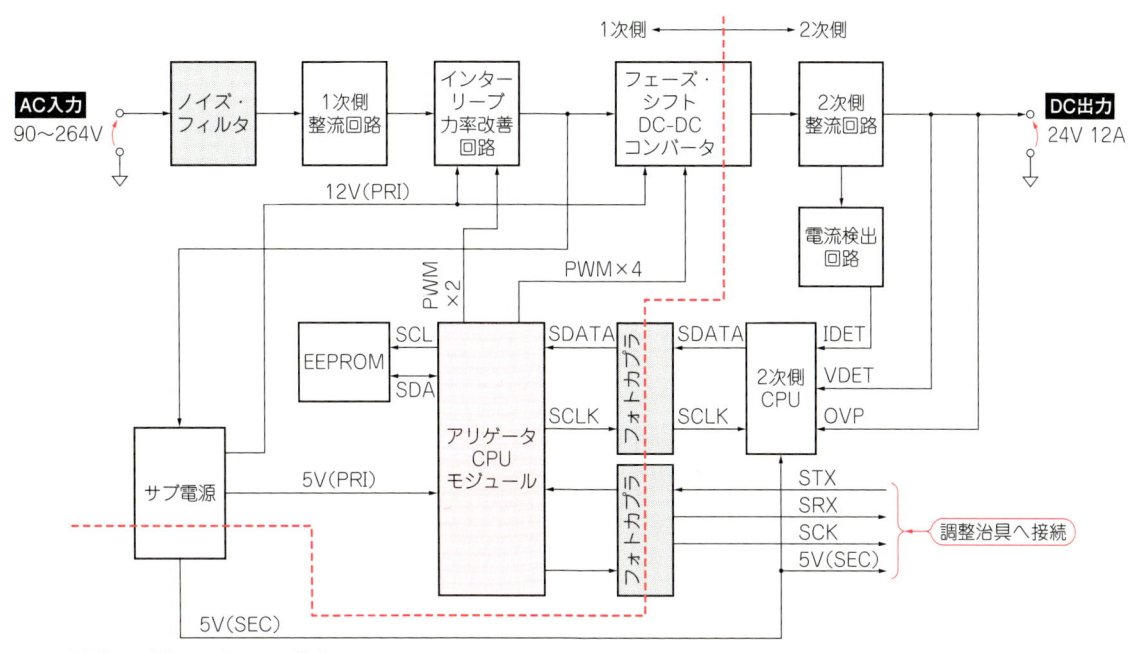

図1 設計した電源のブロック構成

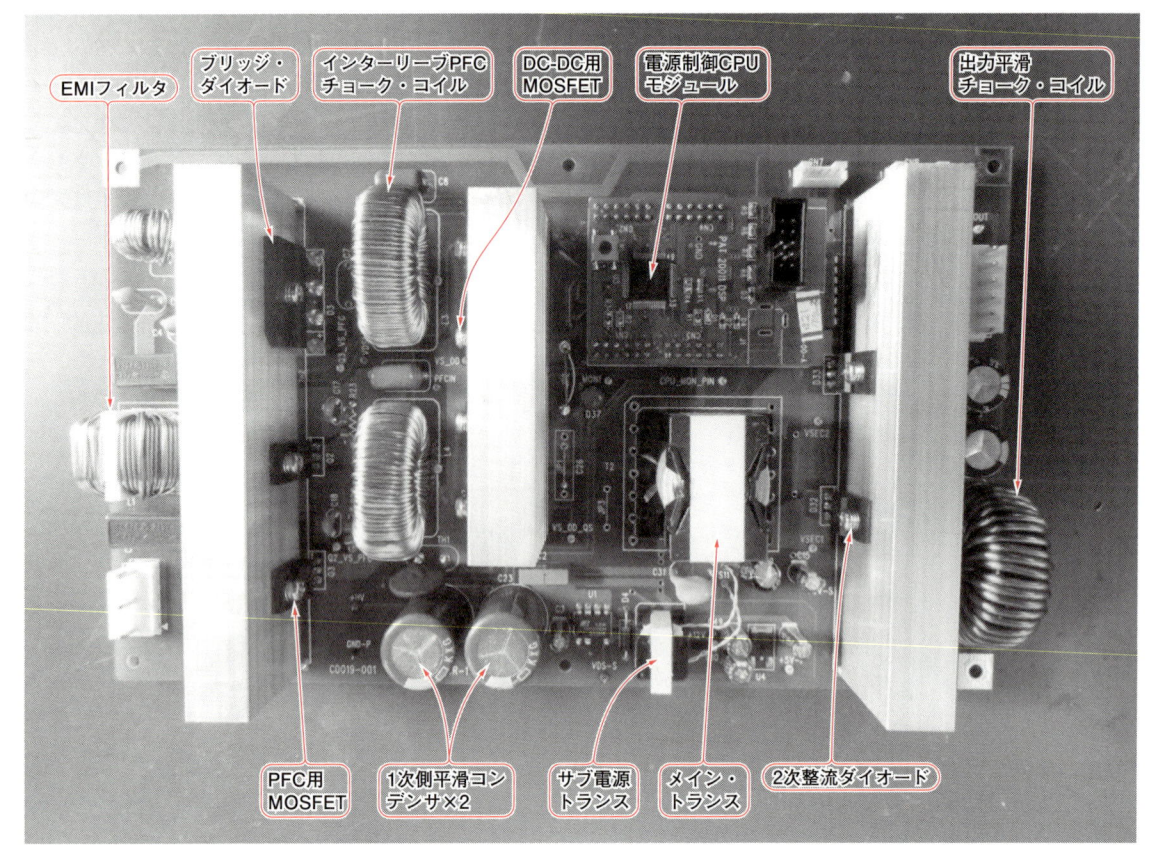

写真1 製作したディジタル制御電源基板の概要［写真提供：パワーアシストテクノロジー(株)］

クロコントローラR8C/M11Aシリーズの14ピン版R5F2M110ANDD（ルネサス エレクトロニクス）を採用しました．

また，2次側と1次側のディジタル信号の絶縁にはDigital Gate Optocoupler FOD8012（フェアチャイルドセミコンダクター）を採用しました（図4）．このICは，双方向のインターフェースが1個にパッケージされており，非常に使いやすいICと言えます．ただし，IEC950の要求する6.3 mm以上の沿面距離がないので，欧州安全規格を申請する場合は使用できません．

インターリーブPFCのFETをドライブするゲート・ドライバはUCC27524（テキサス・インスツルメンツ）を選定しました．このICはドライバ2回路入りで，3.3 Vロジック対応でドライブ電流は5 A_{peak} もあり，十分な能力をもっています（図5）．

フェーズ・シフト・コンバータのFETのドライバは，ハーフ・ブリッジ・ドライバL6388E（STマイクロエレクトロニクス）を2個使用してフル・ブリッジをドライブするようにしました（図6）．

このICは，ハイ・サイドとロー・サイドが同時にONできないようになっており，万が一ソフトウェアの不具合などでCPUが同時にON信号を送っても，同時ONすることはないので安心して使用できます（図7）．

ドライブ能力はシンク電流で500 mA（$t_p < 10\,\mu s$）となっており，今回のアプリケーションではMOSFETも600 V 6 Aのもので，ゲート容量も905 pFと比較的小さいので十分と言えます．

これらのICに電源を供給するためのサブ電源はTINY SW-IIIシリーズのTNY274GN（パワーインテグレーションズ）を採用しました（図8）．このICは，外付け回路が少なく，またメーカがウェブ・サイトで設計ツールを提供していますので，誰でも簡単に設計できます．

この電源から1次側+5 V（CPUおよび周辺），+12 V（ゲート・ドライバ電源），2次側+5 V（2次側R8Cマイコンおよび周辺回路），合計約1.6 Wの電力を供給しています．ディジタル電源用制御マイコンのアリゲータは+3.3 V，+1.8 Vで動作しますが，+1.8 VはCPUモジュールの中で+5 Vから生成して供給しています．

電圧帰還は12 V回路にツェナー・ダイオードによる簡単な帰還を掛けて，クロス・レギュレーションに

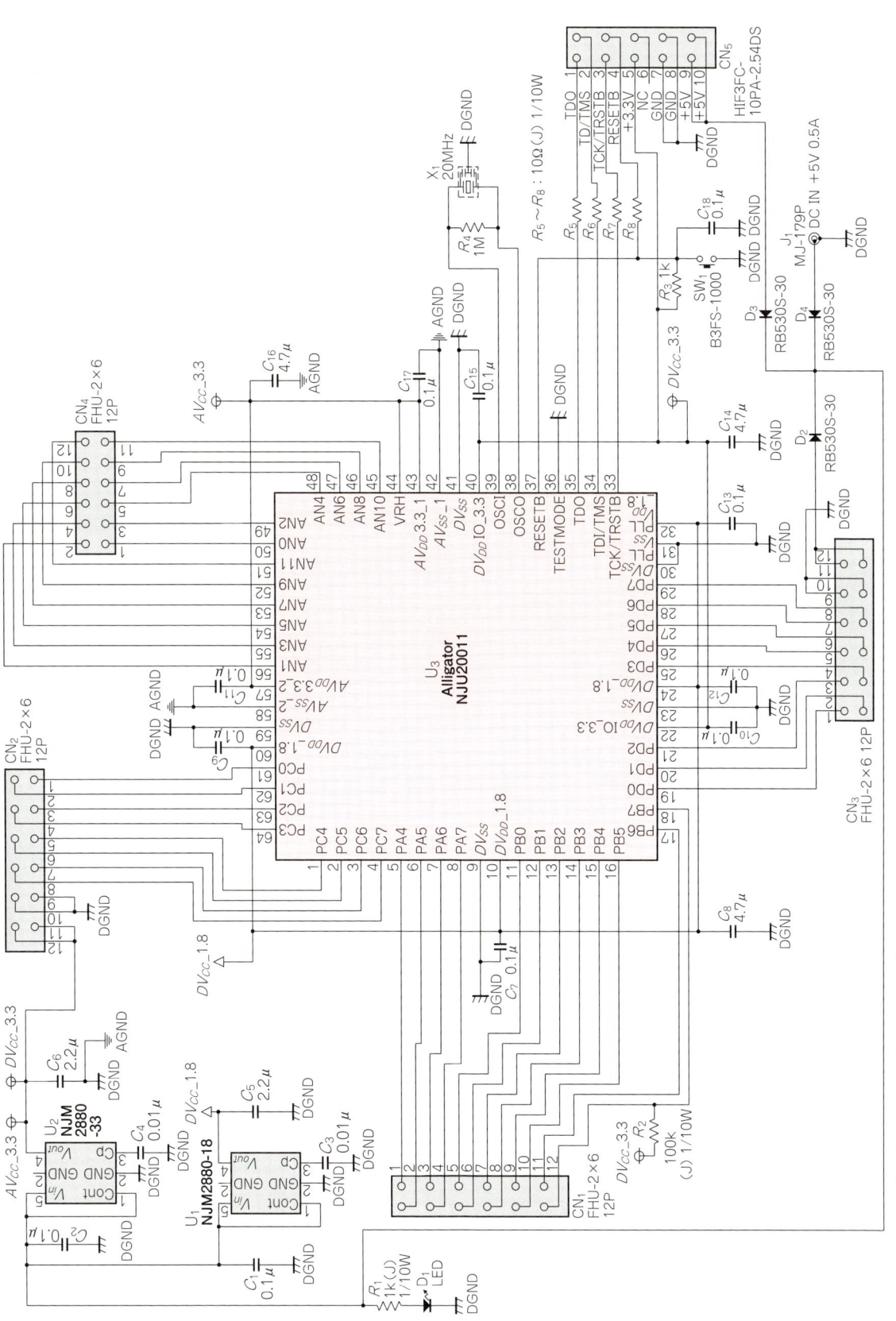

図2 ディジタル電源制御CPUモジュールの回路

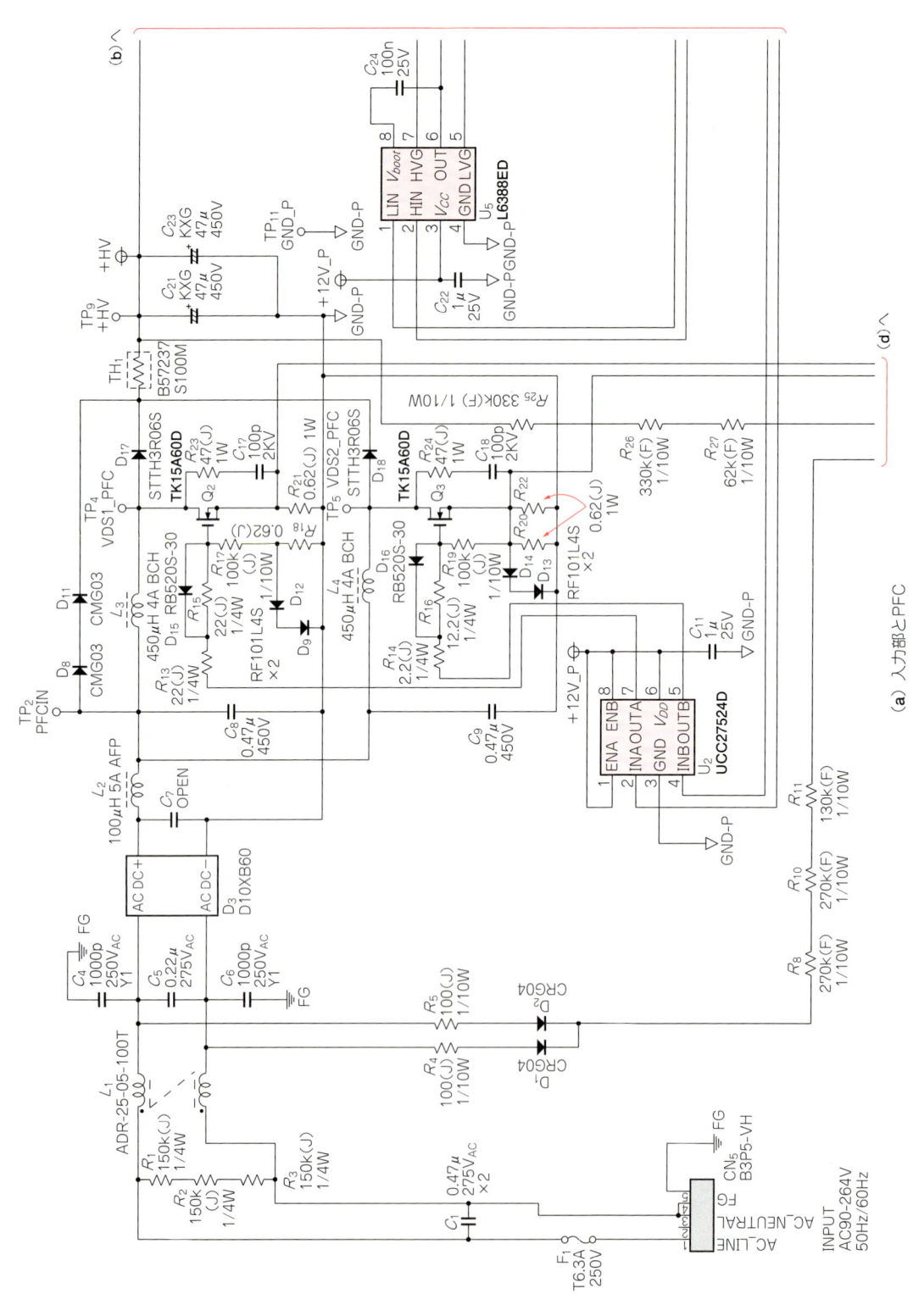

図3 ディジタル制御電源の回路(1/4)

(a) 入力部とPFC

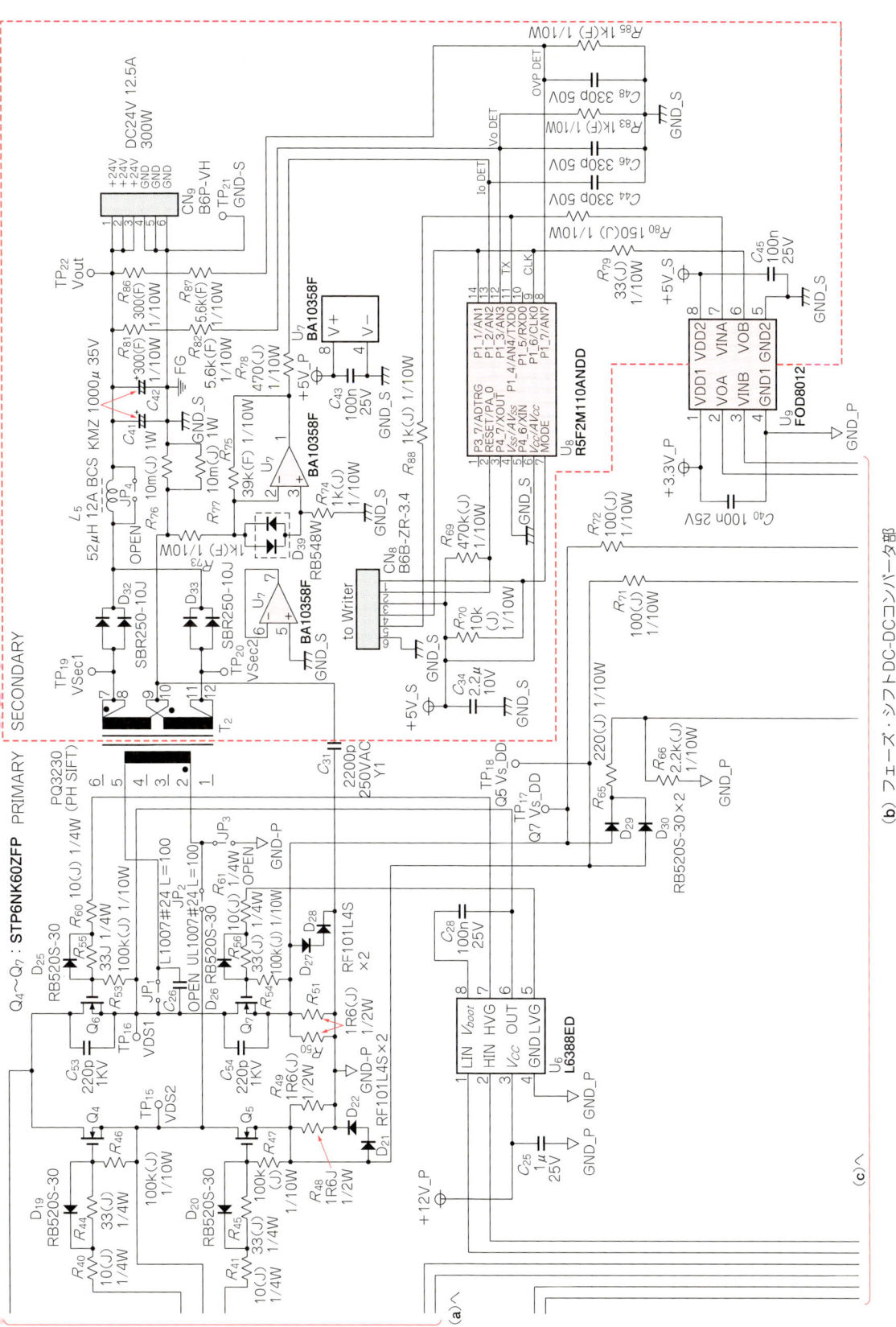

図3 ディジタル制御電源の回路（つづき，2/4）

(b) フェーズ・シフトDC-DCコンバータ部

図3 ディジタル制御電源の回路(つづき, 3/4) (c) Alligator周辺部

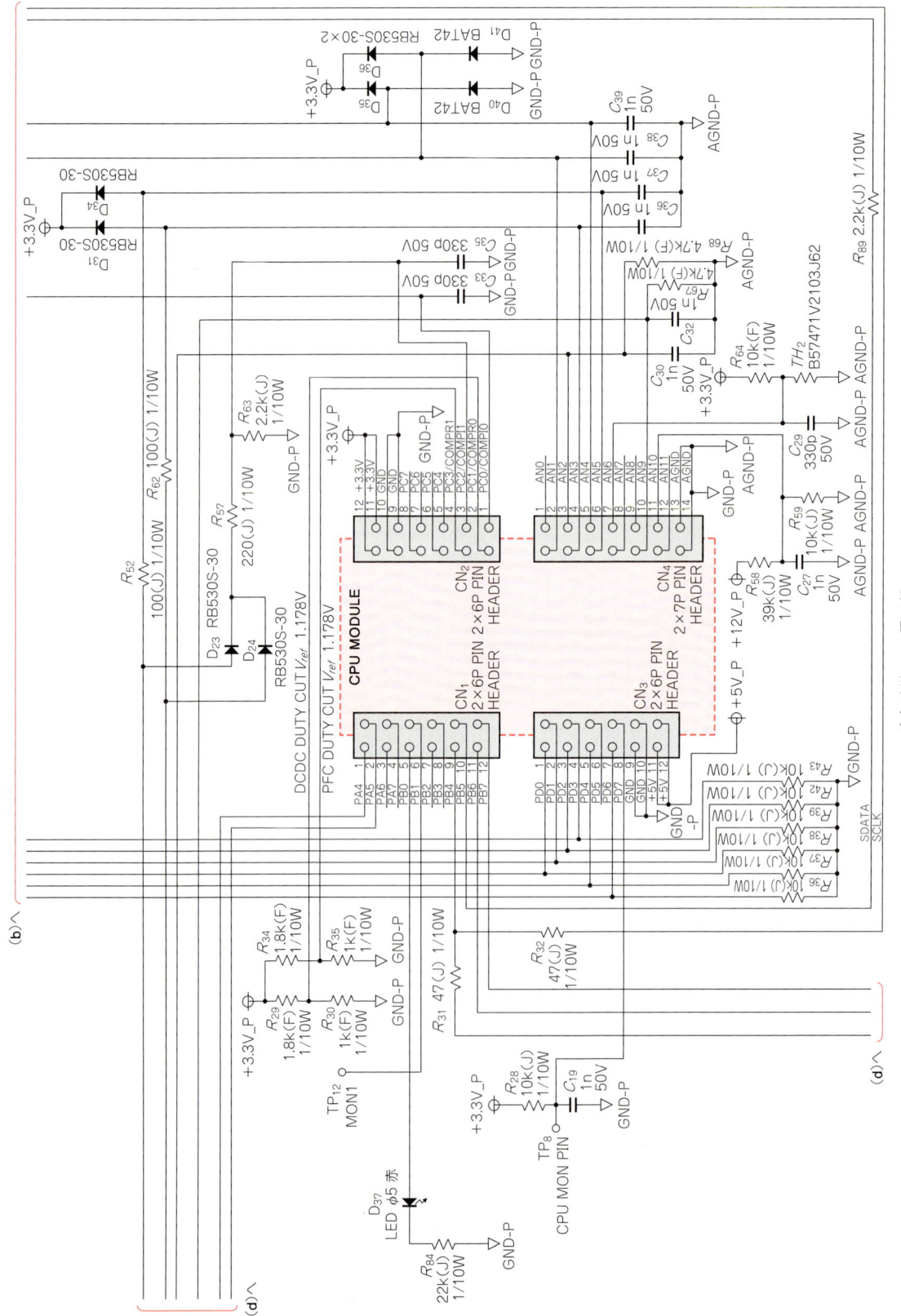

46　第3章　本格的フルディジタル制御電源の製作記

特集 ディジタル制御電源の実践研究

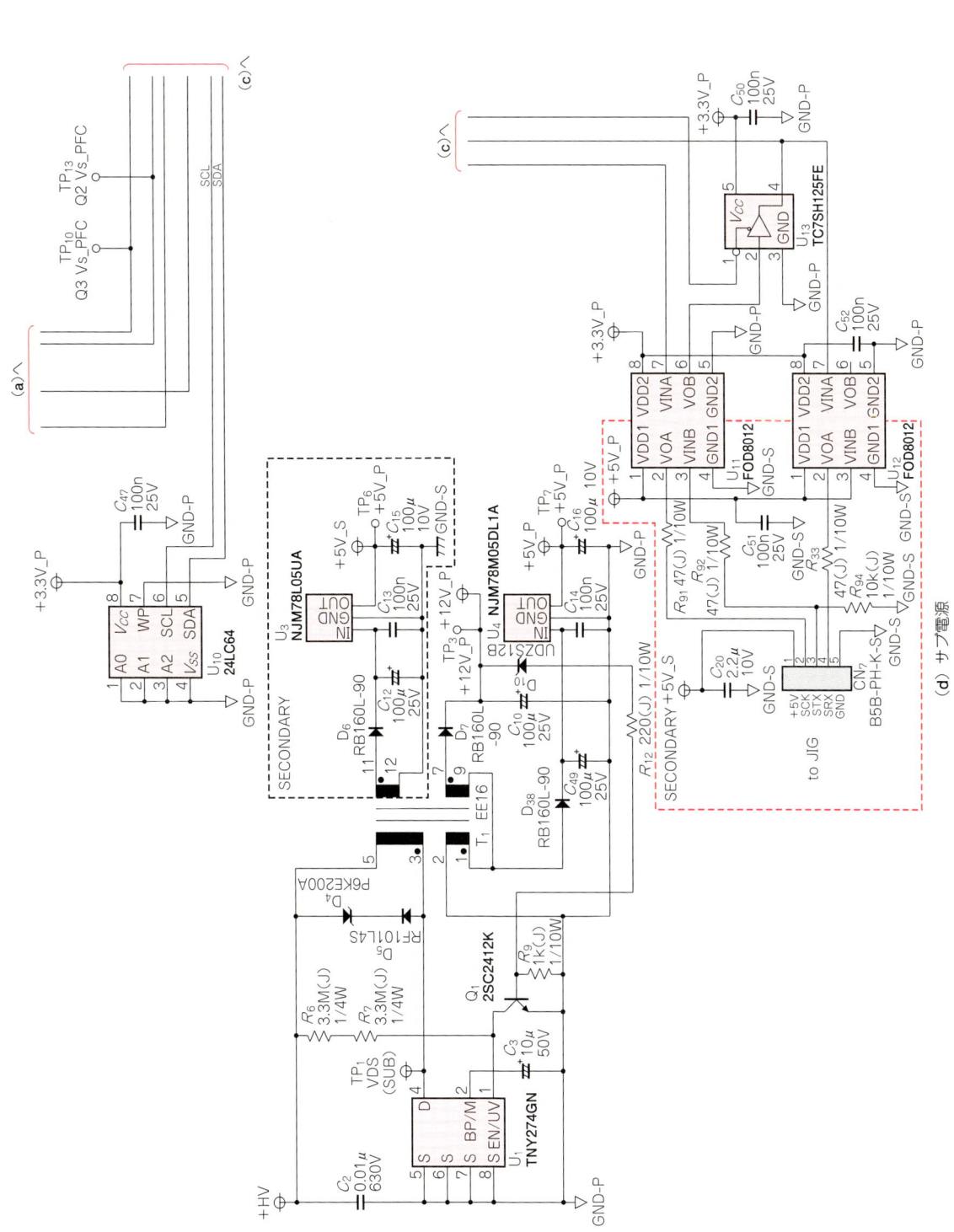

図3 ディジタル制御電源の回路（つづき，4/4） (d) サブ電源

設計した回路の説明

より1次2次のおのおのの+5VのレギュレータICに約8Vの電圧を供給して+5Vを得ています.

スイッチング・トランスはEE16タイプで,3W程度の出力容量をもっていますので,今回のアプリケーションでは十分過ぎますが,これ以上小さいコア・サイズでは逆に製作が難しくなりコストも高くなることがありますので,EE16がベストの選定かと思います.

また,2次側へ電圧を供給している巻き線は3層電線を使用して,安全規格の沿面距離と耐圧を満足させています.

ディジタル電源制御用マイコンの周辺回路は,モジュールとして別の用途にも使えるようにしました.

● ディジタル制御マイコン周辺

次に,ディジタル電源制御用マイコン「アリゲータ」の回路周りについて説明します.

まず,インターリーブPFC回路に関する出力ポートですが,2個のMOSFETを駆動するPWM信号がPD5,PD7から出力されるように設定されており,ゲート・ドライバUCC27524の入力に供給されます.

入力ポートはA-Dコンバータ4本,コンパレータ(COMP)1本を使用しています.まず,PFC制御を行うために必要な入力AC電圧を両波整流した波形を分圧

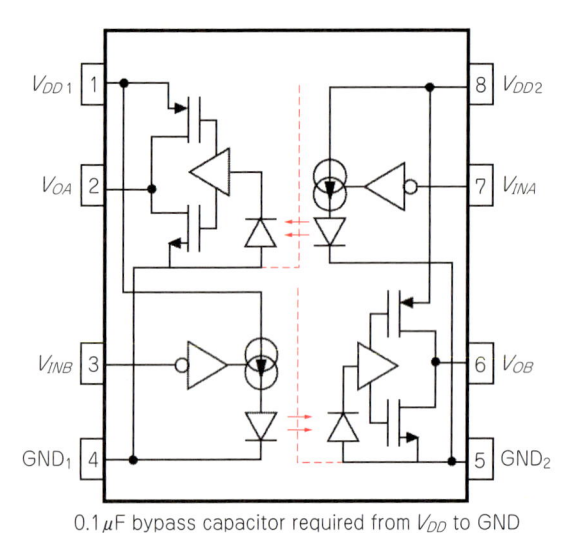

図4[(2)] 絶縁に使用したDigital Gate Optocoupler
(FOD8012;フェアチャイルドセミコンダクター)

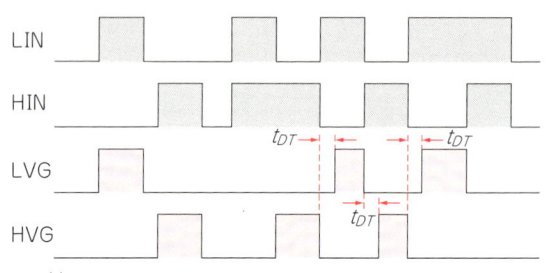

図7[(4)] L6388Eのデッド・タイム(t_{DT} = 320 ns$_{(typ)}$)

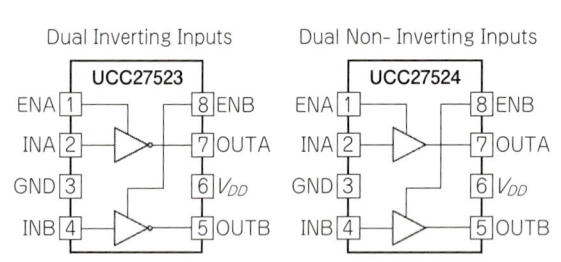

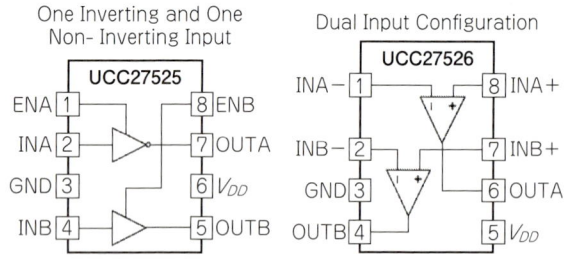

図5[(3)] インターリーブPFCのFETをドライブするゲート・ドライバ(UCC27524;テキサス・インスツルメンツ)

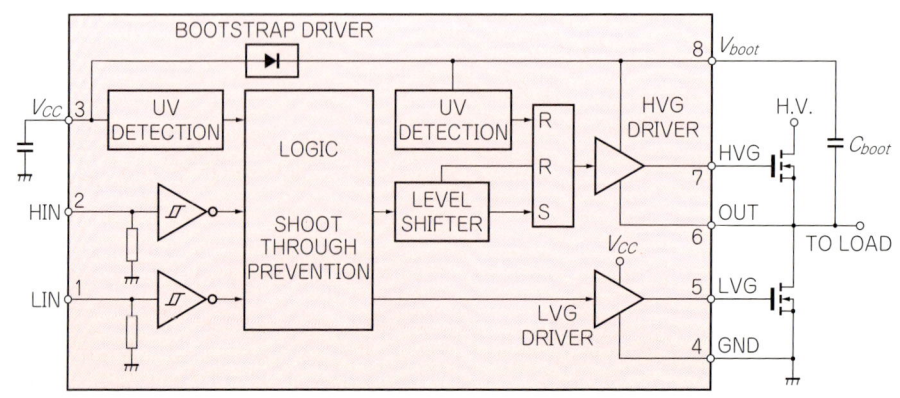

図6[(4)] フェーズ・シフト・コンバータのFETのドライバ(L6388E;STマイクロエレクトロニクス)

した信号がアナログ入力ポートAN2に入力されます．

PFCの出力電圧を分圧した電圧が，AN9に入力されています．制御ソフトウェアは，このポートの電圧を一定にするようにPWMを制御します．

次に，2個のMOSFETのソース電流を検出するためにソースとGNDとの間に挿入されている0.62Ω×2本の検出抵抗の両端電圧がAN3，AN5に入力されます．

PFC制御ソフトウェアは，このソース電圧をAN2に入力された基準となるAC電圧波形に比例したサイン波になるようにMOSFETのゲートをPWM制御します．

COMPI1には2個のMOSFETのソース抵抗両端電圧をダイオードORした信号を，COMPR1には＋3.3Vを抵抗で分圧した基準電圧を入力しています．MOSFETに異常電流が流れてCOMPI1の電圧がCOMPR1の基準電圧を越えると，瞬時にPWM信号をカットしてMOSFETを保護します．

コンパレータでPWMカットを行うのは，このような異常時にはソフトウェアによる制御では間に合わないからです．制御用CPUアリゲータのコンパレータは，ソフトウェアに関係しないハードウェア回路によって動作します．

次に，フェーズ・シフトDC-DCコンバータの1次回路ですが，出力ポートはPD0，PD1，PD2，PD3の4本があり，ゲート・ドライバL6388Eを介して4個のMOSFETをPWM信号で駆動しています．

PFC回路と同様に，MOSFETブリッジの各アームのロー・サイドのMOSFETのソース抵抗によりソース電流に比例した電圧を検出してAN1とAN4に入力しています．

制御ソフトウェアは，この各アームの電流を監視して電流が同じ値になるようにPWMを制御して，フル・ブリッジの電流がアンバランスしてスイッチング・トランスが偏磁しないようにしています．

また，同時にPFCのときと同じくCOMPI0にダイオードORした信号を入力して，COMPR0の基準電圧を越えたらPWM信号を即時カットし，MOSFETを異常電流から保護しています．

● その他の制御

電源システムを加熱から保護するために，基板の温度を10kΩの抵抗と10kΩのチップ・サーミスタで分圧回路を構成して，その電圧を検出してAN6に入力しており，設定された温度を越えたときにスイッチング動作を停止してアラームを出します．

また，ゲート・ドライバの電圧が何らかの原因で低下したとき，その電圧を検出するために＋12Vの電圧を分圧した信号をAN10に入力しています．

2次側CPUとの通信関係は，PB4，PB5を使用して同期シリアルで通信をしています．PB4がSCLK，PB5がMISOに設定されています．

2次側のCPUとはDigital Gate Optocoupler FOD8012

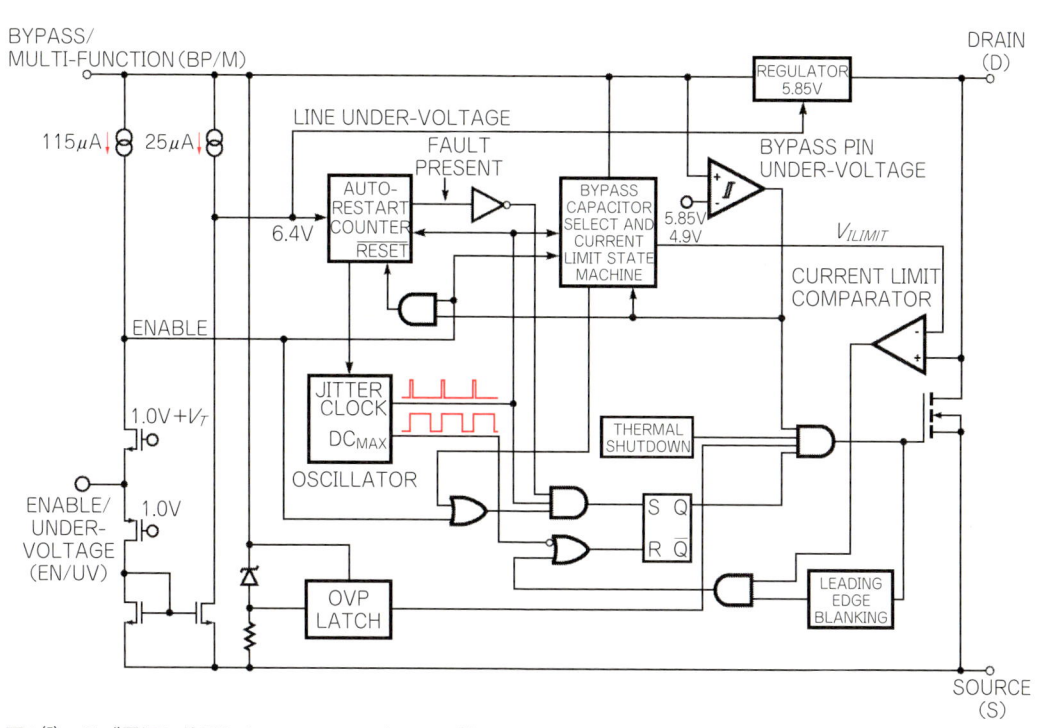

図8[(5)] **サブ電源に使用したTINY SW-Ⅲシリーズ**（TNY274GN；パワーインテグレーションズ）

を通じて接続していますので，2次側は1次側から絶縁されています．

　このラインを通じて2次側の出力電圧，出力電流，過電圧のA-D変換値が1次側制御CPUに送られてきます．制御ソフトウェアは，その値をあらかじめ設定された定電圧基準値と比較して，その値が同じになるようにフェーズ・シフト・スイッチング回路に供給するゲート駆動パルス信号の位相を制御します．

　また，出力電流はあらかじめ設定された最大出力電流値基準値と，送られてきた電流のA-D変換値を比較して，制御ソフトウェアはそれを越える場合はその電流を制限するようにゲート駆動パルス信号の位相を制御します．

　そして過電圧回路のA-D変換値も，同じく制御CPUにあらかじめ設定された基準値と比較して，その電圧を一定時間過ぎたときに制御ソフトウェアは過電圧が発生したと判断し，すべてのゲート駆動パルス信号を止めてアラームを出します．

　今回のディジタル電源の最も優れた仕組みとして，外付けの調整治具とシリアル通信でコミュニケーションができるようになっています．PB4がSCK，PB6がSRX，STXに設定されており，TXとRXが衝突をしないように切り替え用の信号をPB7から出力して，3ステート・バッファICを制御して切り替えを行っています．この通信ラインを通じて調整治具上のマイコンから，制御マイコンであるアリゲータの中のいろいろな設定値を電源動作させながら調整する機能を達成しています．

　また，2次側の制御マイコンのA-D変換値も調整治具のマイコンに取り込むことができるようになっており，リアルタイムで2次側マイコンのA-D変換値を液晶画面でモニタすることができます．

　当然，同じくディジタル電源制御用マイコンのいろいろなレジスタの情報もリアルタイムでモニタ可能となっています．

　これらの機能を使うことにより，従来のデバッグで行われてきた調整値を変更するたびに電源の動作を停止してソフトウェアを書き換え，CPUに書き込み，再び電源を起動してその効果を確認する…という一連の手続きが不要になり，電源を動作させながらあらゆるパラメータの調整が可能になります．かつ，CPUの内部のレジスタの値の変化もD-Aコンバータを通してオシロスコープでアナログ的に観察できるようになりますので，デバッグの効率化に大きな効果をもたらすことは間違いないと思っています．

　今回開発したディジタル電源は，ユーザにこの調整機能を体験して頂くために安全を重視して，調整治具との通信ラインもDigital Gate Optocoupler FOD8012を用いて絶縁をしています．

　もし量産品でユーザに調整をさせないということであれば，この絶縁は不要と考えます．もちろん，そのぶんコストは下がります．

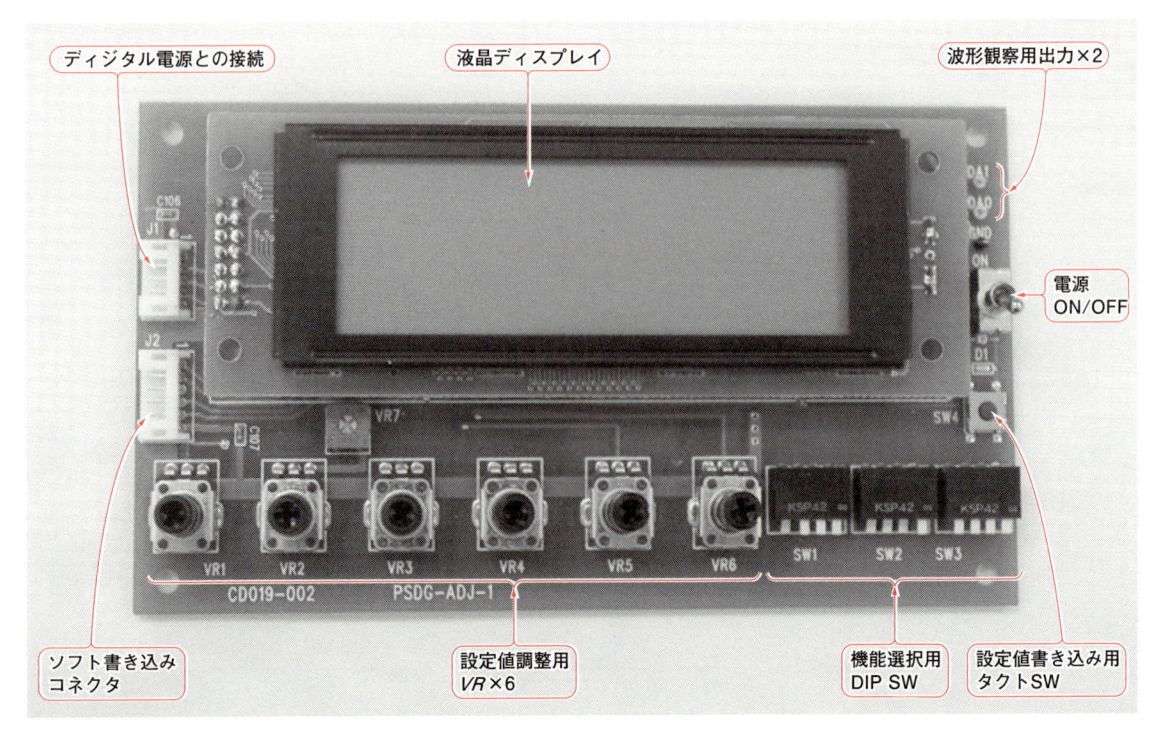

写真2　調整治具の外観［写真提供：パワーアシストテクノロジー(株)］

調整治具に関する説明

ここで調整治具について説明します．完成品の外観は**写真2**を参照してください．

調整治具とディジタル電源は5PのPHコネクタ（JST）で接続されます（**写真3**）．治具基板には，ディジタル電源の制御用マイコンのパラメータを表示する20文字×4行のバックライト付きLCDモニタと，設定項目を設定するDIPスイッチが3個，各設定項目のパラメータを設定するVRが6本，ディジタル電源の動作をON/OFFするトグル・スイッチが1本あります．

また，確定したパラメータをディジタル電源の制御用マイコンに書き込むためのタクト・スイッチが1個，オシロスコープに波形を出力するD-A出力端子が2個あります．

通常，起動直後はあらかじめ設定されているCPU内部のパラメータを2列3行で合計6項目を表示しています．デフォルトでは，1行目にPFCの電流帰還のループ・ゲインと積分ゲインを，2行目にPFCの電圧帰還のループ・ゲインと積分ゲイン，3行目にDC-DCコンバータ部の電圧帰還のループ・ゲインと積分ゲインを表示します（**写真4**）．

表示されている項目のどれかを調整したい場合は，DIPスイッチSW_1に割り当てられた項目のレバーをONにすると，その項目行に">"マークが表示され，その行の2個のパラメータがVR_1，VR_2で調整可能になります．

この機能は1個の項目だけではなく同時に3個の項目が調整可能です．よって，この機能によりループ・

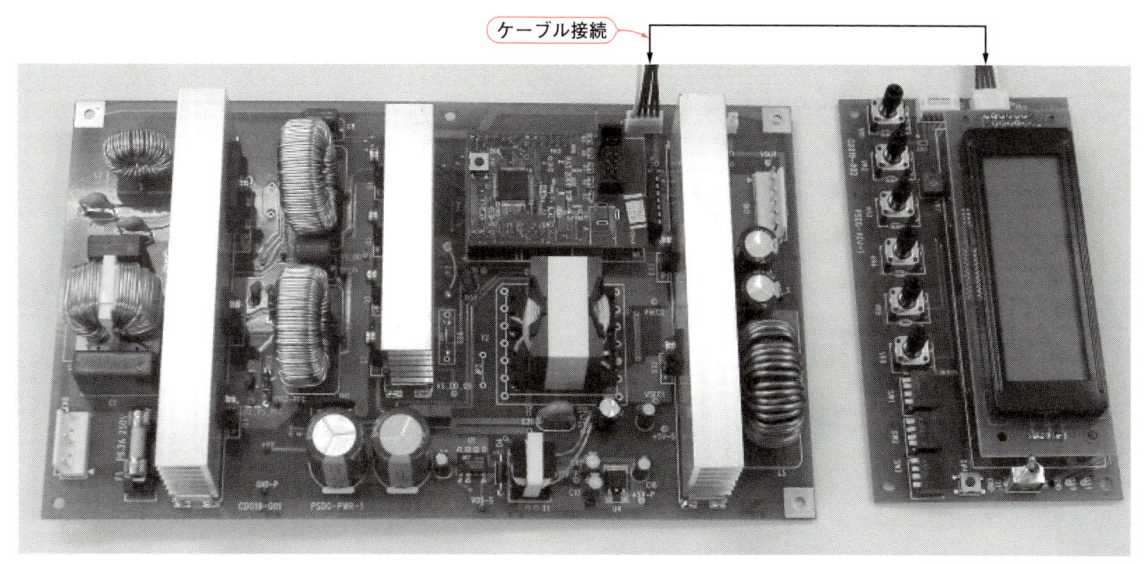

写真3 ディジタル制御電源部と調整治具の接続［写真提供：パワーアシストテクノロジー(株)］

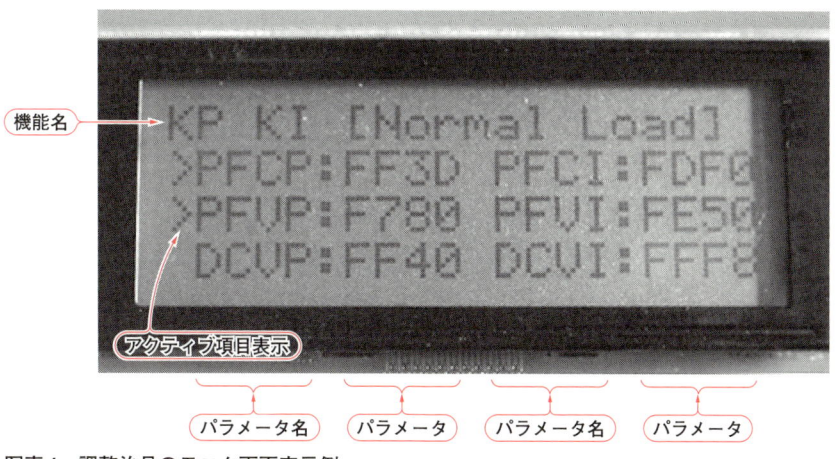

写真4 調整治具のモニタ画面表示例

ゲインとび積分ゲインを同時に調整することができますので，オシロスコープで波形を見ながらパラメータの最適ポイントを見つけることができます．

調整後，書き込み用タクト・スイッチを押すことによって，設定したパラメータがディジタル電源制御用マイコン（アリゲータ）のメモリに書き込まれます．同時に，制御用マイコンにI^2Cで接続されたEEPROMにその情報が記憶されますので，次回はEEPROMからそのパラメータ情報を読み出して，その設定で電源が起動されます．

● 試作電源のデバッグ中に気がついたこと

今回，この電源の設計／製作／デバッグにおいて気がついた問題点，次回には改善したい点が何項目かありましたので紹介します．これらは初めてディジタル電源を開発してみようと思っているエンジニアの方々に，多少なりとも参考になるかと思います．また，電源を設計している人間なら常識だろうと思われる部分があるかと思いますが，そこはご容赦ください．

新しいハードウェアが完成したら，まず一遍に火を入れる勇気のあるエンジニアの方は少ないと思います．私も気が小さいので，とても一遍に電源投入できるほうではありません．

そこで，回路の部分部分から順番に動作確認をしていきます．私の場合，まずサブ電源が正常に動作しているかを見ます．しかし，今回の電源のPCBレイアウト時にそのようなことはまったく考えてなく，メイン部とサブ電源部を分離できるようにしてありませんでした．すなわち，サブ電源部に入力電圧を入れると，メイン部にも電源が入ってしまうパターン設計になっていました．

これを分離するにはパターン・カットをしなくてはならず，しかもメイン部とサブ電源部が電源ラインに1か所だけではなく前後して接続されているため，単純に1か所パターン・カットをすれば済む状態ではありませんでした．いろいろ思案した挙句，せっかくきれいに完成している電源のパターンを切り刻むのは忍びなく，ちょっと無茶をしてメイン部にも同時に電源を入れることにしました．メイン部の回路に間違いがないことを祈りつつ，フェーズ・シフトDC-DCコンバータ部のブリッジ回路からトランス1次巻き線につながるラインにあるジャンパ線をオープンして，入力電源の電流制限を低く絞り，徐々に電圧を上げていく方法を取りました．

TNY274のV_{DS}の波形を見ながら電圧を上げていくと，いつもの見慣れたフライバック波形が出て，予定した3回路の出力電圧も正常出力していることを確認しました．

もし読者の皆さんが，これから電源を開発される場合，各回路ブロックをジャンパ線で簡単に分離できるように基板設計をしておくことを強く勧めます．簡単な電源なら必要ありませんが，今回は初めて設計したディジタル電源なので余計に身にしみました．

次は，フェーズ・シフトDC-DCコンバータ部の確認に入りました．

この段階では，デバッグ用に組んだソフトウェアを入れた制御用マイコンからPWMドライブ信号が出るようにしてDC-DCコンバータのドライブ回路の波形を観察し，正常に動作しているかを確認します．ここも何とか正常に動作していることを確認したので，今度はブリッジ回路からスイッチング・トランスの1次巻き線につながっているジャンパ線を接続し，2次側に出力が正常に出るか確認しました．ここも正常に動作していることが確認できました．

そして今度は，スイッチング部のMOSFETのV_{DS}を確認しながら出力電流を徐々に上げていき，フルパワーが取れるかどうか確認してみました．ところが出力電流が約8Aくらいになったとき，突然「パンッ」と音がして電源が壊れてしまいました．どこが壊れたのかを確認したところ，ブリッジ回路の片側のアームのドライバIC L6388Eがショート，それをドライブしている制御用マイコンも+3.3Vがショートしていました．

原因を調べていくと，どうやら出力電流を増やすと回路の寄生インダクタンスから生じるマイナスのサージ電圧がドライバICの出力端子に印加されていることが観察できました．ICは端子の逆バイアスで破壊されることがよくあります．

また，ゲート・ドライバL6388Eの絶対最大定格表にdV/dtの規格が50V/nsとあります．負荷が大きくなったときに，ブリッジ回路を構成しているMOSFETのV_{DS}の立ち上がり／立ち下がりがこの制限を越えている可能性もあります．

◆ 引用文献 ◆

(1) NJU20011 ディジタル電源制御用DSC，VER. 2011.7.26，新日本無線．
(2) FOD8012 High CMR, Bi-Directional, Logic Gate Optocoupler, Nov. 2010, フェアチャイルドセミコンダクター．
(3) UCC27523, UCC27524, UCC27525, UCC27526 Dual 5-A High-Speed Low-Side Gate Driver, June 2012, テキサス・インスツルメンツ．
(4) L6388E High-voltage high and low side driver, Feb. 2012, STマイクロエレクトロニクス．
(5) TNY274-280 TinySwitch-III Family, Jan. 2009, Power Integrations.
(6) パワーアシストテクノロジー（株） http://power-assist-tech.co.jp/

Appendix-1
ディジタル電源用マイコン「アリゲータ」の概要

　スイッチング電源のディジタル制御ICは，4種の神器を備えています．A-D変換器，ディジタル信号処理器，PWM波形生成器，イベント検出器がこれに当たります．それでは，今回使用したAlligator NJU20011（新日本無線）の特徴から，それぞれの役割を見てみましょう．
　表Aに，NJU20011のおもな仕様を示します．図Aにピン配置，表Bにピンの機能，図Bに内部ブロック構成をそれぞれ示します．

● A-D変換器

　A-D変換器は，観測信号（アナログ信号）を数値化する装置です．PWM波形生成器が切り替えるスイッチのON/OFF時刻に連動して観測信号をサンプリングする仕組みがあります．
　電源制御で電圧/電流を目標値に近づけるには，より確からしい信号観測ができることが重要ですが，スイッチング電源では観測信号が常に連続しておらず，スイッチのON/OFF状態の遷移によって観測信号も大きく変化してしまいます．もちろん，スイッチの状態が遷移しない期間，観測信号は連続しているのですが，それでも遷移してからある時間を待って観測しなければ，スイッチング・ノイズを観測することになってしまいます．

● ディジタル信号処理器

　ディジタル信号処理器は，数値化された観測信号から，数値演算により次周期のスイッチのON/OFF時間を導出する装置です．ソフトウェアによるディジタル制御では，CPUがこれを担当します．
　電源制御では，決められた周期時間内にこの導出を完了することが重要です．DSP構造のCPUは，ディ

表A　ディジタル電源制御用マイコン「アリゲータ」のおもな仕様

内蔵機能		NJU20011（新日本無線）
CPU	DSPコア	62.5 MHz（最大動作周波数），16ビット固定小数点
	命令長	16/32ビット長混在命令，64ビット長の信号処理命令（積和演算とメモリ・アクセスの並列実行）
	汎用レジスタ数	16ビット×16本（32ビット使用時は最大8本）
	その他	40ビット×2本アキュムレータ，16ビット×16ビット乗算，除算補助，飽和演算，ゼロ・オーバーヘッド・ループ，モジュロ・アドレッシング
A-D変換	A-D変換器	最大2Mサンプル/秒，12ビット分解能×1個
	チャネル数	全12本，独立サンプラ×6個+3対1入力切り替えサンプラ×2個
	その他	PWM波形生成器連動のサンプリング
PWM波形生成	PWM波形生成器	1 ns最小分解能×4個
	チャネル数	全8本（相補または独立，2本×4個）
	その他	チャネル間の同期/位相シフト　イベント連動のデューティ・カット/ピリオド・カット
イベント検出	チャネル数	4本
	その他	20 ns遅延アナログ・コンパレータ×3個
通信		UART，I²C，SPI
メモリ		プログラム・フラッシュROM：16Kワード　プログラムRAM：4Kワード，データRAM：2Kワード
消費電力		230 mW（60 MHz動作時）
端子数		全64本，I/Oポート：20本（機能ピンと共用）
電源電圧		1.8 V/3.3 V

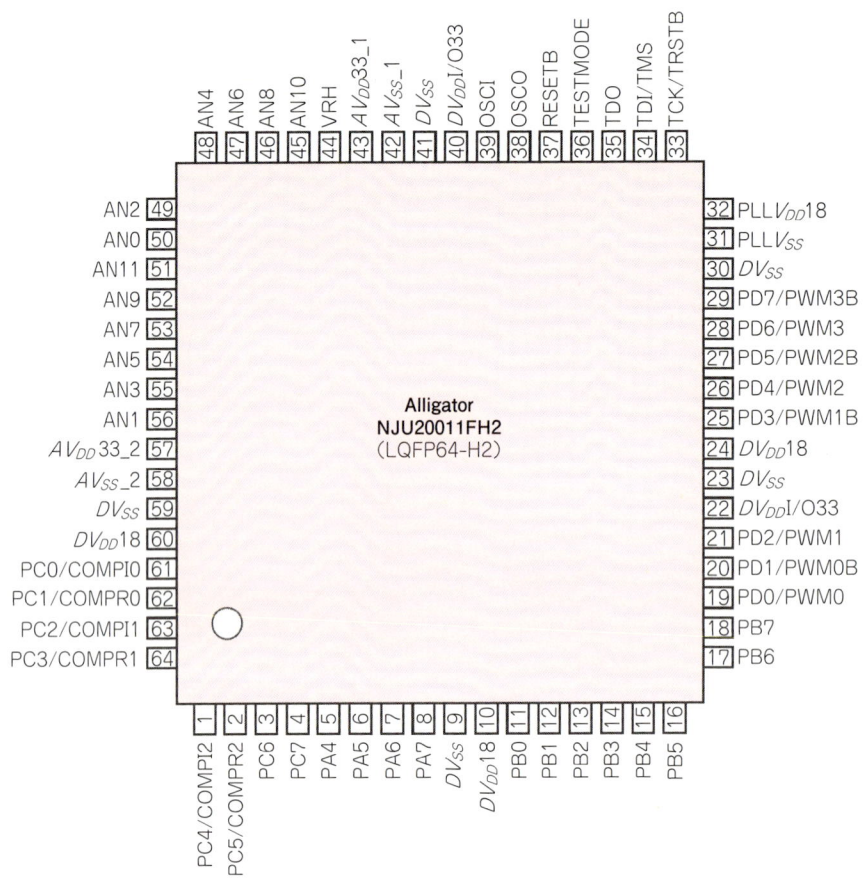

図A(1) ディジタル電源制御用マイコンのピン配置

ピン配置（LQFP64-H2、Alligator NJU20011FH2）：

上辺（左から右、ピン48→33）：
- 48: AN4
- 47: AN6
- 46: AN8
- 45: AN10
- 44: VRH
- 43: $AV_{DD}33\_1$
- 42: AV_{SS}_1
- 41: DV_{SS}
- 40: $DV_{DD}I/O33$
- 39: OSCI
- 38: OSCO
- 37: RESETB
- 36: TESTMODE
- 35: TDO
- 34: TDI/TMS
- 33: TCK/TRSTB

左辺（上から下、ピン49→64）：
- 49: AN2
- 50: AN0
- 51: AN11
- 52: AN9
- 53: AN7
- 54: AN5
- 55: AN3
- 56: AN1
- 57: $AV_{DD}33\_2$
- 58: AV_{SS}_2
- 59: DV_{SS}
- 60: $DV_{DD}18$
- 61: PC0/COMPI0
- 62: PC1/COMPR0
- 63: PC2/COMPI1
- 64: PC3/COMPR1

右辺（上から下、ピン32→17）：
- 32: $PLLV_{DD}18$
- 31: $PLLV_{SS}$
- 30: DV_{SS}
- 29: PD7/PWM3B
- 28: PD6/PWM3
- 27: PD5/PWM2B
- 26: PD4/PWM2
- 25: PD3/PWM1B
- 24: $DV_{DD}18$
- 23: DV_{SS}
- 22: $DV_{DD}I/O33$
- 21: PD2/PWM1
- 20: PD1/PWM0B
- 19: PD0/PWM0
- 18: PB7
- 17: PB6

下辺（左から右、ピン1→16）：
- 1: PC4/COMPI2
- 2: PC5/COMPR2
- 3: PC6
- 4: PC7
- 5: PA4
- 6: PA5
- 7: PA6
- 8: PA7
- 9: DV_{SS}
- 10: $DV_{DD}18$
- 11: PB0
- 12: PB1
- 13: PB2
- 14: PB3
- 15: PB4
- 16: PB5

ジタル信号処理に必要な回路を搭載し，メモリとの複数データ転送や複数演算器の並列動作により，演算に関わる回路の稼働率を上げることで演算時間を短縮することができます．

● **PWM波形生成器**

PWM波形生成器は，スイッチのON/OFF状態を切り替える矩形波信号を生成する装置です．ディジタル信号処理器で導出したスイッチのON/OFF時間を，連続時間（連続的な振幅の信号）に相当する最小時間分解能で切り替える仕組みがあります．

電源制御では，電圧/電流を目標値の許容誤差内に収めることが重要ですが，スイッチング電源では，スイッチのON/OFF時間はそのままコイル電流の変化になります．つまり，最小時間分解能によるON/OFF時間の誤差は，そのままコイル電流の誤差になります．

● **イベント検出器**

イベント検出器は，観測信号（アナログ信号）を既定値と大小比較する装置です．ディジタル信号処理器で導出したスイッチのON/OFF時間に優先して，イベント検出時にスイッチのON/OFF状態を直接切り替える仕組みがあります．

電源制御では，決められた遅れ時間内にスイッチのON/OFF状態を切り替えることが重要ですが，電源故障につながる緊急事態（例えば過電流状態や過電圧状態）が発生したときに，周期的に稼働しているA-D変換器とCPUを介したスイッチのON/OFF状態の切り替えが間に合うとは限りません．

ディジタル制御ICは，動作させてみなければ本当の性能はわからないとも言えますが，その比較/選択にあたっては，数値比較だけでなく，個々のハードウェアの仕組みやハードウェア間の連動についても確認することをお勧めします．

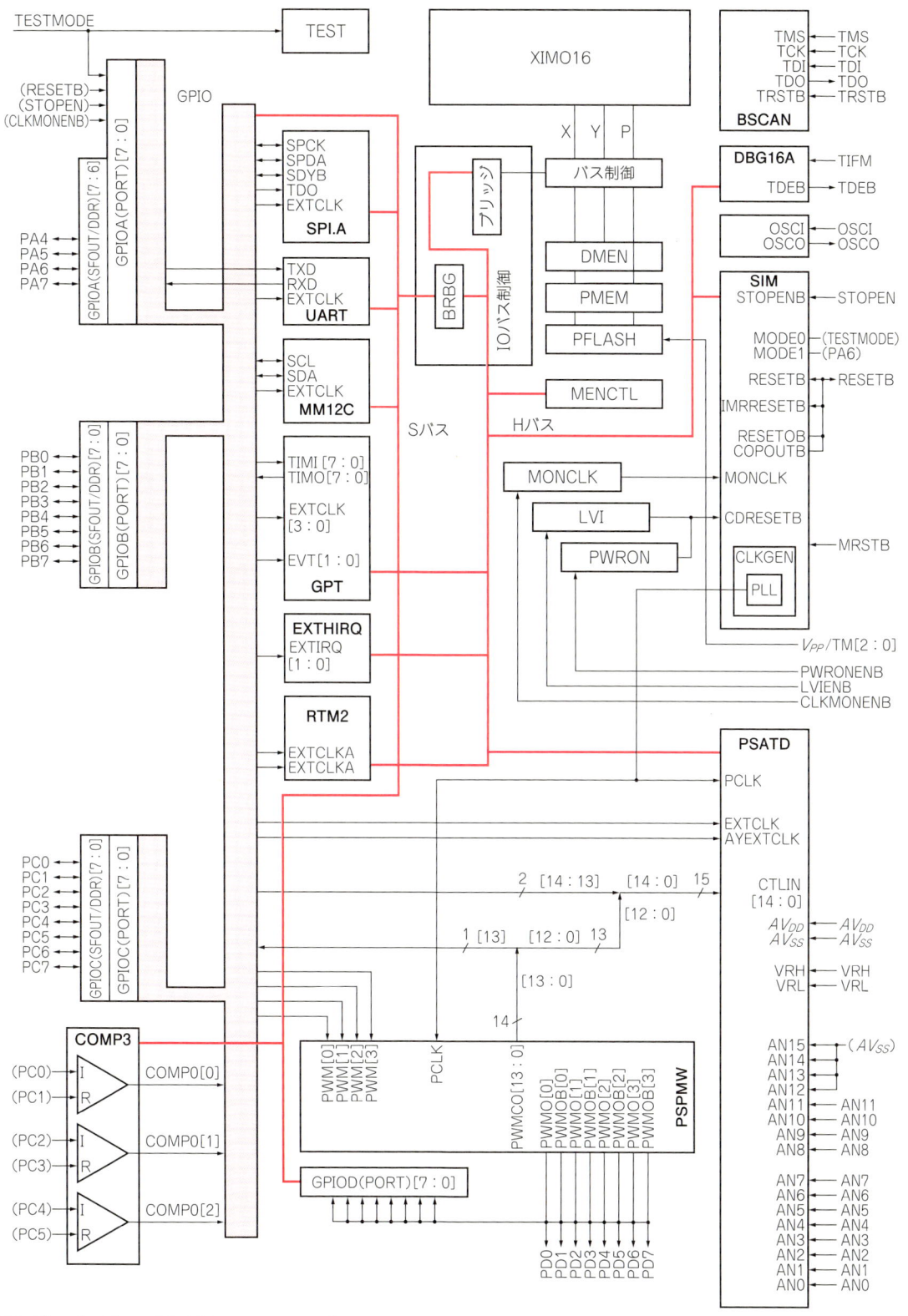

図B(1) ディジタル電源制御用マイコンのブロック構成

Appendix-1 ディジタル電源用マイコン「アリゲータ」の概要

表B　ディジタル電源制御用マイコンのピン機能

ピン番号	端子名	用　途	種別	備　考
1	PC4/COMPI2	未使用	Ai	未使用
2	PC5/COMPR2	未使用	Ai	未使用
3	PC6	未使用		未使用
4	PC7	電源SW（調整用）	Di	電源ON/OFF
5	PA4	EEP RCMとのシリアル通信	Do	EEPROM SCL
6	PA5	EEP RCMとのシリアル通信	Do	EEPROM SCL
7	PA6	Send TX	Do	CN7 RXD
8	PA7	Send RX	Di	CN7 TXD
9	DVSS			CPUモジュール内で接続
10	DVDD18			CPUモジュール内で接続
11	PB0	MCNJTQR0	Do	LED D37
12	PB1	MCNJTQR1	Do	MCN1 TP12
13	PB2		Di	未使用
14	PB3		Di	未使用
15	PB4	SECマイコンとのシリアル通信	Di	SCLK，CN7，SCK
16	PB5	SECマイコンとのシリアル通信	Di	SDATA
17	PB6	調整治具クロック	Do	CN7 SRX，STX 3ステート・バッファで切り替え
18	PB7	3ステート・バッファの切り替え信号	Do	
19	PD0/PWM0	PWMO [0] DCDC Q4	Do	U5 HIN Q4 DRIVE
20	PD1/PWM0B	PWMO [0] DCDC Q5	Do	U5 LIN Q5 DRIVE
21	PD2/PWM1	PWMO [1] DCDC Q7	Do	U6 LIN Q7 DRIVE
22	DVDDIO33			CPUモジュール内で接続
23	DVSS			CPUモジュール内で接続
24	DVDD18			CPUモジュール内で接続
25	PD3/PWM1B	PWMOB [1] DCDC Q6	Do	U6 HIN Q6 DRIVE
26	PD4/PWM2	PWMO [2] PFC Q3	Do	U3 INB Q3 DRIVE
27	PD5/PWM2B	未使用		未使用
28	PD6/PWM3	PWMO [3] PFC Q2	Do	U3 INA Q2 DRIVE
29	PD7/PWM3B	予備モニタ		TP8 10KでPULLUP
30	DVSS			CPUモジュール内で接続
31	PLLVSS			CPUモジュール内で接続
32	PLLVDD18			CPUモジュール内で接続
33	TCK/TRSTB	ICE		CPUモジュール内で接続
34	TD1/TMS	ICE		CPUモジュール内で接続
35	TD0	ICE		CPUモジュール内で接続
36	TESTMODE	DVSSに結線		CPUモジュール内で接続
37	RESETB	Reset/ICE		CPUモジュール内で接続
38	OSCO	Xtd		CPUモジュール内で接続
39	OSCI	Xtd		CPUモジュール内で接続
40	DVDDIO33			CPUモジュール内で接続
41	DVSS			CPUモジュール内で接続
42	AVSS_1			CPUモジュール内で接続
43	AVDD33_1			CPUモジュール内で接続
44	VRH			CPUモジュール内で接続
45	AN10	DC12 V電圧モニタ	Ai	
46	AN8	未使用	Ai	未使用
47	AN6	温度測定用サーミスタ	Ai	
48	AN4	Q7 FETソース電圧	Ai	
49	AN2	PFC VAC 1次電圧・波形	Ai	
50	AN0	未使用	Ai	未使用
51	AN11	未使用	Ai	未使用
52	AN9	PFC VDC電圧出力	Ai	PFC VDC電圧出力
53	AN7	未使用	Ai	未使用

ピン番号	端子名	用途	種別	備考
54	AN5	Q2 FETソース電圧	Ai	
55	AN3	Q3 FETソース電圧	Ai	
56	AN1	Q5 FETソース電圧	Ai	
57	AVDD33_2			CPUモジュール内で接続
58	AVDD_2			CPUモジュール内で接続
59	DVSS			CPUモジュール内で接続
60	DVDD18			CPUモジュール内で接続
61	PC0/COMPI0	Q5，Q7 FETソース電圧	Ai	
62	PC1/COMPR0	DUTYカット電圧 V_{ref}	Ai	
63	PC2/COMPI1	Q2，Q3 FETソース電圧	Ai	
64	PC3/COMPR1	DUTYカット電圧 V_{ref}	Ai	

Appendix-2
評価と制御ソフトウェアの概要

試作電源の動作評価

試作したディジタル電源の動作の評価結果について説明します．

● 効率など

表A，**図A**に本電源の静特性の測定結果を示します．
まず効率ですが，AC 100 V入力でV_{out} = 24.15 V，I_{out} = 12 A出力時に84.1％となっており，一般的な電源と同レベルの結果と言えます．力率は100 V入力の定格出力時に99.9％，200 V入力時でも98％となっており，非常に良好と言えます．

● スイッチング波形

DC-DCコンバータ部のスイッチング波形を**図B**に示します．フル・ブリッジの各アームの下側MOSFET Q7のドレイン-ソース間電圧(V_{DS})とスイッチング・トランスT2の1次側入力電流の波形です．Q7のON/OFF時の電圧波形を見ると電圧共振が十分に深く落ち切っておらず，厳しく言えば完全なゼロ電圧スイッチングになっていません．この辺をもう少し最適化すれば，さらに効率アップは可能かと思います．

図CはインターリーブPFC部の波形です．2個のMOSFETのドレイン-ソース間電圧(V_{DS})とAC入力電流(I_{AC})の波形を測定しています．波形を見ると，AC入力電流が綺麗なサイン波状に流れており，PFCが正常に動作していることが確認できるかと思います．このときのオシロスコープの水平掃引周波数はAC 50 Hzに合わせてあるので，MOSFETのスイッチング波形が細かくて影のように見えています．

図Dも同様ですが，画面中央の波形はPFC部の片側のMOSFETドレイン電流(I_D)です．ドレイン電流もAC入力電流と同様に，サイン波状に流れていることが確認できるかと思います．この波形もスイッチング周波数に対して掃引周波数が遅いため，オシロスコ

表A 静特性の測定結果

出力		AC 100V			AC 200V		
V_{out} [V]	I_{out} [A]	P_{in} [W]	PF	効率 [％]	P_{in} [W]	PF	効率 [％]
24.17	1.5	53.9	0.8653	67.3	52.6	0.9	68.9
24.17	3	94.3	0.98	76.9	91.3	0.959	79.4
24.16	5	147.8	0.9944	81.7	142.6	0.968	84.7
24.15	7	201.9	0.9975	83.7	195.3	0.9822	86.6
24.15	10	286.5	0.9997	84.3	275.2	0.98	87.8
24.15	12	344.7	0.999	84.1	329.8	0.9807	87.9

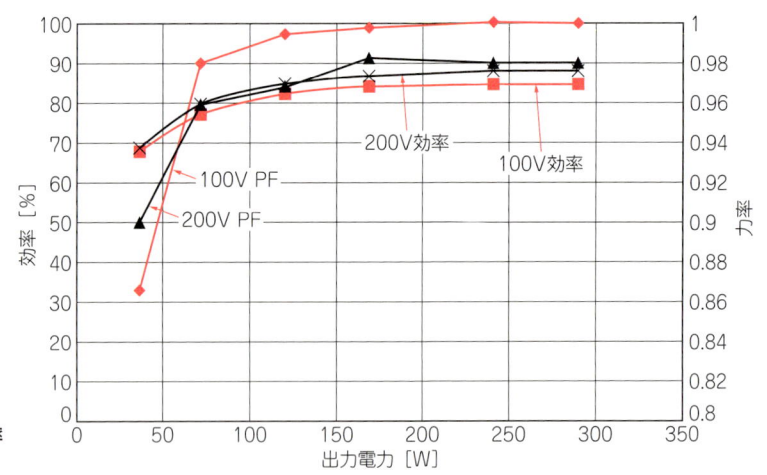

図A 出力電力に対する効率と力率の特性

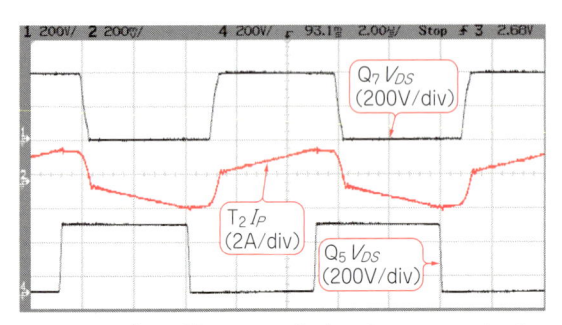

図B フルブリッジ・フェーズ・シフトDC-DCコンバータ部のスイッチング波形(24 V, 12 A)

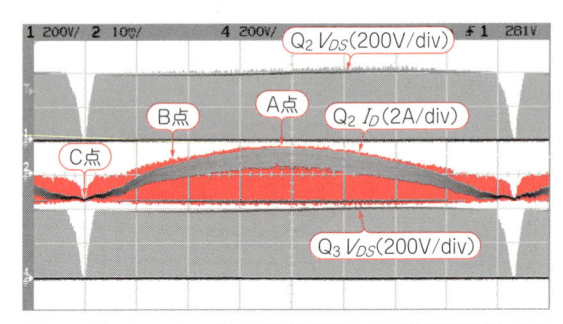

図D インターリーブ力率改善回路のFET電圧波形とFET電流波形(24 V, 12 A)

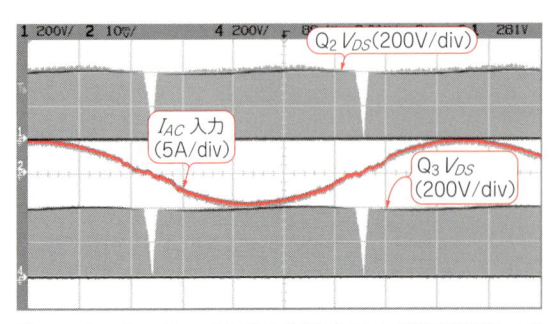

図C インターリーブ力率改善回路のFET電圧波形とAC入力電流波形(24 V, 12 A)

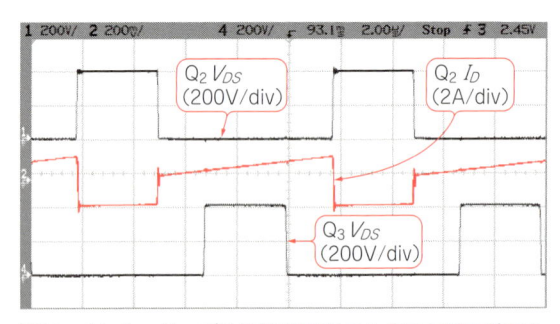

図E インターリーブ力率改善回路のA点FET電圧波形とFET電流波形(24 V, 12 A)

ープの画面上では影のように見えています．

　PFC部の波形はAC波形の1周期間の観察する場所によって違いがありますので，AC入力電圧のピーク部分(A点)，中間部分(B点)，AC電圧のゼロ・クロス部分(C点)について別途波形を取っています．

　図EがAC電圧ピークのA点の波形です．電流値はここで最大になります．また，二つのMOSFETが1/2周期ずれて動作している様子が確認できます．

　図FはAC電圧が中間のB点の波形です．ONデュ

ーティが広くなって電流も低くなっている様子が確認できます．

　図GはC点の波形ですが，ここでは掃引時間を少し遅くして周期の変わり目の動作がわかるようにしてあります．滑らかに変化しており，正常に動作していることが判断できます．

　図Hは本電源の起動シーケンスです．AC電源を投入するとサブ電源が起動し，CPUが動き始めて1.7秒後にPFCが動作を開始しています．その後，PFC出

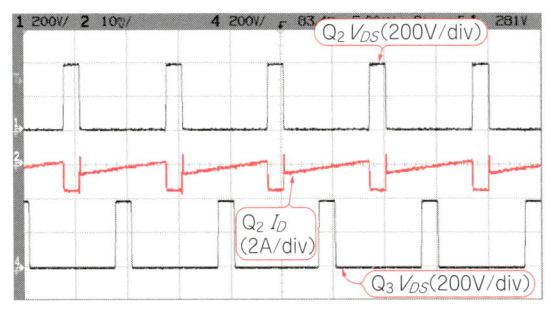

図F　インターリーブ力率改善回路のB点FET電圧波形とFET電流波形（24 V，12 A）

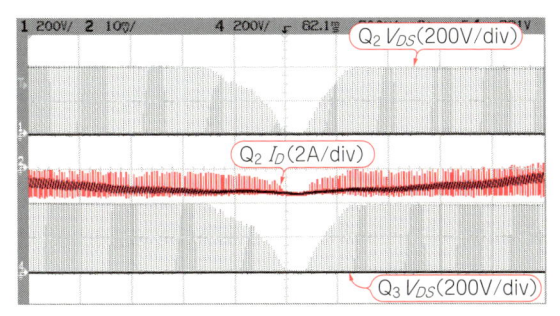

図G　インターリーブ力率改善回路のC点FET電圧波形とFET電流波形（24 V，12 A）

力電圧が500 msで設定電圧に達します．そしてPFC出力電圧が設定電圧に達したことを検出してDC-DCコンバータが起動を開始し，同じく500 msで定格の24 Vに達します．起動波形を見ていただければわかるとおり，ディジタル電源ならではの直線的なソフト・スタート特性になっています．

ディジタル電源の制御ソフトウェアの概要

　ここで今回開発したディジタル電源の制御ソフトウェアについて簡単に説明します．

　今回の製作で使用したAlligator（NJU20011）のプログラムは，メーカから提供を受けたDC-DCコンバータ・プログラムの演習用ひな形をベースにしてPFC部を追加するなど，機能を発展させる形で作成しました．記述には主にアセンブリ言語を使いました．

　PWM生成器やA-D変換器の初期設定の方法など，ICのマニュアルを読んだだけでは理解しにくいところもありますので，このひな形は今回のソフトウェア開発の大きな助けになりました．また，フィードバック処理の要であるPI演算部はひな形の処理をそのまま手を加えずに使用しています．この部分はサブルーチンとして独立させ，DC-DCコンバータだけでなくPFCの電圧補償器と電流補償器にも使用しています．

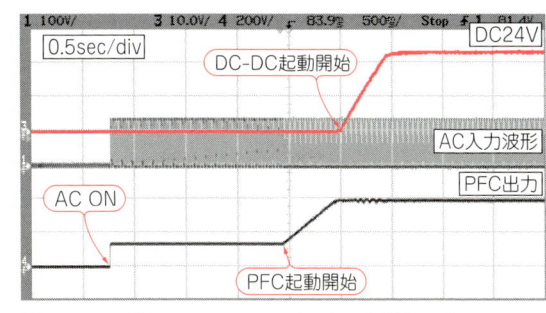

図H　PFC部とDC-DCコンバータの起動シーケンス

● PWM生成

　ディジタル電源制御用DSPマイコンAlligatorには4チャネルのPWM生成器があり，それぞれが2本のPWM出力をもちます．

　DC-DCコンバータ部はPWM0とPWM1を連動させて位相シフト動作とし，フル・ブリッジ接続されたMOSFETを駆動しています．PFC部はPWM2とPWM3を連動させ，インターリーブ動作をさせています．

　PFC部とDC-DCコンバータ部のプログラムは独立して動作するように作りました．両機能とも割り込み周期のPI演算によりフィードバック制御をかけることが動作の基本です．割り込みはPWM周期と同じ10 μs周期で起動されます．

　PFC部には電圧補償器と電流補償器の2箇所でPI演算を使いますが，10 μs周期で実行するのは電流補償器で，電圧補償器の演算は500 μs周期のタイマ割り込み内で実行されます．

● 電源投入シーケンス

　電源投入時には，まずPFC部が動作を開始し，ソフト・スタートを実行します．ソフト・スタートが完了するとPFCは定常動作に入り，フラグを設定してDC-DCコンバータ部の起動を許可します．

　PFCプログラムではソフト・スタートを開始するまえに，AC入力電圧とPFC出力電圧（+HV）を確認します．AC入力電圧が所定の範囲にあることを確認してPFCをONにします．本プログラムでは暫定的に定格電圧の80％以上を条件に設定しています．

　また，PFC出力電圧はPFCのPWMがOFFの間にダイオードを通してチャージされます．チャージに必要な時間後に電圧を測定し，ソフト・スタートの起点とします．ソフト・スタートは時間で規定していますので，起点となる電圧と目標出力電圧の差を時間で割った数値が傾斜となるように，電圧補償器のフィードバック基準値を上げていきます．

　PFCのソフト・スタートが完了すると，DC-DCプログラムが出力を開始します．DC-DCのソフト・ス

タートは，出力電圧0Vから規定の電圧に向かって電圧フィードバックの基準値を直線的に上げています．

● 出力保護とサブマイコン

DC-DCコンバータには過電圧と過負荷に対する保護機能を実装しました．過電圧保護とは，フィードバック系に万一異常が発生した場合，過大な電圧が出力されるようなことを防ぐための対応です．

そのため，フィードバック用の出力電圧測定のほかに出力電圧を別系統でA-D変換しています．この2入力に過負荷保護のための出力電流測定を加えた3入力は，サブマイコン(R8C/M11A)でA-D変換しています．これらの測定値をサブマイコンからAlligatorに向かってシリアル通信で送信しますが，データ・ラインとクロック・ラインをフォトカプラICで絶縁することにより，Alligatorと出力部の絶縁を実現しています．

このシリアル通信にはAlligatorのSPI(Serial Peripheral Interface)モジュールを使用します．転送速度は2Mbpsです．8ビット長のデータを10μs間隔で転送することとしました．

サブマイコンのA-D変換値は10ビットですので，送信には2回の通信が必要です．優先度の高いフィードバック用のA-D値を2回に分けて送り，ほかの2データはその転送の空きビットを用いてシリアル的に送っています．

後述の調整冶具の通信と両立させるため，2バイト送って1回休むようにしたため，フィードバック用のA-D変換データは30μs間隔で送られることになります．

● 調整冶具

ハードウェアとソフトウェアが揃い，電源を入れて調整する段階で困るのが，ディジタル電源では機能ブロックごとのチェックがむずかしいことです．アナログ回路では各部の動作波形をオシロスコープでチェックすることができますが，ディジタル電源ではブロックごとの動作が演算過程の数値として存在するため，変化の様子を目で見ることができません．

そこで，前述のような調整冶具を作成し，おもな機能ブロックの演算結果をD-A変換してアナログ波形として観測することを考えました．

ここでも通信にはSPIを使用しています．SPIは同時送受信が可能ですので，サブマイコンからのデータ

コラム　これからディジタル電源を開発する人へのアドバイス

今回は，300Wクラスの電源をディジタル制御したらどうなるかをテーマに開発を行いました．最初のコンセプトにもあるように，できるかぎりコストを下げるような設計をしたつもりです．そのため，制御CPUを1次側に配置して，パワー部のMOSFETの電流検出や出力電圧検出，MOSFETの駆動信号には高価な絶縁タイプのICを利用せずにダイレクトに接続する設計にしました．しかし，今回の開発を通じて以下のような問題があることがわかりました．

(1) CPUがMOSFETにドライバICを通じて直接繋がっているため，デバッグ中，特にブリッジ回路のブートストラップ方式のドライバが駆動しているMOSFETが壊れるとドライバICだけではなくCPUまで被害が及ぶことが多く，修理に時間がかかる

(2) 検出回路の信号グラウンドとパワー回路のグラウンドが共通になるので，1点アースを心がけていてもノイズ的にはどうしても不利になる

以上のような問題を避けるには，やはり制御CPUを2次側に置き，電圧検出信号は絶縁アンプを通じて入力する必用があります．さらに，電流検出はカレント・トランスを使用し，MOSFETのドライブは高速フォトカプラを使用した絶縁タイプのゲート・ドライバを使用した回路にしたほうが，CPUのGNDとパワー系のGNDを完全に分けることができるので，ノイズの問題では絶対的に有利になります．

しかし，現在このような回路方式を採用すると使用するデバイスの価格は安くありません．すなわち開発の容易性に金をかけるか，または材料コストは安くなるが開発が比較的困難な方式を取るかという問題になります．

私の感覚ですが，コスト重視の電源をディジタル化するには現時点ではかなりハードルが高いと言わざるをえません．金に糸目を付けない大電力電源であれば高価な絶縁デバイスを使用しても問題ないと思いますので，開発の容易さやシステムの安全性を重視するなら，絶縁デバイスを使用した回路方式を採用することをお勧めします．

もし，どうしても比較的パワーの小さい低コストの電源をディジタル化する必要がある場合は，設計時に以下の点を盛り込んでおいたほうがよいと思います．

を受信しているときにD-A変換データを送出するようにしました．観測用のデータ幅を8ビットとしたので，サブマイコンからフィードバック用のA-D変換データを1回受信するごとに2チャネルのデータを調整冶具に向けて送出します．また，サブマイコンからの受信が休みのタイミングを利用してPI演算のゲインやデッド・タイムなどの調整値を取り込むことができるため，ボリュームによるゲイン調整が可能になりました．

ディジタル電源のプログラムを作成しましたが，基本動作を確立するだけでなく，調整や動作チェックをいかに効率よく実施できるかということの必要性も実感しました．

最後に

やはり何事も自分でやってみなければ本質を理解できません．今回の開発を通じて，ディジタル電源の良い点と問題点が自分なりにわかってきたつもりです．

あらゆるトポロジーに対応できるディジタル電源の柔軟性は非常に高く評価できます．しかし，現時点でのディジタル電源制御専用マイコンも，やはり一般的なマイコンの範疇を出ていないという印象です．もともと普通のマイコンから発展してきたので仕方がないとは思いますが，ディジタル電源制御用マイコンとしてさらに発展をさせていくのであれば，また別の視点が必要かと思います．アナログ電源コントロールICではゲート・ドライバ内蔵が普通で，電源もセルフ・ブートできるようになっており，使い勝手が追求されています．

ディジタル電源制御用マイコンでは直接FETをドライブできるものはありません．また，電源も+5Vや+3.3Vであり，ドライブ回路の+12Vとは別に電源を準備する必要があります．

多くのボリュームゾーンの電子機器に使用されるコスト重視のスイッチング電源で，サブ電源を別途準備するのでは敷居が高いと言わざるをえません．もともとマイコンは汎用性を重視しており，その辺とどう折り合っていくか難しい点はありますが，ディジタル電源をもっと普及させていくには従来の考えかたに固執していてはダメだと思います．まだ少し時間がかかるかもしれませんが，あらゆる電源がディジタル制御になっていくことは間違いありません．TVやオーディオがアナログからディジタル化されていったように，電源も例外ではないと確信しています．

---

(1) スイッチング回路本体は実績のある回路をそのままコピーして使用したほうがよい．開発中，ハードウェアが悪いのかソフトウェアが悪いのかの判別が難しい場合があり，そのときに少なくともどちらかを完璧にしておくと問題が単純になる

(2) CPUからドライバICへの信号線に数百Ωの抵抗を直列に入れることにより，ドライブ回路の破壊からCPUを保護できる

(3) MOSFETのソース抵抗から電流信号を取り出してCPUに直接入力するとき，直列抵抗は100Ω程度と低くしてパスコンは10nF程度にする．そのときMOSFETが破壊してもCPUに高電圧が掛からないように，ソース抵抗にダイオードなどで保護回路を入れておく．CPU入力ポートとV_{CC}間に接続した保護ダイオードだけではMOSFETが破壊したときにCPUを保護できない

(4) CPU周りの回路のディジタルGNDとアナログGNDは完全に分けておき，CPUのGND端子に近いところで1点アースする．当然，パワー系のGNDとも完全に分けて同様にパワー回路の1次側平滑コンデンサのマイナス端子部に1点アースをする

(5) ゲート・ドライバはドライブするMOSFETの直近に配置して最短距離で配線する．当然，ゲート・ドライバのリターン電流の流れるGNDも信号GNDと完全分離する

(6) CPU周辺回路をモジュール化する際，各ポートの汎用性を意識して設計した場合はアナログ入力ポートにパスコンを入れてないことが多いが，ディジタル電源用として使うのであれば専用と割り切って，各アナログ入力ポートおよびコンパレータ入力部のできるだけ直近に数百pFのセラミック・コンデンサを入れておく（パッドだけでも設けておく）

以上，今回の開発を通じて感じたことを書いてみました．設計時に自分でも考慮していなかった部分もあり，もう一回ディジタル電源を開発する機会があったら最初から絶対設計に盛り込むべき内容として認識している部分です．

アナログ系とディジタル系のGNDの分離，および1点アースの件は，電気技術者であれば常識といえば常識であり，今さらここで言うべきことでもありませんが，何回強調しておいても言い過ぎではないと思い，あえて列記しました．

第4章

dsPIC33FJを使用したディジタル制御スイッチング電源評価ボード
ディジタル電源スタータ・キットの動作実験

田本 貞治
Tamoto Sadaharu

　マイクロチップ・テクノロジー社のディジタル電源スタータ・キット（Digital Power Starter Kit；以降，電源ボード）を入手しましたので，動かしてみたいと思います．この電源ボードは最初からプログラムがインストールされており，添付されているDC 9VのACアダプタから電源を供給するとそのまま動作するため，初めての方でもディジタル電源を手軽に動かすことができます．この電源ボードには，降圧コンバータと昇圧コンバータが実装されていますので，スイッチング電源の基礎とディジタル制御プログラムを学習することができます．

　初めに，インストールされているプログラムを使用して，そのままディジタル電源を動作させて，ボードの内容と動作概要を理解することにします．その後，MPLAB IDEを起動してプロジェクトを開き，プログラムをビルドして電源ボードに書き込んで動作させてみたいと思います．

　ここでは，出力電圧や過電流保護や制御パラメータを変更して実験ができるようにします．それぞれの値がどのような方法で構築されているかが理解できると，実装されたプログラムの変更に必要な値のみが理論に適合した方法で変更でき，ディジタル電源の応用が広がります．

ディジタル電源ボードはどのようになっているか

　ここでは，ディジタル電源ボードのマイコンや電源回路などのハードウェアを調べることにします．

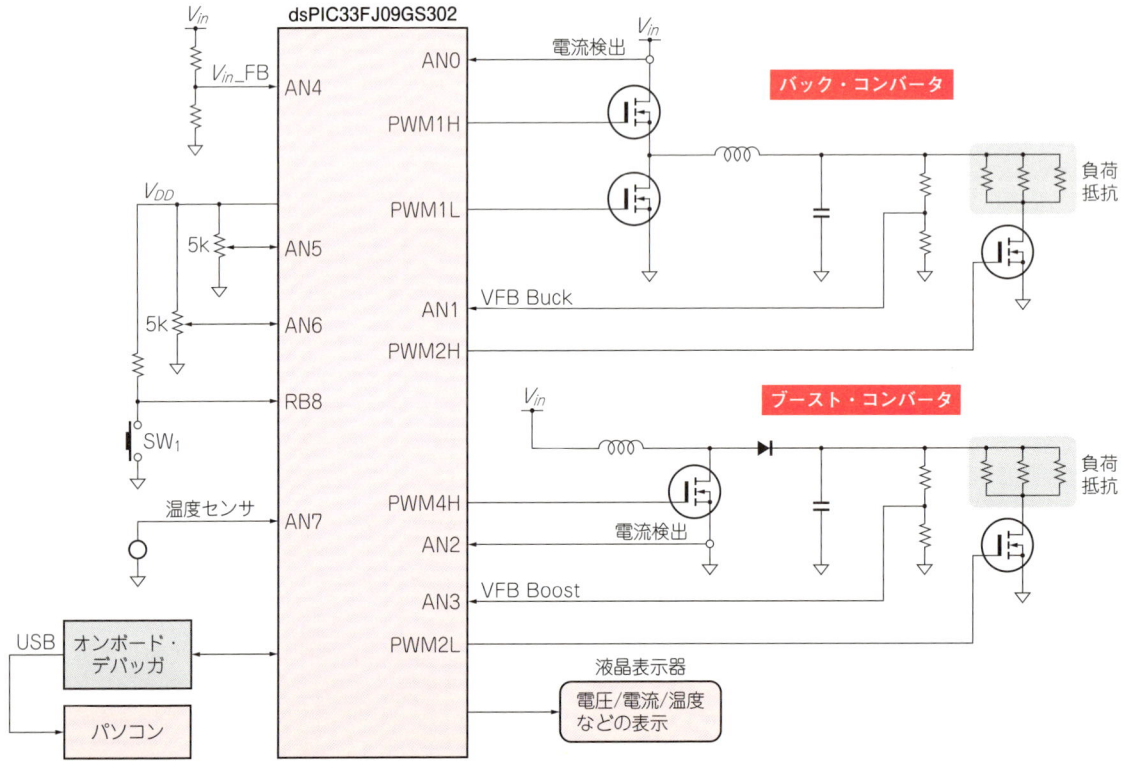

図1　ディジタル電源スタータ・キットのブロック構成

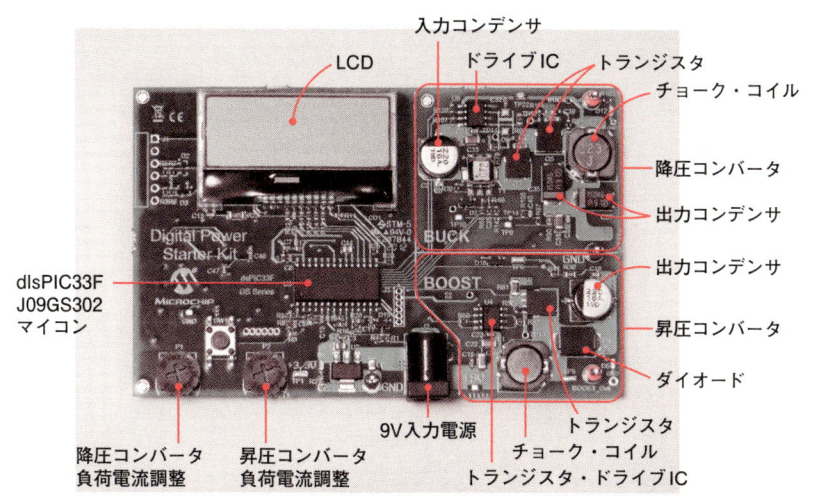

写真1 実験ボードの外観

● ディジタル電源ボードの構成

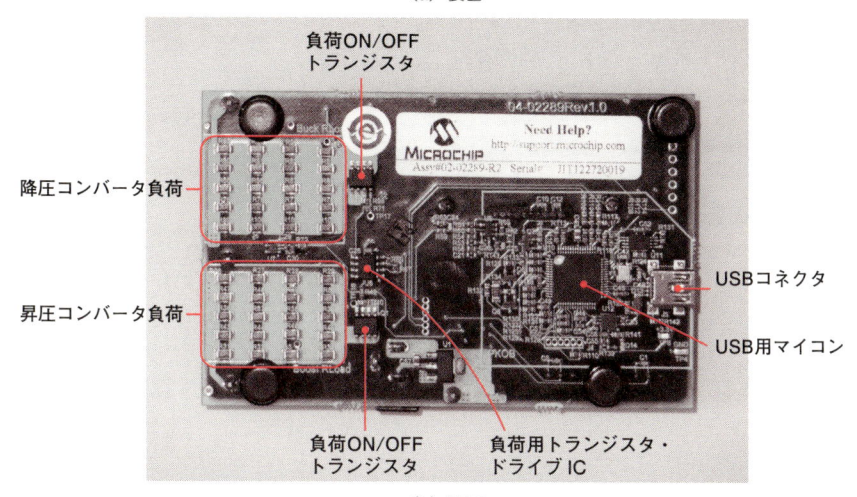

このボードのブロック構成を図1に，外観を写真1に示します．写真1(a)の左側には，LCDとマイコンといくつかの部品が搭載されています．マイコンは，この電源ボードをディジタルで制御するために使用します．また，右側にはシルク印刷で"BUCK"と"BOOST"と表記されたエリアがあります．"BUCK"はBuck Converterで降圧コンバータのことです．"BOOST"はBoost Converterで昇圧コンバータのことです．この降圧コンバータと昇圧コンバータを左のマイコンを使用して動作させています．

写真1(b)を見ると，右のほうにマイコンが搭載されています．これは，USBを使用してパソコンと電源ボードを接続してプログラムのデバッグや書き込みを行うためのものです．左側には2組の抵抗が並んでいます．これは，降圧コンバータと昇圧コンバータの負荷になります．"Buck RLoad"と表示されたほうが降圧コンバータの負荷で，"Boost RLoad"と表示されたほうが昇圧コンバータの負荷です．

● 搭載されているマイコンはどのようなものか

この電源ボードに搭載されているマイコンはどのようなものかを調べることにします．マイコンの形名を見るとdsPIC33FJ09GS302（マイクロチップ・テクノロジー）となっています．

このマイコンは，ディジタル電源に使用できるdsPIC33FJxxGSグループに入っています．このグループは，18ピンの少ピン・タイプから100ピンまで，小規模から大規模まで各種ありますが，電源ボードに搭載されているマイコンは昨年発売された新しいチップです．このマイコンのおもな仕様は表1のとおりです．

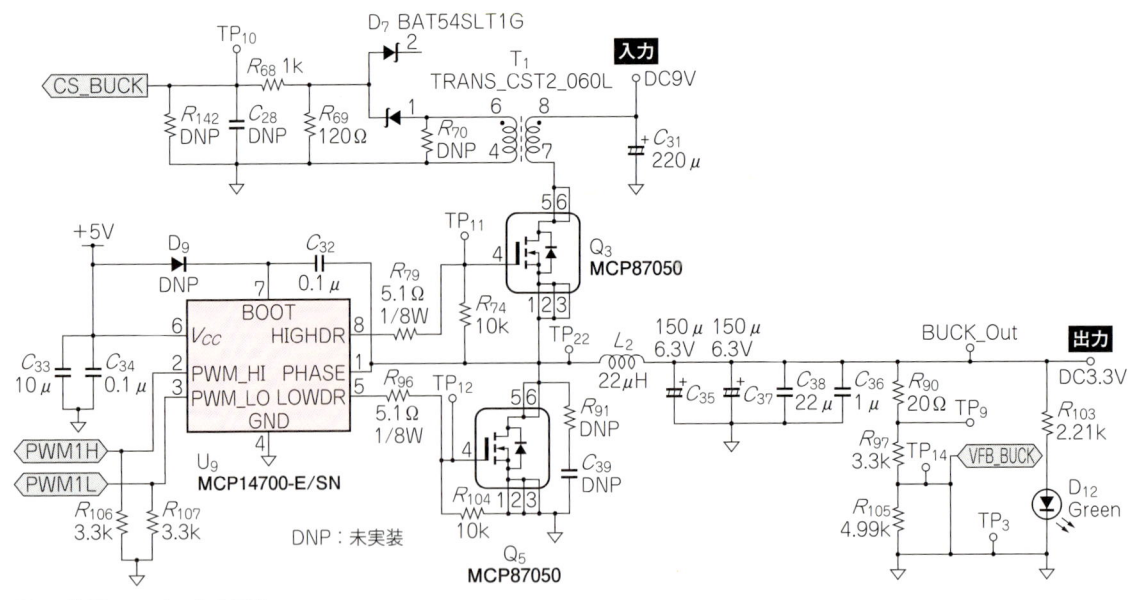

図2 降圧コンバータの回路

表1 マイコン dsPIC33FJ09GS302 のおもな仕様

番号	項目	仕様
1	クロック周波数	40 MHz
2	プログラム ROM	9 k バイト
3	データ RAM	1 k バイト
4	タイマ	16 ビット・タイマ 2 本 (インプット・キャプチャ 1, アウトプット・コンペア 1)
5	通信	UART, SPI, I^2C (各 1 本)
6	PWM	3 本 × 2(H/L) 1.04 ns(960 MHz クロック相当)
7	A-D コンバータ	8 本(4 ペア) 分解能 10 ビット,変換時間 0.5 μs
8	アナログ・コンパレータ	2 本
9	リマップ機能	16 本

表2 降圧コンバータの仕様

番号	項目	仕様
1	定格入力電圧	DC 9 V
2	入力電圧変動範囲	DC 7 ~ 11 V
3	定格出力電圧	DC 3.3 V
4	最大出力電流	1.5 A
5	最大出力電力	5 W
6	出力電圧リプル	50 mV/A
7	スイッチング周波数	350 kHz

このマイコンにはPWMが3本とアナログ・コンパレータが2本あるので,スイッチング電源に使用すると最低2回路を実現することができます.今回の電源ボードでは,このマイコンを使用して降圧コンバータと昇圧コンバータを実現しています.さらに,後述する負荷のON/OFFにPWMを使用しています.このグループの他のマイコンも同様ですが,入出力端子を別の端子に変更できるリマップ機能があり,少ピンでも入出力ピンを有効に利用できます.

● 降圧コンバータの回路を調べる

降圧コンバータ回路がどのようになっているか見ていきます.図2に回路を示します.このコンバータは同期整流型の降圧コンバータとなっています.この降圧コンバータの仕様を表2に示します.

マイコンのPWM1Hからハイ・サイド・トランジスタを,PWM1Lからロー・サイド・トランジスタを駆動し,相補モード動作させます.PWMパルスはMCP14700(マイクロチップ・テクノロジー)というハイ・サイド/ロー・サイド駆動ICを介してスイッチング・トランジスタに供給しています.

＋5Vの電源で駆動ICは動作し,ハイ・サイド・トランジスタの駆動回路には,ブートストラップ回路

表3 ハイ・サイド/ロー・サイド駆動IC MCP14700のおもな仕様

番号	項目	仕様
1	駆動電圧 V_{CC}	+5 V
2	最大ハイ・サイド・ブート電圧 VBOOT	+36 V
3	ハイ・サイド・トランジスタ駆動電流	2 A
4	ハイ・サイド出力抵抗	1 Ω
5	ロー・サイド・トランジスタ駆動電流	2 A
6	ロー・サイド出力抵抗	1 Ω
7	不足電圧保護	3.5 V
8	加熱保護	147℃

表4 スイッチング・トランジスタMCP87050のおもな仕様

番号	項目	仕様
1	ドレイン-ソース間電圧	25 V
2	ゲート-ソース間電圧	+10 V/-8 V
3	最大ゲート閾値電圧	1.6 V
4	オン抵抗	6 mΩ
5	内部ゲート抵抗	1.1 Ω
6	ゲート総電荷量	12.5 nC

によって+5 Vの電源を供給しています．したがって，スイッチング・トランジスタは5 Vの電圧で動作することになります．

ハイ・サイド/ロー・サイド駆動IC MCP14700のおもな仕様を表3に，スイッチング・トランジスタMCP87050(マイクロチップ・テクノロジー)のおもな仕様を表4に示します．

表3の駆動ICの特性を見るとPOL(Point Of Load)用に開発されているので，5 Vの電圧でスイッチング・トランジスタを駆動しています．したがって，トランジスタのゲートの閾値電圧も1.6 Vと5 V駆動に対応していることがわかります．また，駆動回路の内部抵抗が1 Ω，トランジスタのゲートの内部抵抗が1.1 Ωで，外部抵抗が5.1 Ωが使用されています．その結果，5 Vで駆動したときのゲート電流の最大値は5 V÷7.1 Ω=0.7 Aとなることがわかります．

図2の回路図から，スイッチング・トランジスタQ_1のドレイン電流を電流トランスT_1によって絶縁してマイコンのCMP1Aに入力し，過電流保護を実現しています．アナログ電源ではシャント抵抗を用いて過電流保護ができますが，マイコンを使用すると，シャント抵抗の電圧では分解能が不足するため，この回路のようにトランスなどを使用した絶縁と電流変換が必要になります．

全体的な回路がわかったので，回路の設計内容を見ていきます．まず，定格条件でチョーク・コイルを流れるリプル電流を計算で求めます．入力電圧V_{in}を9 V，出力電圧V_{out}を3.3 V，スイッチング周期T_Sを1/350 kHzとすると，トランジスタON時の時比率D_Sは式(1)となります．

$$D_S = \frac{V_{out}}{V_{in}} = \frac{3.3}{9} = 0.367 \quad \cdots\cdots(1)$$

トランジスタOFF時の時比率を$D_S' = 1 - D_S$として，チョーク・コイルのインダクタンスを22 μHとすると，チョーク・コイルのリプル電流ΔI_Lは式(2)となります．

$$\Delta I_L = \frac{D_S' T_S V_{out}}{L} \quad \cdots\cdots(2)$$
$$= \frac{0.633 \times 2.68 \times 10^{-6} \times 3.3}{22 \times 10^{-6}} = 0.254 \text{ A}$$

このリプル電流から，負荷電流が1.5 A流れたときの過電流保護用の電流トランスT_1の出力電流I_Sは，トランスの巻き数比を$N_1:N_2=1:60$とすると，式(3)となります．

$$I_S = \frac{N_1}{N_2}\left(I_{out} + \frac{\Delta I_L}{2}\right) \quad \cdots\cdots(3)$$
$$= \frac{1}{60}\left(1.5 \text{ A} + \frac{0.254 \text{ A}}{2}\right) = 0.0271 \text{ A}$$

したがって，過電流保護のためにマイコンのアナログ入力に印可する電圧V_Sは，電圧変換抵抗R_{69}を120 Ωとすると，式(4)となります．

$$V_S = R_{69} I_S = 120 \text{ Ω} \times 0.0271 \text{ A} = 3.25 \text{ V} \cdots\cdots(4)$$

この電圧以上に過電流保護を設定すればよいことになります．

3.3 Vの出力電圧は，抵抗により分圧してアナログ入力端子のAN1に入力しています．アナログ入力端子に入力する電圧V_Fは20 Ω+3.30 kΩと4.99 kΩの抵抗を使用した分圧になっているので，式(5)に示すように1.98 Vとなります．

$$V_F = \frac{4.99 \text{ kΩ}}{20 \text{ Ω}+3.30 \text{ kΩ}+4.99 \text{ kΩ}} \times 3.3 \text{ V} \cdots\cdots(5)$$
$$= 1.98 \text{ V}$$

● 降圧コンバータに接続されている負荷回路を調べる

降圧コンバータの出力に接続されている負荷回路を調べます．図3に回路を示します．負荷回路は，固定抵抗をトランジスタでON/OFFして，パルス電流で動作させています．マイコンのPWM2HからPWMパルスを出力し，駆動ICによってトランジスタをON/OFFしています．

つまり，トランジスタのパルス幅を変えることにより平均電流を変化させて，負荷電流を調整しています．負荷抵抗は2.74 Ωが4直列5並列になっているので，抵抗値は2.192 Ωとなります．トランジスタがONしたときは3.3 Vに2.192 Ωの負荷が接続されるので，3.3 V÷2.192 Ω=1.5 Aの電流が流れます．したがって，

トランジスタが100％導通したとき負荷電流は1.5 A流れることになります．

負荷をON/OFFするトランジスタNTMS5838NL（オン・セミコンダクター）のおもな仕様を表5に，トランジスタの駆動ICのTC4427A（マイクロチップ・テクノロジー）のおもな仕様を表6に示します．なお，駆動ICは2回路入っており，もう1回路は昇圧コンバータの負荷のON/OFFに使用しています．駆動ICは入力電源の9Vで駆動しています．

● 昇圧コンバータ回路を調べる

次に，昇圧コンバータがどのようになっているかを見ていきます．昇圧コンバータの回路を図4に示します．この回路では，降圧コンバータのような同期整流型とせず，トランジスタとダイオードを組み合わせた回路となっています．昇圧コンバータのおもな仕様を

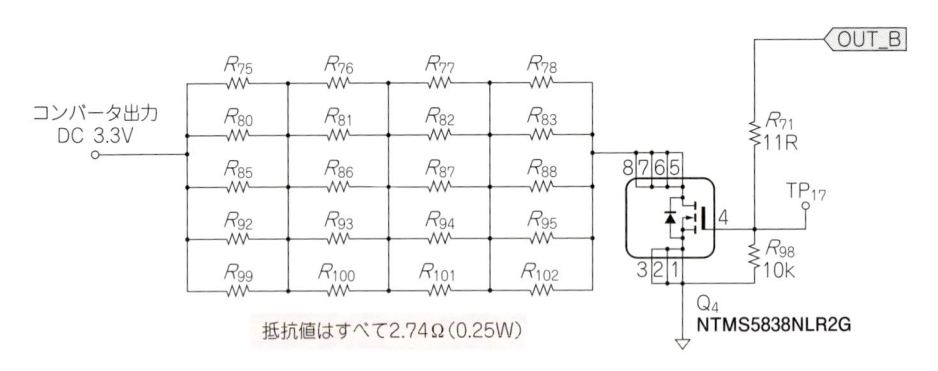

図3 降圧コンバータに接続されている負荷回路

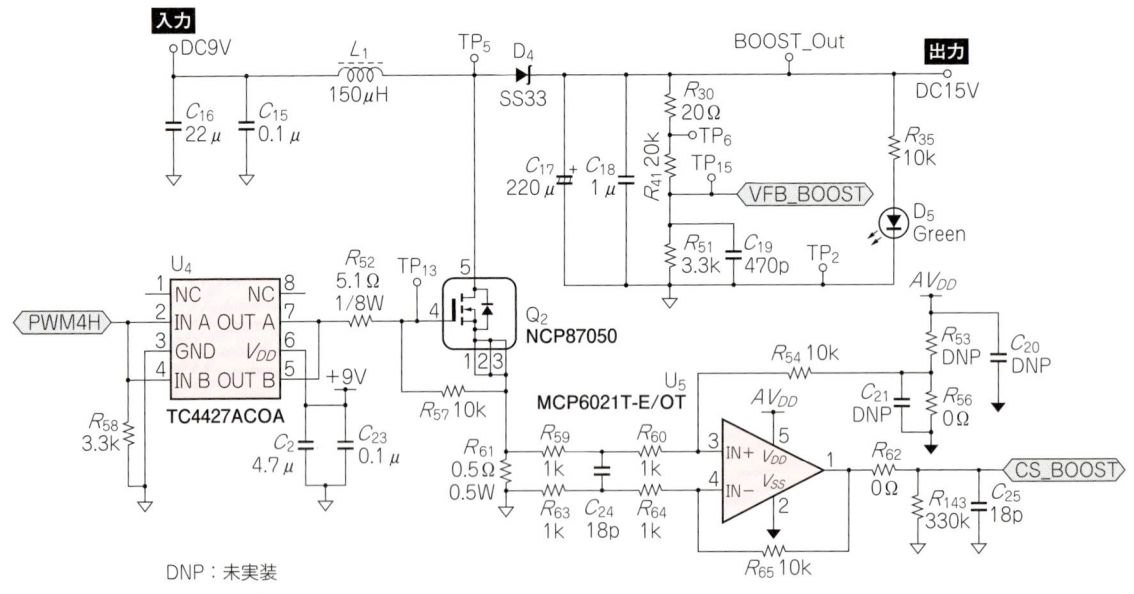

図4 昇圧コンバータの回路

表5 負荷用スイッチング・トランジスタNTMS5838NLのおもな仕様

番号	項目	仕様
1	ドレイン-ソース間電圧	40 V
2	ゲート-ソース間電圧	±20 V
3	最大ゲート閾値電圧	1.8 V
4	オン抵抗	25 mΩ
5	内部ゲート抵抗	1.8 Ω
6	ゲート総電荷量	17 nC

表6 負荷用トランジスタの駆動ICのTC4427Aのおもな仕様

番号	項目	仕様
1	駆動電圧 V_{CC}	4.5 V～18 V
2	最大駆動電圧	22 V
3	ピーク駆動電流	1.5 A
4	立ち上がり/立ち下がり時間	27 ns
5	遅延時間	33 ns
6	出力抵抗	7 Ω

66　第4章　ディジタル電源スタータ・キットの動作実験

表7に示します.

マイコンのPWM4HからPWMパルスを出力し,駆動ICを介してスイッチング・トランジスタをON/OFF制御します.駆動ICは,降圧コンバータ用負荷の制御に使用しているものと同じTC4427Aを使用しています.この駆動ICのおもな仕様は表6を参照してください.また,スイッチング・トランジスタも降圧コンバータと同じMPC87050を使用しています.おもな仕様は表4を参照してください.スイッチング・ダイオードはSS33(フェアチャイルドセミコンダクター)というショットキー・バリヤ・ダイオードを使用しています.このダイオードのおもな仕様は表8に示します.

駆動ICのTC4427Aに入力電圧の9Vを印可して,トランジスタを駆動しています.この駆動ICは2回路入っていますが,並列に接続しています.したがって,トランジスタの駆動電流は,駆動ICの内部抵抗が7Ω/2,直列抵抗が5.1Ω,トランジスタの内部抵抗が1.8Ωとなるのでトランジスタのゲート電流は式(6)で求められます.

$$I_G = \frac{9\,V}{3.5\,\Omega + 5.1\,\Omega + 1.8\,\Omega} = 0.87\,A \cdots\cdots(6)$$

図4の昇圧コンバータの回路から,過電流保護はスイッチング・トランジスタと直列に0.5Ωの抵抗を挿入し,その両端電圧を2kΩと10kΩで構成する差動増幅器で増幅してマイコンのA-D変換器のAN2に入力しています.トランジスタを流れる電流をI_Qとすると,A-D変換機に入力する電圧V_Sは式(7)で求められます.

$$V_S = 0.5\,I_Q \times (10\,k\Omega / 2\,k\Omega) = 2.5\,I_Q \cdots\cdots(7)$$

全体的な回路がわかったので,回路の設計内容を見ていきます.まず,定格条件でチョーク・コイルを流れるリプル電流を計算で求めます.入力電圧V_{in}を9V,出力電圧V_{out}を15V,スイッチング周期T_Sを1/350 kHzとすると,トランジスタOFF時の時比率D_S'は式(8)となります.

$$D_S' = \frac{V_{in}}{V_{out}} \cdots\cdots(8)$$
$$= 9\,V \div 15\,V = 0.60$$

トランジスタON時の時比率を$D_S = 1 - D_S'$としてチョーク・コイルのインダクタンスを150μHとすると,チョーク・コイルのリプル電流ΔI_Lは式(9)となります.

$$\Delta I_L = \frac{D_S T_S V_{in}}{L} \cdots\cdots\cdots(9)$$
$$= \frac{0.6 \times 2.68 \times 10^{-6} \times 9}{150 \times 10^{-6}} = 0.0965\,A$$

変換効率を0.9とし,出力電圧を15V,負荷電流を0.3Aとすると,入力電流は式(10)となります.

$$I_{in} = \frac{V_{out} I_{out}}{0.9\,I_{in}} = \frac{15\,V \times 0.3\,A}{0.9 \times 9\,V} = 0.556\,A \cdots\cdots(10)$$

式(9)のリプル電流と式(10)の入力電流からトランジスタを流れる電流のピーク値を求め,この電流を式(7)のI_Qに代入するとA-D変換器AN2の入力電圧は式(11)となります.

$$V_S = 2.5\,I_Q$$
$$= 2.5 \times \left(0.556 + \frac{0.0965}{2}\right) = 1.51\,V \cdots\cdots(11)$$

この電圧以上に過電流保護を設定すればよいことになります.

15Vの出力電圧は抵抗によって分圧して,A-D変換器のアナログ入力端子のAN3に入力しています.アナログ入力端子に入力する電圧V_Fは,20Ω+20.0kΩ+3.30kΩの抵抗を使用した分圧になっているので,式(12)に示す2.12Vとなります.

$$V_F = \frac{3.30\,k}{20 + 20.0\,k + 3.30\,k} \times 15 = 2.12\,V \cdots\cdots(12)$$

● 昇圧コンバータに接続されている負荷回路を調べる

降圧コンバータと同様に負荷回路を調べることにします.図5にこの回路図を示します.負荷回路は,降圧コンバータと同様に,固定抵抗をトランジスタでON/OFFして,パルス電流で動作させています.マイコンのPWM2LからPWMパルスを出力し,駆動ICによりトランジスタをON/OFFしています.

したがって,トランジスタのパルス幅を変えることにより平均電流を変化させて負荷電流を調整します.負荷抵抗は60.4Ωを4直列5並列になっているので,抵抗値は48.32Ωとなります.トランジスタがONし

表7 昇圧コンバータの仕様

番号	項目	仕様
1	定格入力電圧	DC 9 V
2	入力電圧変動範囲	DC 7～11 V
3	定格出力電圧	DC 15 V
4	最大出力電流	0.3 A
5	最大出力電力	5 W
6	出力電圧リプル	50 mV/A
7	スイッチング周波数	350 kHz

表8 昇圧コンバータのスイッチング・ダイオードSS33のおもな仕様

番号	項目	仕様
1	ピーク逆電圧	30 V
2	連続順電流	3 A
3	最大サージ電流	100 A
4	順電圧降下	0.5 V
5	最大逆リーク電流	500 μA

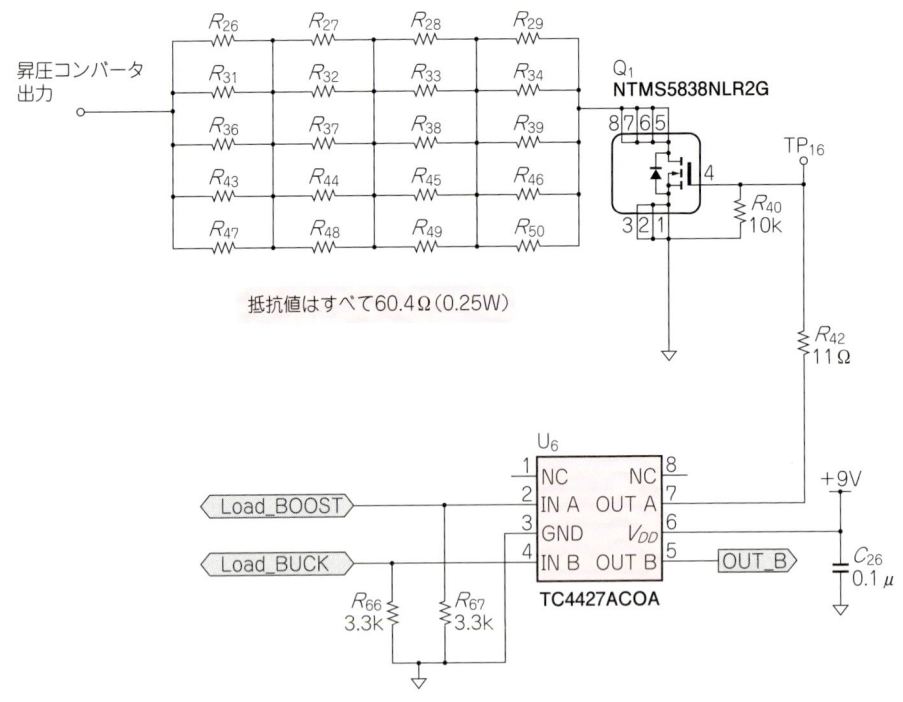

図5 昇圧コンバータの負荷回路

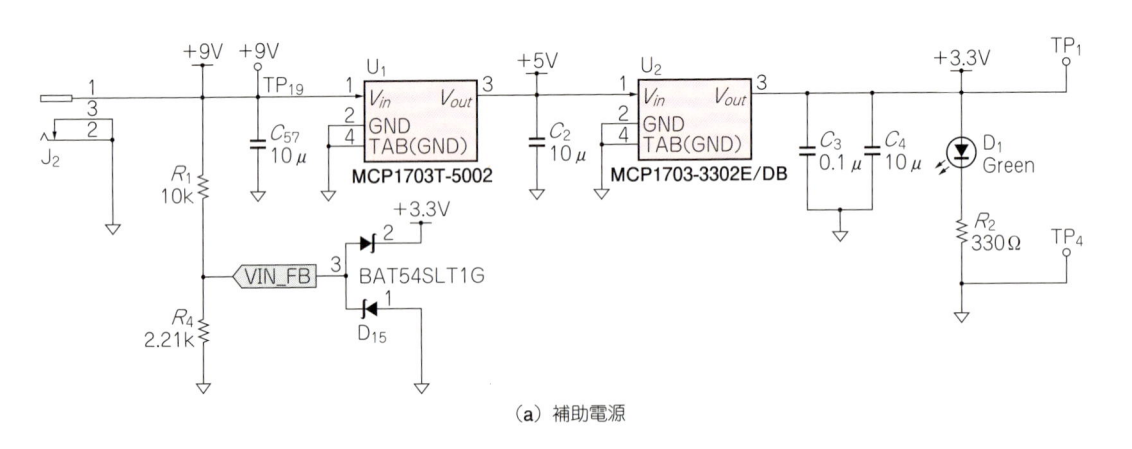

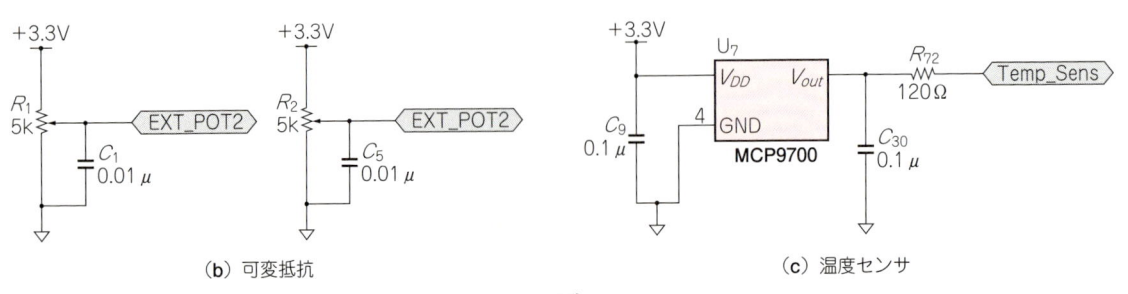

(a) 補助電源

(b) 可変抵抗

(c) 温度センサ

図6 補助電源回路と可変抵抗と温度センサ回路とマイコン回路

表9 温度センサMCP9700の仕様

番号	項目	仕様
1	温度測定範囲	$-40 \sim +125℃$
2	測定精度（0～70℃）	$\pm 4℃_{max}$
3	動作電圧	$2.3 \sim 5.5$ V
4	出力電圧@0℃	500 mV
5	変換係数	10 mV/℃
6	出力非直線性（0～70℃）	$\pm 0.5℃$
7	出力インピーダンス	20Ω
8	63％までの応答時間	1.3 sec

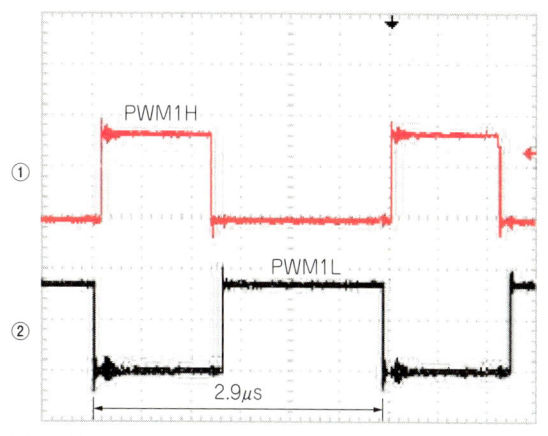

図7 降圧コンバータのPWMパルス（ch_1：2 V/div，ch_2：2 V/div，0.5 μs/div）

たときは15 Vに48.32 Ωの負荷が接続されるので，15 ÷ 48.32 = 0.31 Aの電流が流れます．したがって，トランジスタが100％導通したときに負荷電流は0.31 A流れることになります．

負荷をON/OFFするトランジスタはNTMS5838NLで，駆動ICはTC4427Aになり，降圧コンバータ部と同じになるので表5と表6を参照してください．なお，駆動ICは2回路内蔵されており，もう1回路は降圧コンバータで使用しています．

● そのほかの回路

ここまで説明した以外の回路図を図6に示しています．この電源ボードでは，マイコンや駆動ICを動かすための補助電源があります．9 Vの入力電圧は，そのまま，昇圧コンバータの駆動回路と，降圧コンバータと昇圧コンバータの負荷のトランジスタをON/OFFする駆動ICに供給しています．次に，9 Vの入力電圧を3端子レギュレータを使用して5 Vに降圧して，降圧コンバータのハイ・サイド/ロー・サイド駆動ICに供給し，さらに3端子レギュレータによってマイコンに供給する3.3 Vに降圧しています．

負荷電流を調整するための可変抵抗が2個あり，アナログ入力端子のAN5とAN6に分圧した電圧値を入力しています．この可変抵抗を回すと負荷電流を調整することができます．

さらに，負荷抵抗の温度を監視するための温度センサMCP9700（マイクロチップ・テクノロジー）があります．この温度センサの仕様を表9に示します．表のように，出力をそのままマイコンのA-D変換器に入力することができます．変換係数は10 mV/℃となっています．仮に60℃とすると0℃のとき500 mVが出力するため，60℃のときの電圧600 mVを加えて1.1 Vがマイコンのア-D変換器に入力されます．

そのほかに，表示を切り替えるための押しボタンスイッチとLCD表示器があります．

降圧コンバータと昇圧コンバータを動作させてみる

この電源ボードの回路がわかりましたので，実際に動作させてみます．この電源ボードはプログラムがインストール済みなので，DC 9 V出力のACアダプタを接続するとすぐ動作します．

● DC 9 VのACアダプタを接続する

付属のDC 9 V出力のACアダプタを接続すると，LCD表示器に"Digital Power Starter Kit"と表示され，約1秒後，"MAICROCHIP"，"dsPIC33FJ09GS302"と2段表示に変わります．さらに1秒後，"Buck 3.30V 0.xxA"と"Bst 15.0xV 0.xxA"と2段で表示されます．

押しボタン・スイッチを押すと，表示が"V_Input = 9.xxV"と"Board Temp：xx C"と2段で表示されます．再度，押しボタンを押すと，表示は"Buck 3.30V 0.xxA"と"Bst 15.0xV 0.xxA"と2段で表示され元に戻ります．LED表示はD_1の電源，D_{12}の降圧コンバータ，D_5の昇圧コンバータの3個が点灯します．

可変抵抗P_1を回すと降圧コンバータの電流が増加し，可変抵抗P_2を回すと昇圧コンバータの電流が増加します．電流を増加した状態で放置すると負荷抵抗の電力損失により基板の温度が上昇して，"WARNING!"，"Board Temp: xx C"と点滅表示します．そこで，可変抵抗を戻して負荷電流を減らすと，温度上昇は低下して正常に動作するようになります．

● 降圧コンバータを動作させる

ここからは，降圧コンバータの実際の回路の動作波形を見ていきます．負荷を最大にすると加熱するので，ここでは負荷電流を0.5 Aとします．このときに実測した入力電圧は9.117 Vで，出力電圧は3.403 Vとなり

(a) PWM1HがHになるとき

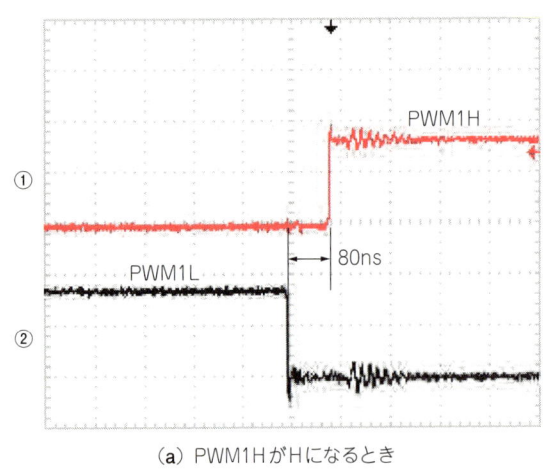

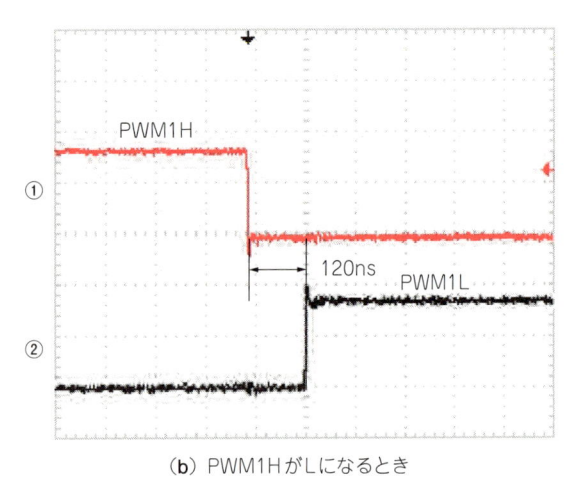

(b) PWM1HがLになるとき

図8 図7におけるPWM1HとPWM1Lのデッド・タイム（ch$_1$：2 V/div，ch$_2$：2 V/div，100 ns/div）

(a) Q$_1$がONするとき

(b) Q$_2$がONするとき

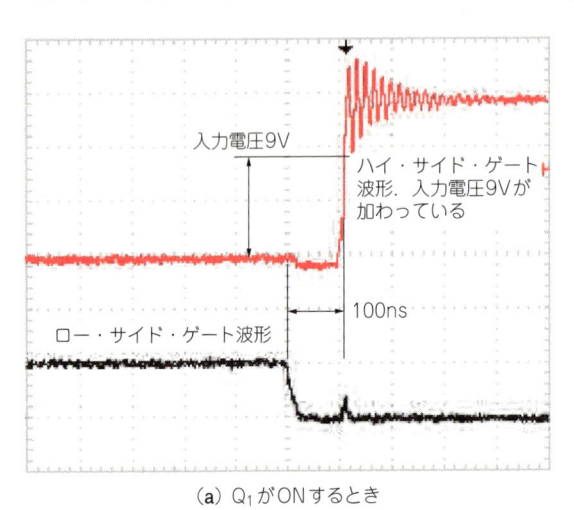

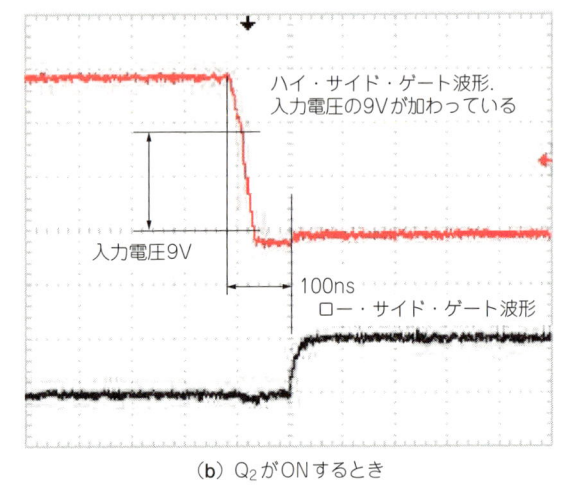

図9 Q$_1$とQ$_2$のデッド・タイム（ch$_1$：5 V/div，ch$_2$：5 V/div，100 ns/div，デッド・タイム：100 ns）

図10 トランジスタのスイッチング波形（ch$_1$：5 V/div，ch$_2$：5 V/div，0.5 μs/div）

ました．また，マイコンの電圧は3.306 Vとなっています．

まず，このときのマイコンのPWMパルス波形を**図7**に示します．周期は2.9 μsで，スイッチング周波数は342 kHzとなっています．また，パルス幅は1.1 μsになっています．トランジスタON時の時比率は，内部損失を無視した式(1)では0.367ですが，実際のPWM出力パルスから時比率を求めると，1.1÷2.9＝0.379となり，実際に測定した電圧から求めると3.403÷9.117＝0.373となります．

デッド・タイムは，PWMパルス波形から，**図8(a)**のハイ・サイド・トランジスタがONするときは90 ns，**図8(b)**のロー・サイド・トランジスタがONするときは120 nsとなっています．

一方，ゲート電圧では，**図9(a)**のQ$_1$がONするときは100 ns，**図9(b)**のQ$_2$がONするときも100 nsとなり，バランスがよくなっています．なお，**図8**およ

(a) トランジスタON時

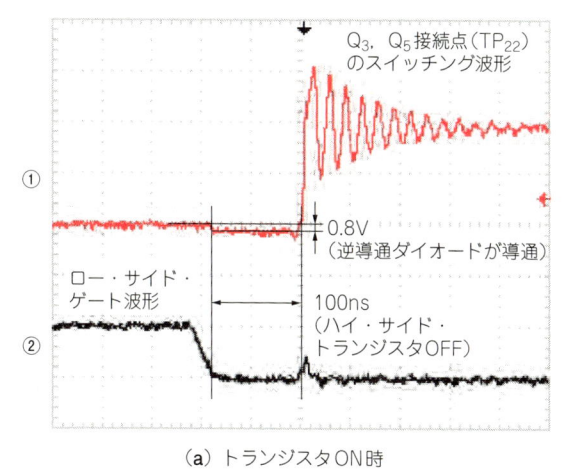

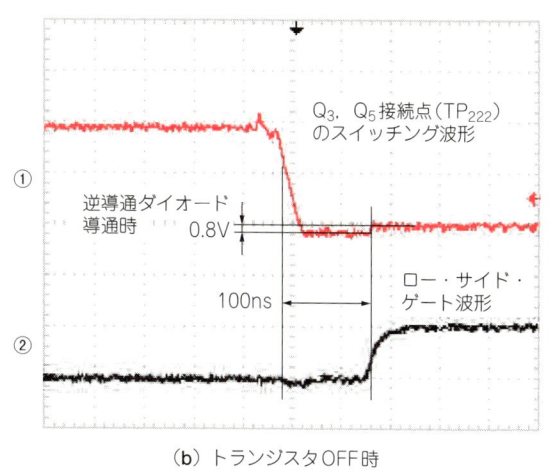

(b) トランジスタOFF時

図11 トランジスタON/OFF時の拡大波形（ch_1：5 V/div，ch_2：5 V/div，50 ns/div）

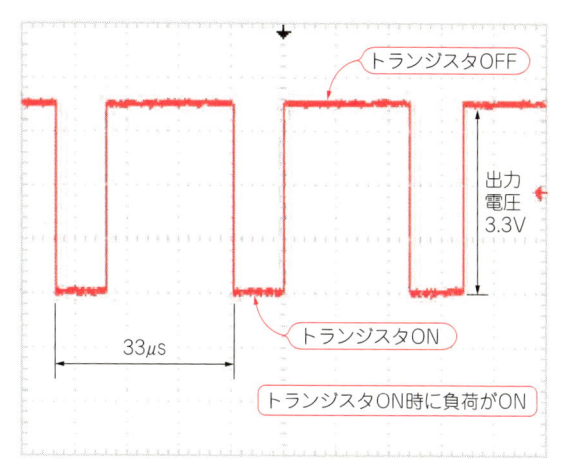

図12 負荷回路のトランジスタのON/OFF波形（ch_1：1 V/div，10 μs/div）

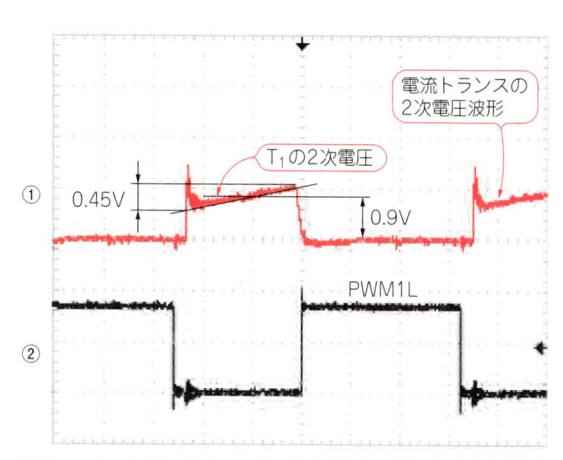

図13 負荷電流が0.5 Aのときの電流トランスの2次電圧波形（ch_1：1 V/div，ch_2：2 V/div，0.5 μs/div）

び図9のハイ・サイド側のゲート電圧は，GNDからの電圧を測定している関係で，入力電圧の9 Vが加えられた値となっています．

図10にスイッチング波形を示します．この波形では，ハイ・サイド・トランジスタがONしたときにサージ電圧と振動波形が表れています．このように降圧コンバータでは，スナバ回路が実装されていないとトランジスタのスイッチング時にサージ電圧と振動波形が出てしまいます．

また，トランジスタQ_1のON時の拡大波形を図11(a)に，Q_1のOFF時の拡大波形を図11(b)に示します．図10と図11から，ハイ・サイド・トランジスタがONするまでとOFFしたあとの約100 ns間のドレイン電圧がマイナスになっている部分はQ_2の逆導通ダイオードに電流が流れ，Q_2がONしておらず，トランジスタの低オン抵抗が生かされていない時間です．これはデッド・タイム期間になるので，デッド・タイムを大きくすると損失が増えることになります．

● スイッチング負荷回路と入力電流波形と出力リプル電圧をチェックする

ここではスイッチング負荷回路をチェックします．

図12に，降圧コンバータの負荷回路で使用しているトランジスタQ_4のドレイン電圧波形を示します．トランジスタがONしたときに負荷抵抗に電流が流れます．スイッチング周期は33 μsとなっており，30 kHzで動作しています．トランジスタのON時間がおおむね10 μsのときは，33 μs最大時が1.5 Aになるので，平均負荷電流は約0.5 Aになることがわかります．

▶ 入力電流

このときの降圧コンバータに，どのような電流が流れているかを調べることにします．チョーク・コイルの電流を直接測定できないので，過電流保護用の電流検出用トランスの2次電圧を確認します．そのときの波形を図13に示します．この波形からではわかりにくいのですが，この波形は一定の電流波形を示しており，スイッチング負荷により出力電流はスイッチング

降圧コンバータと昇圧コンバータを動作させてみる

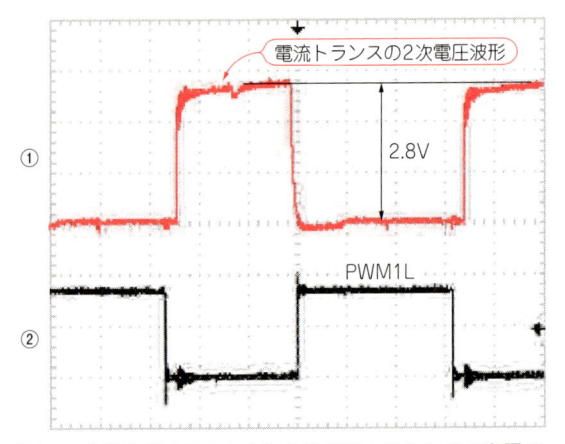

図14 負荷電流が1.5Aのときの電流トランスの2次電圧波形(ch_1：1 V/div, ch_2：2 V/div, 0.5 μs/div)

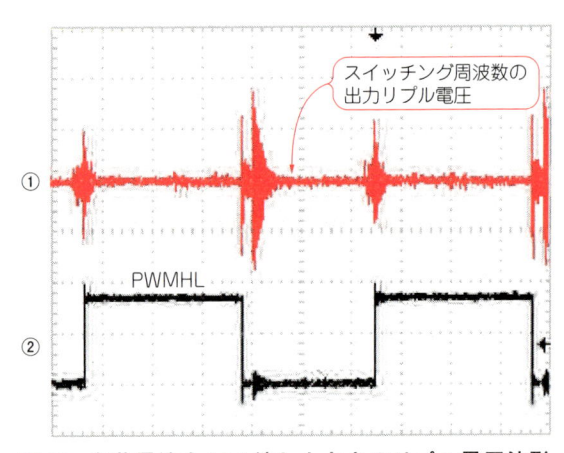

図15 負荷電流を1.5A流したときのリプル電圧波形(ch_1：200 mV/div, ch_2：2 V/div, 0.5 μs/div)
ノイズを除くとリプル電圧はほとんど見えない

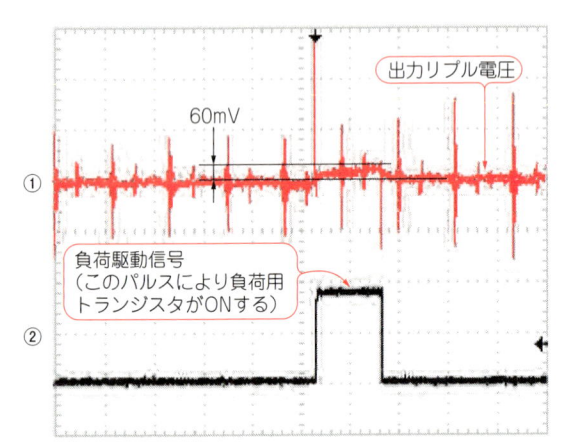

図16 負荷電流を1.5A流したときの負荷のON/OFFによるリプル電圧波形(ch_1：200 mV/div, ch_2：2 V/div, 2.5 μs/div)
負荷のON/OFFによってわずかな電圧変動(60 mV)が発生する

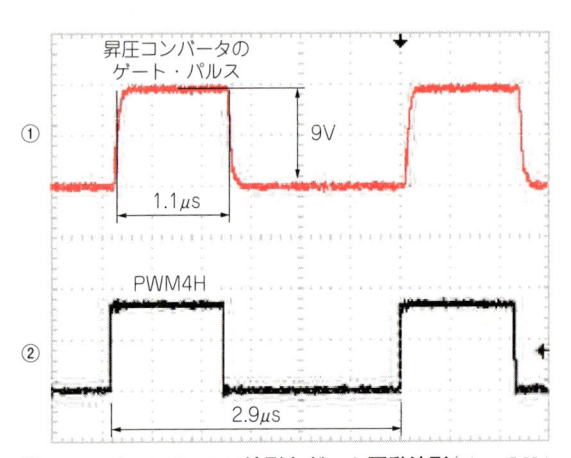

図17 マイコンのPWM波形とゲート駆動波形(ch_1：5 V/div, ch_2：2 V/div, 0.5 μs/div)

電流になっているにも関わらず，降圧コンバータ内部の電流は一定になっています．言い換えれば，負荷のスイッチング電流は降圧コンバータの出力コンデンサから流れ出ていることになります．

トランジスタを流れるリプル電流の大きさは式(2)から0.254 Aと求めています．この値を適用して電流トランスの2次側の電圧に換算すると，式(13)となります．

$$V_S = \frac{0.254\,A}{60} \times 120\,\Omega = 0.508\,V \cdots\cdots\cdots(13)$$

図13の電流波形から傾斜の部分に線を引いて電流値を求めるとおおむね0.45 Aになり，計算に近い値となっています．このときの負荷電流を0.5 Aとすると，トランスの2次電圧は式(13)と同様に計算して式(14)となり，1 Vになります．**図13**では0.9 Vの値になっており，計算値と近い結果となっています．

$$V_S = \frac{0.5\,A}{60} \times 120\,\Omega = 1\,V \cdots\cdots\cdots\cdots\cdots(14)$$

それでは，負荷電流を最大の1.5 Aにしてみましょう．そのときの電流波形を**図14**に示します．電流トランスの2次電圧は2.8 Vピークとなっています．

▶出力リプル

次に，降圧コンバータの出力リプル電圧を見ることにします．定格負荷の1.5 Aを流したときのリプル電圧波形を**図15**に示します．また，負荷のON/OFFに対するリプル電圧変化を**図16**に示します．

図15では，スイッチングのノイズは大きいですが，スイッチングに伴い発生するリプル電圧はほとんど見えません．また，**図16**では，負荷のON/OFFによる出力電圧の変動は50 mV程度です．このように良い特性が得られているのは，出力コンデンサに150 μFのタンタル電解コンデンサを2個使用しているためと思

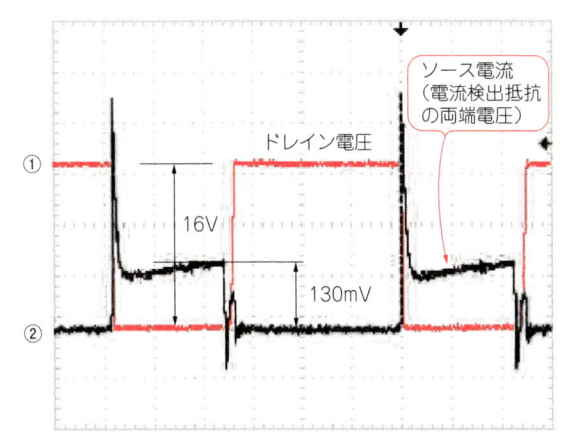

図18 スイッチングトランジスタのドレイン電圧とドレイン電流(ch_1：5 V/div, ch_2：100 mV/div, 0.5 μs/div)
出力電圧は15 Vであるがドレイン電圧はダイオードの順方向電圧ぶん高くなっている

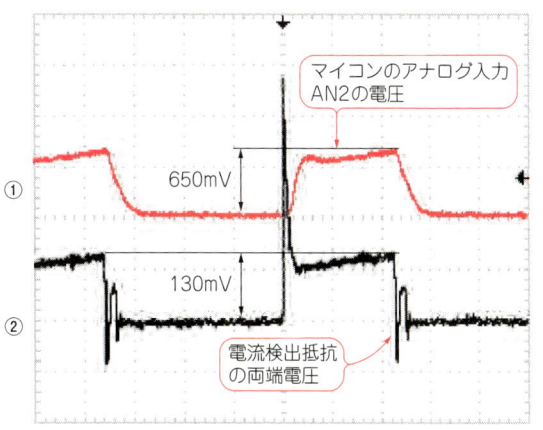

図19 電流検出抵抗の両端電圧を増幅してマイコンのアナログ入力AN2に入力した電圧(ch_1：500 mV/div, ch_2：100 mV/div, 0.5 μs/div)
マイコンのアナログ入力AN2の電圧は電流検出抵抗の両端電圧の5倍に増幅されている．増幅器を通過すると波形が少しなまっている

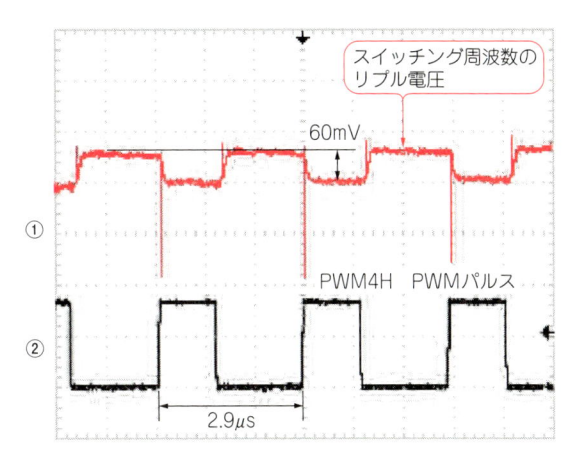

図20 スイッチング周波数の出力リプル電圧(ch_1：100 mV/div, ch_2：2 V/div, 1 μs/div)
スイッチング周波数のリプル電圧は60 mV

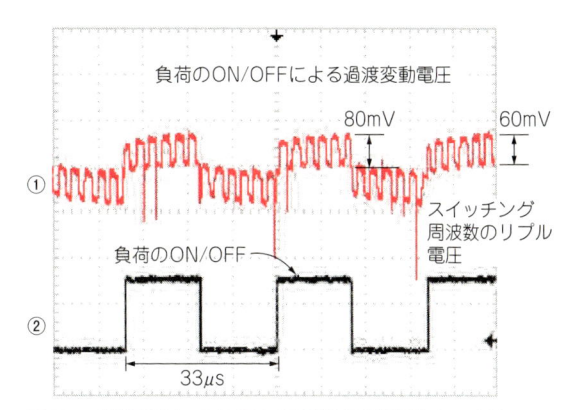

図21 負荷変動による出力の過渡変動電圧(ch_1：100 mV/div, ch_2：10 V/div, 10 μs/div)
負荷のON/OFFによる出力の過渡変動電圧は80 mV

われます．

● **昇圧コンバータを動作させる**

今度は昇圧コンバータを動作させます．降圧コンバータと同様に負荷を100％にすると過熱するため，負荷電流を0.2 Aにします．昇圧コンバータはスイッチング・トランジスタとダイオードで構成されており，同期整流型になっていませんので，PWM出力は1チャネルでよいことになります．

図17に，マイコンのPWM4Hのゲート波形と駆動ICの出力波形を示します．このマイコンではPWM4は端子に出力されていません．リマップ機能を利用してRP11(21ピン)に出力します．

このときの実測した入力電圧は9.103 Vで，出力電圧は15.05 Vです．トランジスタOFF時の時比率は$D_S' = 9.103 \div 15.05 = 0.605$，トランジスタONの時比率は$D_S = 1 - 0.605 = 0.395$となります．図17から実際のスイッチング周期は2.9 μsで，パルス幅は1.1 μsとなるので，トランジスタONの時比率は$D_S = 1.1 \div 2.9 = 0.379$と設計値に近い値になります．

図18にトランジスタのスイッチング波形を示します．昇圧コンバータの場合は，トランジスタがOFFしたときの電圧はダイオードを通して出力コンデンサの電圧にクランプされるので，降圧コンバータよりもサージ電圧や振動電圧は少なくなります．

図18は，トランジスタを流れる電流として電流検出抵抗R_{61}の両端電圧とスイッチング波形の関係を示してます．同図から，ドレイン電流のリプル電流の大きさは$\Delta I_L = 45$ mV$\div 0.5$ $\Omega = 0.09$ Aとなり，式(9)で計算した値より若干小さくなっています．チョーク・コイルのインダクタンスは電流が減少すると大きくなるので，そのためにリプル電流が減少したものと思わ

降圧コンバータと昇圧コンバータを動作させてみる

表10 srcホルダの内容

番号	項目	目的	内容
1	init.c	周辺回路の初期設定	クロック,コンパレータ,PWM,A-D変換器,降圧コンバータおよび昇圧コンバータの制御関係,降圧コンバータおよび昇圧コンバータのソフト・スタート制御,遅延タイマ
2	isr.c	タイマ割り込み	タイマ1の割り込みルーチン
3	isr_asm.s	A-D変換割り込み	降圧コンバータと昇圧コンバータの出力電圧制御
4	lcd.c	LCDの制御	LCDを制御するための各種関数が記述されている
5	main.c	main関数	周辺回路の初期化処理と無限ループ処理
6	pid.s	PID演算	降圧コンバータと昇圧コンバータのPID演算(このプログラムはisr_asm.sの中で呼び出される)

れます.また,電流検出抵抗の両端電圧を5倍に増幅してマイコンのアナログ入力に取り込んでいるので,その関係を図19に示します.130 mVの電圧が650 mVに増幅されています.

出力リプル電圧について波形を見ていきます.スイッチングによって発生するリプル電圧を図20に,負荷のON/OFFにより発生する出力の過渡変動を図21に示します.

プログラムをビルドして実装する

ここからは,マイクロチップ社のホームページからプログラムをダウンロードして動作させてみます.

● プログラムをマイクロチップ社のホームページからダウンロードする

プログラムはマイクロチップ社のホームページから,製品情報→開発ツール→Demo, Evaluation Kits & Reference design→Power→MPLAB Starter Kit for Digital Powerと進み,"MPLAB Starter Kit for Digital Power Design Package"をインストールしてください.

簡単に目的の場所に到達する方法は"Microchip Digital Starter Kit for Digital Power"で検索すればよいでしょう.指定場所にそのままインストールすると,CドライブにDigital Power Starter Kit Design Packageのホルダが構築されます.このホルダの中にプログラムとユーザ・ガイドが含まれています.

● プログラムをダウンロードする

Cドライブに構築されたDigital Starter Kit for Digital Powerホルダの下に同名のホルダがあります.このホルダの下に,Source CodeとUser's Gideがあります.ほかにはTest Resultsとして,降圧コンバータと昇圧コンバータを動作させたときの試験データがあります.

Source Codeホルダを開くと,"2-Stage-Voltage-Mode.mcp"というMPLABのプロジェクトがあるので,これをダブルクリックすると,プログラムをMPLAB IDEに取り込んで見ることができます.ただし,MPLAB IDEとCコンパイラがインストールされている必要があります.

MPLAB IDEは,マイクロチップ社のホームページから,製品情報→開発ツール→Software→MPLAB IDEと進むと,そのページの最後にDownloadsがあり,"MPLAB v8.90"をインストールできます.また,前のSoftwareに戻って,Compilers→MPLAB C Compiler for dsPIC DSCsをクリックすると,"MPLAB C Compiler for PIC24 and dsPIC v3.31"があるので,これをダウンロードしてインストールします.

Cコンパイラのインストールのためにはパスワードが必要になるので,パスワードがない方は先に登録が必要です.

● プログラムの構成を見る

2-Stage-Voltage-Modeプロジェクトを開くと,MPLAB IDEのプロジェクト・ウィンドウにソース・ファイルとヘッダ・ファイルのリストが表示されます.これにより,ソース・ファイルとヘッダ・ファイルの内容を確認することにします.

● ソース・ファイル

ソース・ファイルの内容を確認します.ここには,電源ボードを動かすためのプログラムが記述されています.プログラムはC言語とアセンブリ言語で構成されています.プログラムは表10のとおりです.

拡張子がcのファイルはC言語で,拡張子がsのファイルはアセンブリ言語です.降圧コンバータと昇圧コンバータの演算はアセブリ言語で記述し,高速化が図られています.

参考までに,main.cの一部を稿末のリスト1に示します.

表11 hホルダの内容

番号	項目	目的	内容
1	Define.h	各種定数の定義	スイッチング周期，入力電圧検出値，負荷率，降圧および昇圧コンバータのLCD表示変換係数，入力電圧および温度のLCD表示変換係数，過熱温度検出値などの定数が定義されている
2	dsp.h	DSP演算関係の定数および変数の宣言	演算に使用する変数の型の宣言，fractional型は固定小数点演算のためint型が使用される．Q15フォーマット変換方法．PID演算に使用される変数が保存されるアドレスがtPIDで宣言されている
3	Dspcommon.inc	DSP演算関係定数の定義	DSP演算で使用される各種定数が定義されている
3	init.h	初期化関数の宣言	init.cの中で使用される初期化関数がプロトタイプ宣言されている
4	Functions.h	初期化関数の宣言	lcd.hの中にインクルードされる
5	lcd.h	LCD関係の定数の定義や関数の宣言	LCDの制御に使用するポート，定数の定義と関数が宣言されている
6	main.h	関数宣言と変数定義	main関数の無限ループで使用する関数のプロトタイプ宣言と変数が定義されている

● ヘッダ・ファイル

ヘッダ・ファイルの内容を確認します．ここでは，表10で使用されるソース・ファイルにインクルードされるヘッダ・ファイルとなっています．その内容は表11のとおりです．

ヘッダ・ファイルは，C言語で記述されたhファイルとアセンブリ言語で記述されたincファイルがあります．incファイルはpid.sの中にインクルードされます．

● プログラムをビルドして電源ボードに書き込み動作させる

それでは，実際にプログラムを電源ボードにダウンロードして動作させることにします．まず，電源ボードに付属のACアダプタからDC 9 Vの電圧を供給します．それから，パソコンと電源ボードを付属のUSBケーブルで接続します．そうすると，USBのデバイス・ドライバがインストールされます．そして，MPLAB IDEのメニューのProgrammerの下のSelect Programmerサブメニューを見ると，4 Starter Kit On Boardにチェックが入っています．あとはプログラムをビルドして電源ボードに書き込むことにより，最初に動作させたときと同じように降圧コンバータと昇圧コンバータを動作させることができます．

最初の状態ではReleaseモードになっているので，Debugモードにする場合は，ツール・バーのReleaseをDebugに変更し，メニューのDebuggerの下のSelect Toolサブメニューを開き，7 Starter Kit on Boardにチェックを入れます．その後，プログラムをビルドし直し，電源ボードにプログラムをダウンロードするとデバッグ・モードで動作できるようになります．

プログラムの設定値を確認する

ここからはプログラムの設定値を見ていきます．PWM関係では，スイッチング周波数とデッド・タイムの設定を確認します．降圧コンバータと昇圧コンバータでは，出力電圧や過電流保護電流の設定がどのようになっているかを確認していきます．

これらの値を変更することにより，出力電圧値や過電流保護電流値を変更できます．

● PWM値の設定内容

降圧コンバータと昇圧コンバータの最大PWM値は，共通タイムベース・レジスタのPTPERに値を設定しています．スイッチング周波数は表1の仕様のように350 kHzとなっています．したがって，PWM周期は，スイッチング周波数が350 kHzになるように，Define.hの中でPERIODVAULEとして2747が定義されています．この値の計算は式(15)となります．

$$\text{PERIODVAULE} = \frac{1}{350 \times 10^3 \times 1.04 \times 10^{-9}} \quad \cdots(15)$$
$$= 2747$$

このときのPWMクロック周期は1.04 nsになっています．クロックの詳細はinit.cのInitClock関数を確認してください．また，PTPERレジスタへのPERIODVALUEの代入はmain関数で行われています．詳細はmain関数を確認してください．

降圧コンバータは，同期整流型で動作しているためにデッド・タイムが設定されています．デッド・タイムはハイ・サイド・トランジスタがONするとき80

が，ロー・サイド・トランジスタがONするとき110の値が設定されます．プログラムにおける値の設定は，

DTR1=80

と，

ALTDTR1=110

となっています．カウント・クロックは1.04 nsなので，デッド・タイムは80×1.4＝83 nsと110×1.04＝114 nsとなります．オシロスコープでの確認では，**図8(a)**が80 nsで，**図8(b)**が120 nsとなり，ほぼ一致した値が得られています．

なお，デッド・タイムはinit.cの中の`BuckDrive`関数を確認してください．

● 降圧コンバータの電圧と電流の設定内容

出力電圧の設定値はinit.cの中で`PID_BUCK_VOLTAGE_REFERENCE`として値が設定されています．この値を基準値として演算が行われます．この値は式(9)で求めたフィードバック電圧をA-D変換の最大値の3.3 Vで割り算し，10ビット分解能の1024を掛け算して求めています．これに，Q15フォーマットに変換するために，32倍(5ビット左シフト)した値を使用しています．この関係は出力電圧をV_{out}とすると式(16)となります．

$$\text{PID\_BUCK\_VOLTAGE\_REFERENCE} = \frac{4.99\,\text{k} \times 1024 \times 32}{(20 + 3.3\,\text{k} + 4.99\,\text{k}) \times 3.3} \times V_{out} \cdots\cdots(16)$$

式(16)のV_{out}を変えることにより，出力電圧が変更できます．

過電流保護電流は，アナログ・コンパレータの参照値として式(4)で得られた値に対応する10ビットDACの値を設定します．10ビットDACは，最大値がAV_{DD}の1/2が出力し，その後にHGAINで設定した倍率により1.8倍されるように初期設定されています．その結果，アナログ・コンパレータの参照値の最大は3.3÷2×1.8＝2.97 Vとなります．最大値のときDACの値は1023となります．

式(4)の値は2.97 Vを越えているので，DACには最大値が設定されることになります．したがって，式(17)のようになります．

$$\text{IBUCK\_PWM\_OC\_FAULT} = 1023 \cdots\cdots(17)$$

式(17)の値を変えると，過電流保護動作電流値を変えることができます．なお，アナログ・コンパレータの詳細はinit.cの中の`Init_CMP`関数を確認してください．

● 昇圧コンバータの電圧と電流の設定内容

出力電圧の設定値はinit.cの中で`PID_BOOST_VOLTAGE_REFERENCE`として値が設定されています．この値と基準値として演算が行われることになりますが，誤差を補償するために，`BOOST_ADC_ERORR`を引き算した値を基準電圧としています．基準電圧は，降圧コンバータと同様に，式(12)で求めた値を3.3 Vで割り算し1024を掛け算し，Q_{15}フォーマットに変換するために32倍しています．この関係は出力電圧をV_{out}とすると式(18)となります．

$$\text{PID\_BOOST\_VOLTAGE\_REFERENCE} = \frac{3.3\,\text{k} \times 1024 \times 32}{(20 + 3.3\,\text{k} + 20.0\,\text{k}) \times 3.3} \times V_{out} \cdots\cdots(18)$$

したがって，式(18)のV_{out}を変えることによって出力電圧の変更ができます．

過電流保護は，降圧コンバータと同様にアナログ・コンパレータの参照値としてDACに値を設定します．トランジスタを流れる過電流をI_Qとすると，式(11)から$V_S = 2.5 I_Q$がアナログ・コンパレータに入力する電圧となります．アナログ・コンパレータの参照値は，降圧コンバータと同様に，最大値はAV_{DD}の1/2が出力し，HGAIN設定により1.8倍されて2.97 Vとなり，そのときのDACの値は1023になるので，DACに設定する値は式(19)となります．

$$\text{IBOOST\_PWM\_OC\_FAULT} = \frac{2.5 \times 1023}{2.97} \times I_Q \cdots(19)$$

この式のI_Qを変えると，過電流保護電流値を変えることができます．

演算パラメータを確認する

このプログラムではPID演算が行われていますが，その演算パラメータを確認していきます．プログラムでは，比例ゲインと積分時間と微分時間の連続時間系の伝達関数を離散化する方法として，後退差分法を用いています．後退差分法では，sとzの変換に式(20)が使用されます．なお，T_Sはサンプリング周期です．

$$s = \frac{1 - z^{-1}}{T_S} \cdots\cdots\cdots\cdots\cdots\cdots(20)$$

比例ゲインをK_P，積分時間をT_I，微分時間をT_Dとすると，連続時間系の伝達関数$G_C(s)$は式(21)となります．

$$G_C(s) = K_P + \frac{1}{T_I s} T_D s \cdots\cdots\cdots\cdots(21)$$

この式(21)に式(20)を代入すると，離散時間系の伝達関数$G_C(z)$は式(22)となります．

$$G_C(z) = K_P + \frac{T_S}{T_I(1 - z^{-1})} + \frac{T_D(1 - z^{-1})}{T_S} \cdots(22)$$

ここで，K_I，K_D，T_Sの関係を式(23)とおくと，式(24)の離散化伝達関数ができます．

$$K_I = \frac{T_S}{T_I},\ K_D = \frac{T_D}{T_S} \cdots\cdots\cdots\cdots\cdots(23)$$

$$G_C(z) = K_P + \frac{K_I}{1 - z^{-1}} + K_D(1 - z^{-1}) \cdots\cdots(24)$$

式(24)を整理すると，式(25)ができあがります．

$$G_C(z) = \frac{(K_P + K_I + K_D) - (K_P + 2K_D)z^{-1} + K_D z^{-2}}{1 - z^{-1}} \cdots (25)$$

この結果，dsp.sファイルの中に書かれた式が適用されることになります．なお，K_P，K_I，K_D の具体的な値はinit.cファイルで定義されており，降圧コンバータは式(26)，昇圧コンバータは式(27)となっています．

```
PID_BUCK_KP=0.23
PID_BUCK_KI=0.06  ······················(26)
PID_BUCK_KD=0
PID_BOOST_KP=0.4
PID_BOOST_KI=0.03 ······················(27)
PID_BOOST_KD=0
```

この値を見ると K_D は0になっており，微分時間はゼロということになり，PID演算を使用していますが，中身はPI演算になっていることがわかります．

これらの値を変更することにより，コンバータの制御特性を変えることができます．これらの係数は Q_{15} フォーマットに変換されて使用されています．

◆参考文献◆

(1) dsPIC33FJ06GS001/101A/102A/202A and dsPIC33FJ09GS302 16-Bit Microcontrollers and Digital Signal Controllers with High-Speed PWM, ADC and Comparators, DS75018C, Microchip Technology Inc.
(2) Digital Power Starter Kit User's Guide, DS52078A, Microchip Technology Inc.

リスト1　main.cの一部

```c
// ファイル名：main.c
// メイン関数ではクロック，アナログ・コンパレータ，PWM，A-Dコンバータ，PID演算の初期化を行った後，
// PWMをスタートし，LCDの初期化の後PWMの出力を許可し，降圧コンバータと昇圧コンバータをソフト・ス
// タートとしている
// メイン・ループでは，下記の処理を行っている
// 入力電圧と温度を測定しコンバータの出力状態を変更
// 可変抵抗のA-D変換値に応じて出力電流を調整
// 押しボタン・スイッチによりLCDの表示切り替え
// コンバータの運転状況に応じてLCDの表示内容の変更

#include "main.h"              // ヘッダ・ファイル

// デバイス・コンフィグレーション・レジスタのビット設定
_FOSCSEL(FNOSC_FRC)            // RC発振を選択
_FOSC(FCKSM_CSECMD & OSCIOFNC_ON)   // 周波数変更許可と周波数モニタ禁止
_FWDT(FWDTEN_OFF)              // ウォッチドッグ・タイマ禁止
_FICD(ICS_PGD2 & JTAGEN_OFF)   // 通信方式設定

// メイン関数
int main( void )
{
  InitClock();                 // クロック関係の初期設定
  Init_CMP();                  // アナログ・コンパレータの初期設定

  PTPER = PERIODVALUE;         // スイッチング周波数設定
  BuckDrive();                 // 降圧コンバータのPWMの初期設定
  BoostDrive();                // 昇圧コンバータのPWMの初期設定
  RLoadPWM();                  // 負荷のON/OFFに使用するPWMの初期設定

  CurrentandVoltageMeasurements();   // A-Dコンバータの初期設定

  BuckVoltageLoop();           // 降圧コンバータPID制御の初期化
  BoostVoltageLoop();          // 昇圧コンバータPID制御の初期化

  PTCONbits.PTEN = TRUE;       // PWMスタート
  LCD_Init();                  // LCDの初期化

  IOCON1bits.PENH = 1;         // 降圧コンバータPWM1H出力許可
  IOCON1bits.PENL = 1;         // 降圧コンバータPWM1L出力許可
  IOCON4bits.PENH = 1;         // 昇圧コンバータPWM4H出力許可

  BuckSoftStartRoutine();      // 降圧コンバータをソフト・スタート
  BoostSoftStartRoutine();     // 昇圧コンバータをソフト・スタート

  while( 1 )                   // 無限ループ
  {
    Fault_Check();             // 入力電圧と温度チェック
```

リスト1　main.cの一部（つづき）

```c
    Measure_Potentiometers();           // 可変抵抗による負荷電流制御
    Check_Button_SW1();                 // 押しボタン・スイッチSW1のON/OFFチェック
    LCD_Refresh();                      // LCDの表示の更新
  }
}

// 押しボタン・スイッチSW1のチェック関数
// 押しボタンを押すたびにLCDの表示を変更
void Check_Button_SW1()
{
  if( !SW1 )                            // SW1が押された
  {
    while( !SW1 )                       // スイッチが離れるまで待つ
    Delay_ms(DEBOUNCE_DELAY);           // チャタリング防止のため20ms待つ
    LCDselect++;                        // LCD表示を変更
    if( LCDselect>1 ){LCDselect=0;}     // 表示選択カウンタ・リセット（表示は1と0）
  }
}

// 可変抵抗による負荷電流制御関数
// 可変抵抗のA-D変換値を加工して負荷電流制御PWMに設定
void Measure_Potentiometers()
{
  unsigned POT1_Value, POT2_Value;      // 降圧(POT1)と昇圧(POT2)コンバータ負荷のPWM値

  if( ADSTATbits.P2RDY == 1             // A-D変換ペア2(AN4,5)と3(AN6,7)が終了
   && ADSTATbits.P3RDY == 1 )
  {
    POT1_Value = ADCBUF6<<5;            // AN6変換値を32倍して保存
    POT2_Value = ADCBUF5<<4;            // AN5変換値を16倍して保存
    if( POT1_Value >= RLOADBUCKMAX )    // 降圧コンバータ負荷の最大PWM値に制限
    {POT1_Value = RLOADBUCKMAX;}        // 32000×0.9
    if( POT2_Value >= RLOADBOOSTMAX )   // 昇圧コンバータ負荷の最大PWM値に制限
    {POT2_Value = RLOADBOOSTMAX;}       // 32000×0.7
    SDC2 = POT2_Value;                  // PWM2L(昇圧コンバータ負荷)にPWM値を設定
    PDC2 = POT1_Value;                  // PWM2H(降圧コンバータ負荷)にPWM値を設定
  }
}

// フォルト・チェック関数
// 入力電圧と温度をチェックして入力電圧が設定値を外れたときはPWMを停止し，温度が警告温度に
// 達したときはLCDに警告を表示し，温度が制限値を超えたときは負荷動作を停止する
void Fault_Check()
{

 … 省略 …

}

// LCDの更新
// LCDに降圧コンバータの出力電圧と出力電流，昇圧コンバータの出力電圧と出力電流
// 入力電圧と温度の表示制御を行っている
void LCD_Refresh()
{

 … 省略 …

}

// 文字列の構築関数 (usigned shortを小数点付き文字列に変換)
//    Value：A-D変換値9999以下の値
//    DotPos：少数点の位置0-3の範囲，4のときは小数点なし
void ADCShortToString(int Value, int DotPos, char* Buffer)
{

 … 省略 …

}
```

特設記事

アダプティブ・ディジタル電源コントローラZL6105
アナログ制御を凌駕するディジタル制御電源

クリス・ヤング，訳：鏑木　司
Chris Young, Kaburaki Tsukasa

　「ディジタル制御電源」が，電源回路の設計と動作のありかたに革新を起こしています．本稿では，従来からのアナログ制御の代替技術としてのディジタル電源について解説します．ディジタル電源は，性能面（効率，過渡応答，安定性など）だけでなく，製品開発時間とランニング・コストの面で，アナログ方式を凌駕する大きな利点を提供します．

概　要

　市場をリードするディジタル電源コントローラの一つが，インターシルの第2世代アダプティブ・ディジタル電源コントローラZL6105です．ZL6105は6 mm角のQFNパッケージに，電力変換制御，パワー・マネジメント，故障マネジメント，テレメトリ機能を集積した最先端の電源コントローラです（図1）．
　さらに，動作のアダプティブ制御のために，高度なアルゴリズムを走らせるマイクロコントローラを集積しており，これによってアナログ方式を凌駕する性能の提供が可能になっています．この製品は，高い経済性をもつ先端的なディジタル電源です．

● ディジタル電源アーキテクチャとアナログ方式の比較

　図2は，電力変換制御アーキテクチャのアナログ方式から最新のディジタル制御方式への移行の過程を示しています．
　図2(a)のアナログPWMコントローラは，エラー信号と三角波を使ってPWM信号を生成します．抵抗とコンデンサで構成された制御ループ回路で，エラー信号を基準信号に一致するように制御します．
　図2(b)に示す初期のディジタル制御電源では，PWM信号生成にディジタル・カウンタを使用し，ディジタル・シグナル・プロセッサ（DSP）でカウンタ値を決める方法を採っていました．これはディジタル・システムにおいて強力なアプローチだったのですが，ほとんどのアプリケーションでコストが高くなりすぎ，かつ静止電流が大きくなりすぎる点が問題となっていました．
　他方，図2(c)に示す最新のディジタル電源制御の場合，PWM信号をディジタル・カウンタで生成する点は同じですが，カウンタ制御にはディジタル・ステート・マシンを使用しています．このステート・マシンは電源コントローラ専用に設計されていることから（この点で汎用DSPとは一線を画している），格段に高いコストパフォーマンスが得られるほか，静止電流も抑えることができます．

● ディジタル電源の利点

　ここで，アーキテクチャの面から，アナログ方式と比較した場合のディジタル電源の利点をいくつかを挙げてみます．
▶ディジタル制御では位相補償のための外付け部品が不要です．その結果，部品点数を節減できるだけでなく，必要に応じた逐次補正や負荷変動に合わせたアダプティブ補正などの補正を容易に実現できます．
▶一般に，ディジタル制御の場合は外付け分圧器を必要としません．内部リファレンス信号のスケーリングが可能で，外部分圧の必要がないからです．このため，部品点数を低減できるだけでなく，工場出荷時にコントローラのキャリブレーション精度を上げることができます．高精度な抵抗を組み込んだ分圧器を使用しなくても，高精度の制御を実現できることから，ユーザ

図1　ZL6105（インターシル）

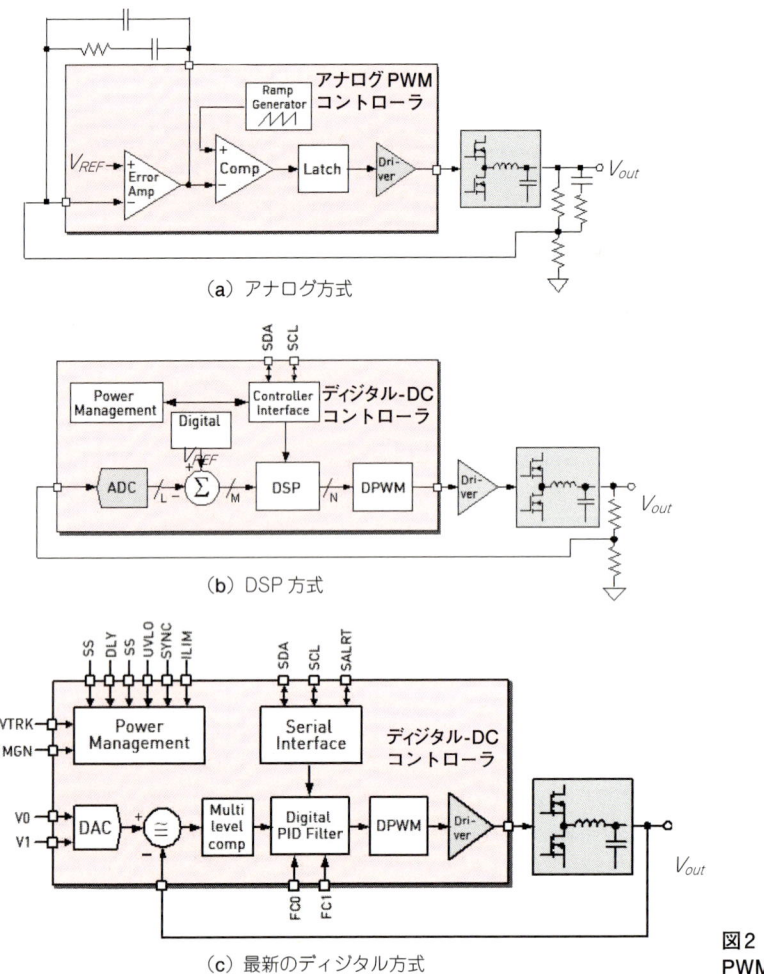

図2 PWMアーキテクチャの比較
(a) アナログ方式
(b) DSP方式
(c) 最新のディジタル方式

にとって大きなメリットが生まれます.
▶ディジタル・アーキテクチャを使用することで,ディジタル通信機能をもたせるのも容易です.そのため,設定,制御,モニタのための外付け部品が不要になります.

ディジタル電源コントローラZL6105

図3は最新のディジタル電源コントローラの基本アーキテクチャを示します.このアーキテクチャでは,差動アンプで出力電圧を検出しています.アナログ信号を基準値と比較し,エラー信号を生成します.エラー信号をディジタル化し(ADC),その結果をディジタル補正回路で処理します(後述).ディジタル補正器から出力されるデューティ・サイクル命令で,PWM信号のオン時間を設定します.それを受けてPWM信号がFETドライバを制御し,電源のスイッチングを行います.

入出力電圧と出力電流,温度はすべて内蔵ADC(アナログ-ディジタル・コンバータ)で検出できます.その際,複数の検出ポイントの信号を多重化して処理します.

設定はピン・ストラッピング,レジスタ設定またはI²Cインターフェース経由の命令のいずれかで行います.電源特性はピン,またはI²Cインターフェース経由で制御可能です.設定,動作,環境条件のモニタリングはI²Cインターフェース経由で行います.

● 高集積化

図4(p.82)はアナログ電源とディジタル電源の代表的なアプリケーション回路例です.パワー出力部の部品(パワーFET,インダクタ,入出力コンデンサ)の点数は両回路とも同じですが,アナログ電源ではより多くの外付け部品が必要となります.ディジタル電源は標準的なアナログ電源にない機能を数多く集積しているからです.図に示すように,ディジタル電源では

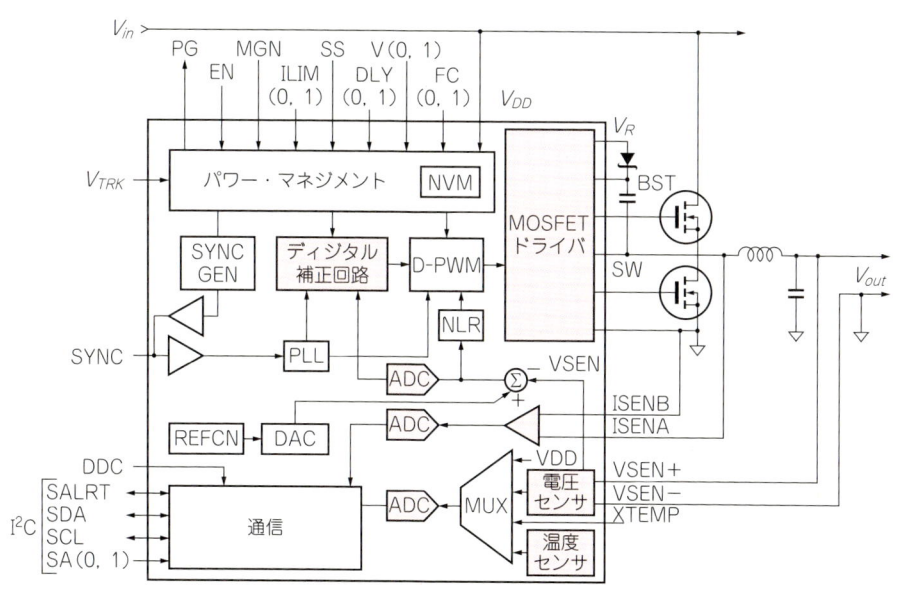

図3 最新ディジタル電源コントローラのアーキテクチャ

12を越える部品点数の低減が可能です．実際に使った際にも，ディジタル電源は，中程度ないし高度に複雑な回路で外付け部品点数を最大60％減らせることが確認されています．

部品点数の低減に加えて，ディジタル電源ではループ回路の主要部品値をディジタル・メモリに保存できます．このため，いろいろな条件に合わせた設計で数値変更が容易になるだけでなく，必要に応じた逐次変更や条件の変化に対応したアダプティブな変更が可能になります．

● 安定性

図5に示すのは一般的な電力変換回路です．パワー・コンバータを構成するのは，固定変調ゲイン（G_{fix}）をもつPWMコントローラ，ハイ・サイド／ロー・サイド・スイッチ，インダクタ（1個）とコンデンサ（1個または複数）からなる出力段，負荷，フィードバック・ループ（制御ループ）です．この場合，帰還制御はタイプⅢのアンプとして示されていますが，任意のフィードバック・コントローラで置き換えることができます．制御ループの目的は，出力を既知のリファレンス（VR）と比較し，PWM信号を調整して，出力信号とリファレンスの差をゼロにすることです．

制御システムのいかなる変化も，システムに対する外乱要因となります．堅牢で実用的なシステムを構築するためには，こうした外乱要因が存在していても，システムの安定性を保つ必要があります．実際に，入力電圧の変動，負荷の変動，温度の変化，その他多くの外乱要因が存在しても，安定性は保たれなければなりません．

システムの安定性は，帰還パスを通って返される信号のゲインがマイナス1にどれだけ近いかで評価できます．つまり，特定の条件下で帰還信号のゲインが−1にどれだけ近づくかが重要です．帰還信号には大きさ（ゲイン）と，出力に対する相対的な位相があることから，システムの安定性はゲイン・マージンと位相マージンの二つのパラメータで表すことができます．ここでは，位相が180°の場合はゲインがユニティ・ゲイン値にどれだけ近いか，ゲインがユニティ・ゲイン値に等しい場合は位相が180°にどれだけ近いかが，システムの安定性を測る尺度となります．

位相マージンとゲイン・マージンは，ともにナイキスト線図またはボード線図から求めることができます．ボード線図には読み取りが容易な周波数スケールが付属しており，ツールとして扱いやすいため，本稿では以下，ボード線図を用いることにします．

帰還がなければ，図5のシステムの簡略伝達関数は次式で求められます．

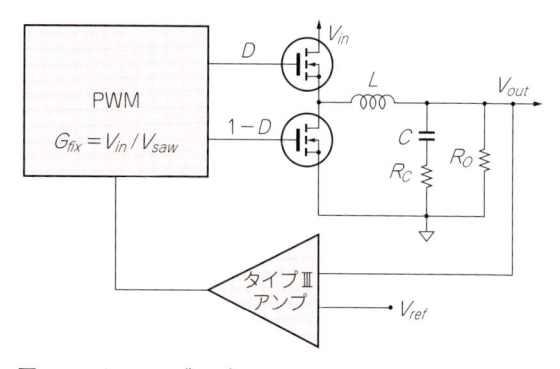

図5 スイッチング・パワー・コンバータの簡略回路

$$G_P = G_{fix} \frac{1 + \dfrac{s}{\omega_{ESR}}}{\dfrac{s^2}{\omega_n^2} + \dfrac{s}{Q\omega_n} + 1}$$

ω_{ESR}：出力コンデンサの ESR によって決まるゼロ点位置

ω_n：出力段の「固有」周波数

Q：出力段の品質ファクタ(Q値)

本稿では，その目的を考慮し，コンデンサの ESR ゼロ点を無視できるものとし，それ以外の伝達関数の極に注目することにします．その場合，伝達関数は次のようになります．

$$G_S = G_{fix} \frac{1}{\dfrac{s^2}{\omega_n^2} + \dfrac{s}{Q\omega_n} + 1}$$

上式がもつ極は二つです．$Q<0.5$(減衰あり)の場合，両方の極は実数となり，$Q>0.5$(非減衰)の条件下では，極は複素数となります．

Q値は次式で近似できます．

$$Q = \frac{V_{out}}{I_{out}\sqrt{\dfrac{L}{C}}}$$

出力電圧が1V，インダクタンスが1μH，キャパシタンスが100μF，Q値が10であれば，出力電流は1Aとなり，Q値が1であれば出力電流は10Aとなり，Q値が0.4なら出力電流は25Aとなります．

図6のボード線図に，$G_{fix}=5$，$\omega_n=16000$ Hz，$Q=10$，1，0.4の場合の上記伝達関数の特性曲線を示します．このプロットでは，位相は180°を基準とした相対値ですので，ゲインがユニティ・ゲイン値に等しいときの周波数における位相曲線値を見ることで，位相マージンを直接読み取ることができます．

位相マージンの最小許容値は一般に45°です．位相グラフにおいて，このレベルは破線で示されています．

三つのケースのすべてで，ユニティ・ゲイン交差周波数はほぼ30 kHzから40 kHzの間です．図からすぐにわかるように，Q値が高い(＞0.5，減衰なし)場合，位相マージンは45°の限界値を下回っています．位相マージンが限界的か，または許容レベル以下であるため，このケースではシステム応答の安定性を高めるための補正が必要です．

▶タイプⅢ補正回路

図7に示すのは，アナログ式電圧モード・コントローラの帰還ループによく用いられる「タイプⅢ補正回

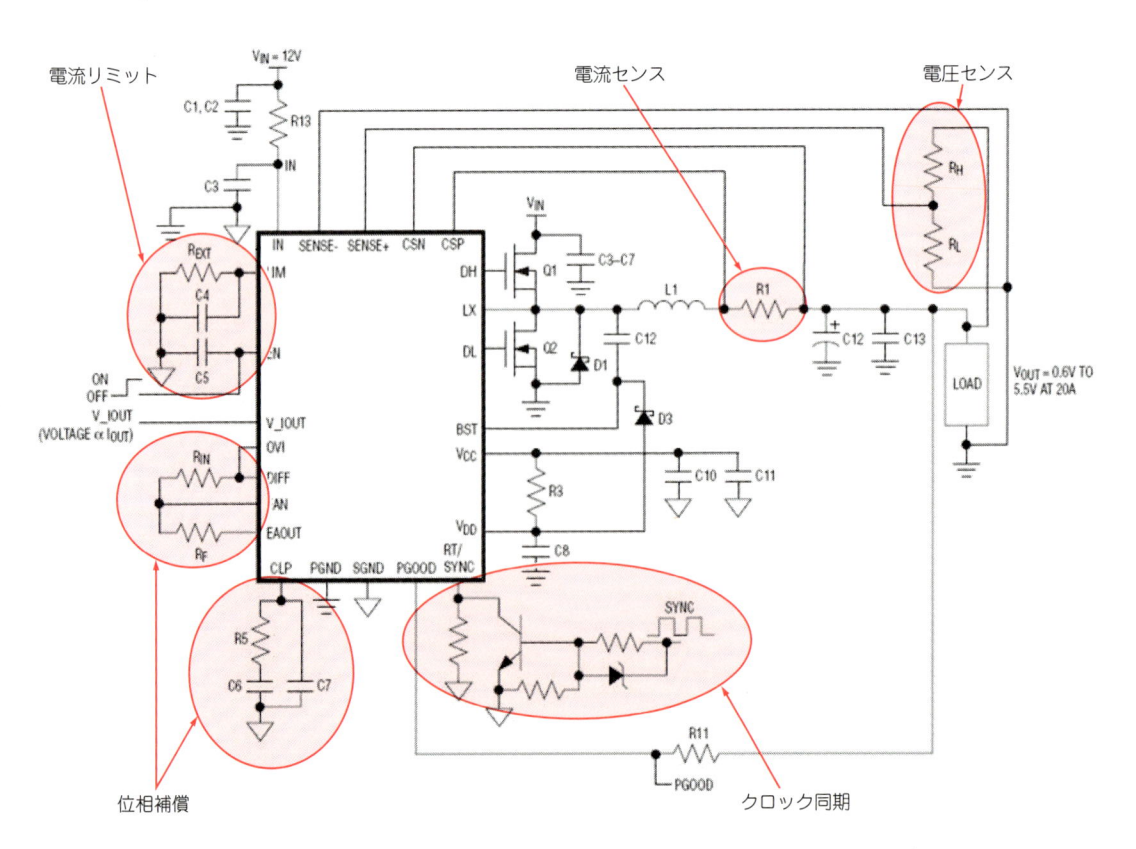

(a) アナログ

図4 アナログ電源とディジタル電源の回路(参考例)

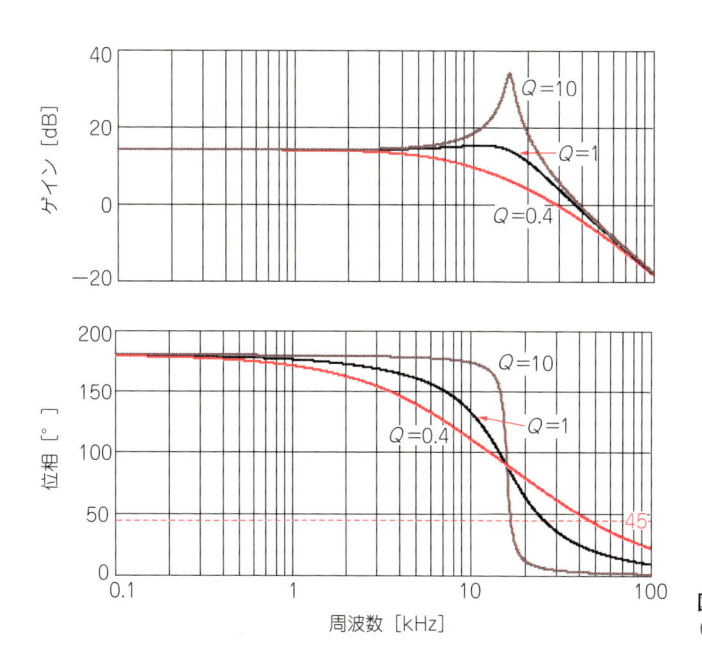

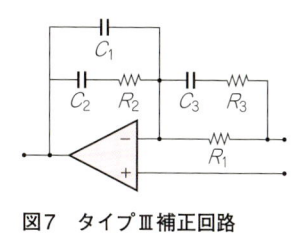

図6 パワー・コンバータの簡略ボード線図（プラント）

図7 タイプⅢ補正回路

路」です．回路構成部品が6個（抵抗3個＋コンデンサ3個）であることに注意してください．これらの部品をループ制御のために選定する必要があります．

　図の回路には，システムの応答特性に関係する実ゼロ点が二つ，極が三つ（ゼロ点の極を含む）があります．ゼロ点はパワー出力段からの二つの極（インダクタと

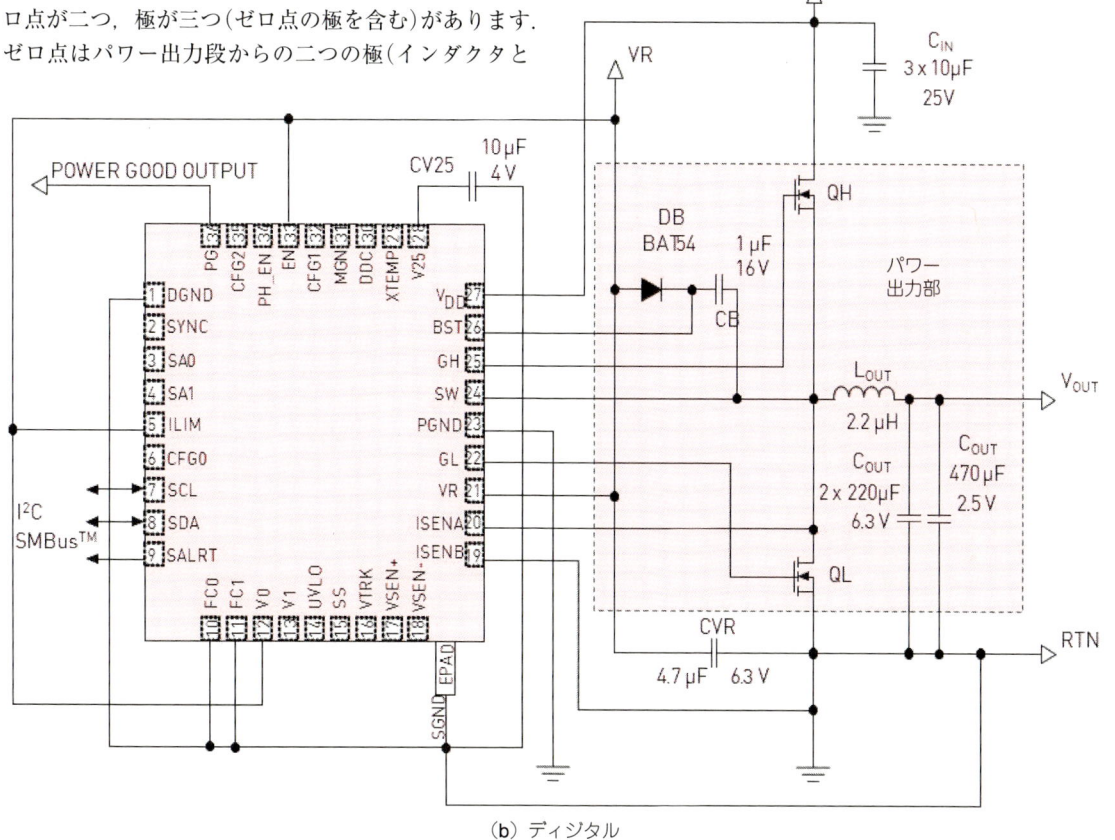

（b）ディジタル

ディジタル電源コントローラZL6105

コンデンサ）を補正するために用いられます．極の一つでコンデンサの ESR を補正し，2番目の極で高周波時の低ゲイン確保を図っています．

この補正回路の限界点は，出力段の極補正のために二つの実ゼロ点を有していることにあります．前述したように，出力段の極は出力段の Q 値が小さい場合に限り，実数となります．$Q > 0.5$ の条件下では極は複素数となり，かつ Q 値が増加するにつれ，実ゼロ点は複素極を補正するうえで不適切となっていきます．

▶ ディジタル PID 補正

ディジタル制御では，非常に高度で複雑な補正手段を実現することもできますが，ここでは図8に示す単純な PID フィルタに議論を絞ることにします．このディジタル・フィルタはエラー信号を受け取り，スケーリングした信号と，同じくスケーリングしたエラー信号遅延サンプルおよび出力の積分値を加算して補正を行います．補正回路調整のため，三つのゲイン係数を使用します．

このフィルタの伝達関数は次式で与えられます．

$$GD = \frac{A + Be^{-sT} + Ce^{-2sT}}{e^{-sT}(1 - e^{-sT})}$$

ここで，A，B，C は各種タップのゲイン係数であり，分母の第1項は信号経路の遅延に，分母の第2項は加算段出力部のアキュムレータにそれぞれ由来しています．T は PWM のスイッチング周波数です．

この補正回路は二つのゼロ点と二つの極（極値ゼロと無限大）をもちます．二つのゼロ点で出力段の二つの極を補正します．これらのゼロ点は分子の2次方程式の解として得られます．このことからわかるように，A，B，C の値に応じて二つの実ゼロ点または二つの複素ゼロ点が存在することができます．つまり，このディジタル PID 補正回路は，タイプⅢアナログ補正回路と同じく複数の実ゼロ点をもつだけでなく，複数の複素ゼロ点をもち，そのため複素極の補正により適したものとなっています．

▶ 補正方式の相違

図9に，これら二つの補正アプローチの違いを示します．

図9(a)のグラフは，タイプⅢ補正回路付きアナログ・コントローラで補正したパワー・コンバータのボード線図です．ゲイン／位相マージンは満足のいくレベルに達していますが，帯域幅が大幅な減少を余儀なくされています．

図9(b)は同じシステムのボード線図ですが，こちらはディジタル補正を用いています．ディジタル補正回路では複素ゼロ点の使用により，複素極の最適な補正が行われ，満足なゲイン／位相マージンが得られるだけでなく，ユニティ・ゲイン交差周波数からわかるように，帯域幅も十分なレベルにあります．

このように，ディジタル補正ではアナログ補正よりも良好な補正結果が得られます．それだけでなく，ディジタル補正では部品点数を6点低減できます．最後に，ディジタル補正は設計ごとの変更が容易で，しかも必要に応じた逐次変更にも対応します．

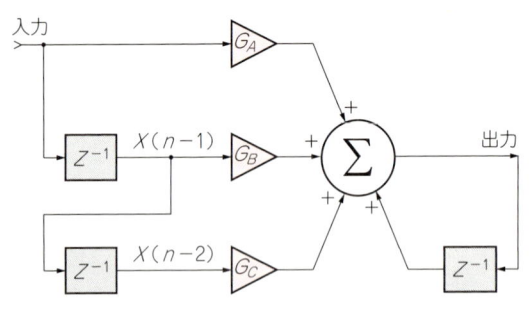

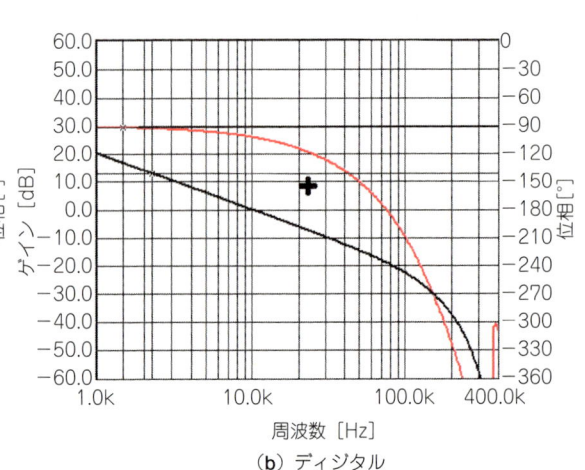

図8 ディジタル PID 補正回路

図9 補正回路のボード線図（位相：赤，ゲイン：白）

(a) アナログ

(b) ディジタル

● **効率の向上**

パワー・コントローラの効率最適化を考える際，調整可能なパラメータは数多くあります．アナログ・コントローラの場合，これらのパラメータは静的です．また，単一の設計点で動作するアプリケーションが少数であることは周知の事実ですが，アプリケーションを代表するいくつかの動作点に的を絞って調整するのが一般的です．

他方，ディジタル・コントローラには，環境，負荷あるいは部品条件に対応して，これらのパラメータを調整し，動作を適合できるという利点があります．その結果，ディジタル電源はアナログ電源に比べて効率と性能の向上を実現します．

▶損失とデューティ・サイクル

コントローラの効率を最適化するには，コンバータ内の相対的損失を検出するためのセンサ素子が必要です．相対的損失に注目するのは，調整パラメータ変更の結果，損失が増大するか，減少するかを知りたいからです．

損失の大きさを知る格好の手がかりが，スイッチング・コンバータのテブナン平衡回路から得られます．例えば，降圧型トポロジーの場合，電圧源は入力電圧とPWMデューティ・サイクルの積となります．無損失コンバータであれば，テブナン抵抗値はゼロとなり，出力は入力電圧とデューティ・サイクルの単純な積となります．

しかし，損失を伴うコンバータでは，テブナン・インピーダンスの抵抗成分はゼロとならず，出力電圧を必要なレベルに維持するためには，デューティ・サイクルを上げて，損失を解消する必要があります．すなわち，損失を伴うケースでは，無損失の場合に比べてデューティ・サイクルが高くなります．実際，損失が大きくなれば，デューティ・サイクルも高くなります．このように，デューティ・サイクルがコンバータの相対的損失を判定するための手がかりとなります．

両者の関係をグラフ化したのが図10で，降圧型コンバータ（V_{in} = 5 V, V_{out} = 0.6 V）において，負荷電流を変えたときのデューティ・サイクルの実測値を，損失の関数としてプロットしたものです．

デューティ・サイクルを相対的損失を測る尺度として利用できることから，ディジタル方式ではパラメータを変化させ，デューティ・サイクルへの影響をモニタできます．デューティ・サイクルが上昇すれば，パラメータを逆方向に調整し，デューティ・サイクル（そして相対的損失）を低下させます．

▶デッド・タイム

ハイ・サイドFETがOFFになった後，ロー・サイドFETがONになるまで，またはその逆のプロセスに要する時間がデッド・タイム（dead time）です．デッド・タイムが長すぎると，ボディ・ダイオード導通が起こる可能性があり，これは損失につながります．デッド・タイムが短すぎる場合は，交差導通が起きる可能性があり，これもまた損失の原因となります．そうした関係を示すのが図11です．

多くの設計では，最適デッド・タイムは固定値ではありません．図12にロー・サイド・ゲート信号とスイッチ・ノードの数例の波形を示しています．上段でデッド・タイムは60 nsに固定されています．左上のプロットは負荷電流が1 A，右上のプロットは20 Aの場合です．中間電圧範囲における両者の波形の相対的な違いに注意してください．もう一点，注意が必要なのは，負荷電流20 Aの場合，スイッチ・ノード電圧で多少のアンダーシュートが認められることです．これはデッド・タイムが長すぎ，ボディ・ダイオード導通が発生する可能性があることを示します．

図12の下段はデッド・タイムが12 nsに固定のものです．このケースでは，電流が変わってもトレース間にほとんど違いがないことに注目してください．このことは，必ずしも電圧波形により理想的なデッド・タイムを決定できるとは限らないことを示しています．実際のところ，最適なデッド・タイムは負荷電流の関

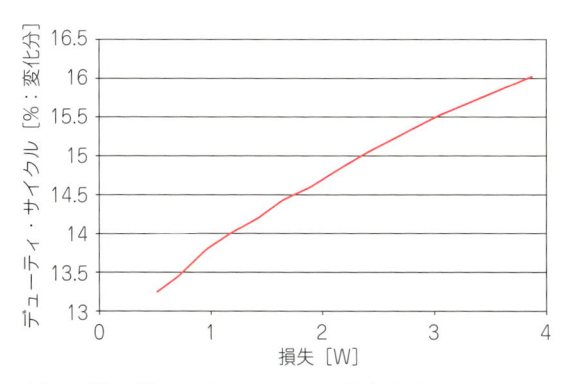

図10 降圧型コンバータにおける損失とデューティ・サイクルの関係（V_{in} = 5 V, V_{out} = 0.6 V）

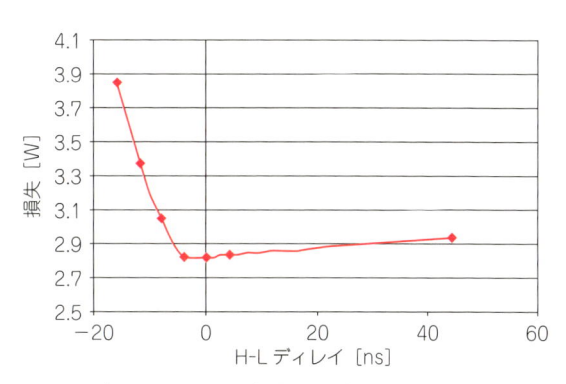

図11 デッド・タイムと損失の関係

(a) 60ns, 1A

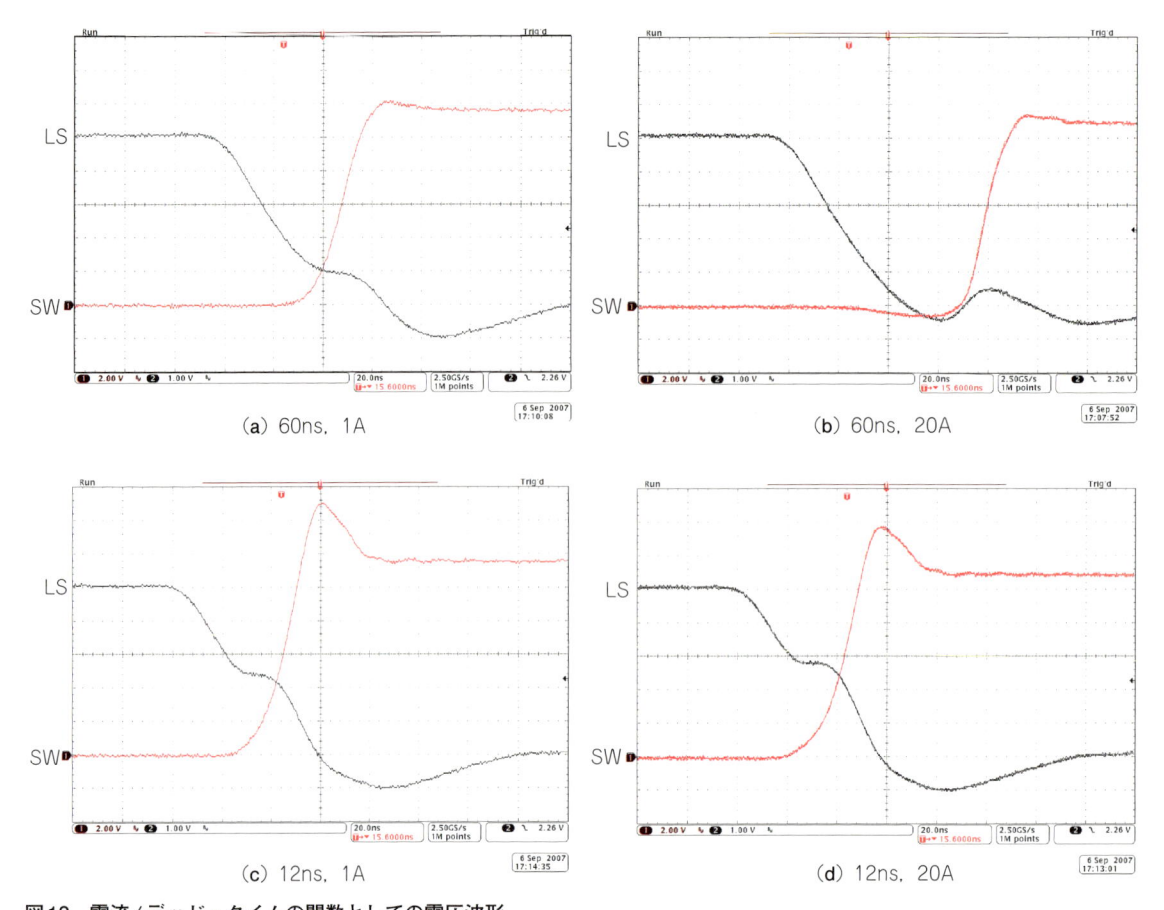

(b) 60ns, 20A

(c) 12ns, 1A

(d) 12ns, 20A

図12 電流/デッド・タイムの関数としての電圧波形
LS：ロー・サイドFETゲート電圧（2 V/div, 20 ns/div），SW：スイッチング・ノード電圧（1 V/div, 20 ns/div）

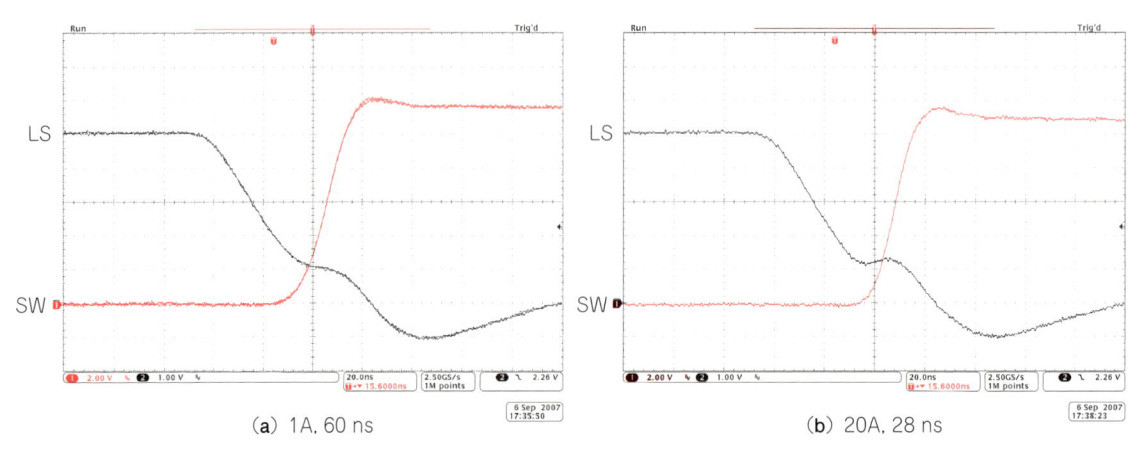

(a) 1A, 60 ns

(b) 20A, 28 ns

図13 デッド・タイムを最適化した場合の波形
LS：ロー・サイドFETゲート電圧（2 V/div, 20 ns/div），SW：スイッチング・ノード電圧（1 V/div, 20 ns/div）

数であると言ったほうがよいかもしれません．スイッチ・ノード電圧にオーバーシュートが認められますが，これは交差導通の発生を示しており，デッド・タイムが短すぎることになります．

図13にデッド・タイムを最適値の60 nsと28 nsに設定した場合の波形を，負荷電流1 Aと20 Aの二つのケースで示します．スイッチ・ノード電圧のアンダーシュート/オーバーシュートが相対的に小さいことに注意してください．

デューティ・サイクルを使って相対的損失を測定できることは，すでに説明しました．つまり，ディジタル・コントローラではデューティ・サイクルを観察し

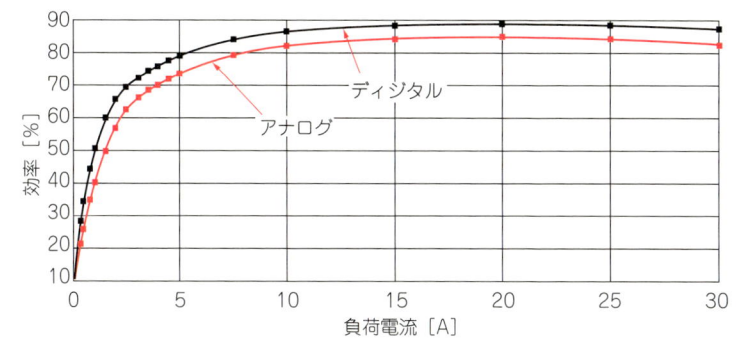

図14 効率の比較（V_{in} = 12 V，V_{out} = 1.2 V，f_{SW} = 300 kHz）

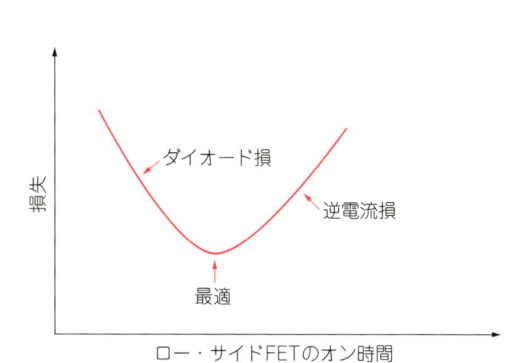

図15 ロー・サイドFETタイミングの関数としての損失

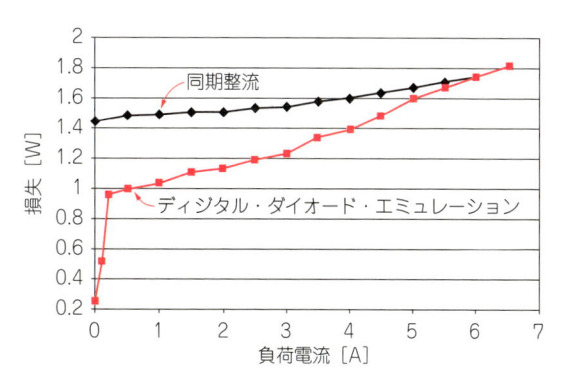

図16 同期整流とディジタル・ダイオード・エミュレーションの損失と負荷電流の関係

ながらデッド・タイムを変え，コンバータの効率を最適化できるということです．このアルゴリズムを使って，負荷変動や温度変化，部品の経年劣化などに関係なく最適効率を維持できます．

▶効率の比較

図14は，同じパワー出力部（FETインダクタ，コンデンサ）を使った場合のアナログ・コントローラ（下の曲線）とインターシルのディジタル・コントローラ（上の曲線）の効率比較です．この例ではディジタルの効率のほうが5％ほど高く，これは25％超の損失低減を意味します．

▶ロー・サイドFETのオン・タイム

このほか，平均電流がリプル電流の半分未満の場合には，ロー・サイドFETのオン・タイムのタイミングを調整して効率改善を図ることもできます．同期整流では，インダクタ内の電流反転を可能にするためにロー・サイドFETをONに保ちます．このことは，RMS電流が平均電流よりも大きくなることを意味します．事実，平均電流がゼロの状態でもRMS電流が高水準を維持するケースが存在します．その結果，循環電流による損失が発生します．そうしたケースでは，ロー・サイドFETのオン・タイムを調整することが，効率最適化のためのソリューションの一つとなります．

ロー・サイドFETのオン・タイムが長すぎると，逆方向電流のために相対的に大きな損失が発生します

（図15）．他方，ロー・サイドFETのオン・タイムが短すぎると，今度はロー・サイドFETでボディ・ダイオード導通が発生します．ロー・サイドFETには最適タイミングがあり，前述のデューティ・サイクル観察方法を用いてこれを決定することができます．

図16は，この方法を使えば，同期整流と比較して損失の抑制が可能なことを示します．ダイオード・エミュレーションのケースで，超低電流域で見られる損失の急変は，ディジタル・コントローラ内で起きているパルス・スキッピング・モードへの移行によるものです．

以上の例は，ディジタル制御が効率面でアナログ制御よりも優れていることを物語っています．

まとめ

本稿では，ディジタル電源制御には，従来からのアナログ制御にはない利点が数多く存在することを示しました．ディジタル制御が市場でアナログ制御の地位を完全に奪うことになるとは考えられませんが，ディジタル制御の使用が今後次第に増加するとともに，設計者の間でディジタル電源制御の利点に対する理解がますます高まるものと確信しています．

（原典：Chris Young；Digital Power Control Exceeds the Capability of Analog Control，Intersil Corporation）

Appendix-A

先進ディジタル電源技術の現状と特長

クリス・ヤング，訳：鏑木 司
Chris Young, Kaburaki Tsukasa

　ディジタル電源はディジタル・シグナル・プロセッシング技術を使用して，電力変換を制御します．ディジタル電源のもつメリットを実際の電力変換で活用するために，大きな技術的進化が進行中で，特に効率，電力密度，信頼性／堅牢性，使いやすさなどの面での技術レベルの向上には目を見張るものがあります．ディジタル制御に関するアイデアは30年以上まえからすでに存在していましたが，今まさに，私たちの眼前で起きているのは，この技術の広い範囲での普及です．

■ ディジタル電源アーキテクチャの進歩

　初期の特定機能向けディジタル電源コントローラのいくつかは，ディジタル・シグナル・プロセッサ（DSP）と呼ばれる特定用途のマイクロプロセッサを使用していました．こうしたコントローラの場合には，例えば，安定化電源の出力電圧を表すアナログ信号がディジタル化され，そのディジタル信号はDSPで処理されていました．DSPは処理能力という意味では非常に強力で，高周波スイッチング電源に必要な高速処理速度を実現できますが，その一方で，高速のクロック速度が要求されます．DSPでは高速のクロック速度と固有の高バイアス電流が要求されることから，電力変換プロセスでの消費電力が極めて高くなっていました．さらに，汎用のDSPが使われる傾向が強かったため，DSPの占有面積が大きくなっていました．このように，スイッチング電源向けとしては，DSPはコストがかさみすぎるというのが一般的な認識でした．

　10年ほどまえから，特定機能ステート・マシンをベースとしたディジタル電源コントローラが，まず学問の分野で，次にビジネスの世界で出現し始めました．初期の汎用ステート・マシン・タイプのDSPに代わって登場したのが，ディジタル・スイッチング電源コントローラとして専用に開発されたステート・マシン・タイプの製品です．こうした専用のステート・マシンは最適化され，広範なアプリケーションでディジタル電源の採算性が向上する結果になりました．これが，ディジタル電源の歴史のなかで大きな転換点となりました．

　かつては代表的なDSPでゲート数が数万レベルにのぼっていましたが，ステート・マシン・ベースのコントローラの場合には最適化が進み，ゲート点数がわずか200～300点から2000～3000点のレベルに低下しました．これにより，占有面積の低減（それに伴うコスト低減）ばかりでなく，バイアス電流の減少が可能になり，コントローラの発熱は低下し，効率は向上しました．

■ ミクスト・シグナルが最適性能へのカギ

　スイッチング電源の安定化と制御プロセスでは，パルス幅変調（PWM）信号の生成を開始し，PWM信号がパワー・トランジスタを駆動します．すべてのスイッチング・レギュレータでは，PWM信号はON状態かOFF状態のいずれかになり，ある意味でディジタル信号であると言えます．このため，PWM信号の生成にディジタル・コントローラの使用を考慮することは，自然な考えかたです．

　安定化と制御における次の重要なステップは，出力電圧のモニタリングと，その信号とリファレンス電圧との比較です．この出力電圧はアナログ信号で，リファレンス電圧との比較により，アナログ・エラー信号が生成されます．このように，スイッチング電源コントローラの一部をアナログ信号の処理に使用することは，考えかたとして自然です．このことから，理想的なコントローラはディジタルとアナログ（ミクスト・シグナル）技術を合わせもつべきだと言えます．

　アナログ技術は，高速，連続時間，無限分解能信号処理に最適です．スイッチング電源においては，時間を二つの時間的要素に分割できます．一つの時間的要素は，フィルタ・インダクタの電流が増加している時間で，もう一つの時間的要素となるのは，電流が減少している時間です．このため，連続時間信号処理は，スイッチング・レギュレータではそれほど重要ではありません．すべてのアナログ信号に対してノイズ・レベルは有限で，無限レギュレーション精度は実際には必要ないことから，スイッチング・レギュレーションでは無限分解能信号処理の重要性は高くありません．重要なのは，特に不利な条件あるいは故障条件に対する高速応答特性です．こうした理由により，過渡負荷と故障への応答に対しては，最適化したコントローラ中でアナログ信号処理が使用されています．

　ディジタル信号処理技術は，ON/OFF制御（PWM

信号生成），先進プロセッシング・アルゴリズム（例えばフィルタ，最適化，非線形制御）とテレメトリ・レポーティングに最適です．こうした要素はすべて，スイッチング電源制御に重要です．

このため，最適化したスイッチング・レギュレータは，アナログとディジタル信号制御のいずれの要素も包含する必要があります．

■ 信頼性と堅牢性

信頼性は，電源が故障しない可能性が高いことを示す言葉です．一般的に，電源を含め，いかなるシステムも部品数の増加に伴って信頼性が低下します．今日の新しいディジタル電源コントローラの利点は，集積度が高く，少ない部品点数で，フル機能を備えた電源ICを実現できることです．

例えば，インターシルのZL6105ディジタル電源コントローラは，電力変換制御機能だけでなく，パワー・マネジメント，故障マネジメント，テレメトリ機能も集積しています．これにより，設計の際に数十点の部品が不要になります．例えば，フル機能のアナログ制御降圧型スイッチング・レギュレータの場合には，50点を越える部品が必要なのに対し，フル機能のディジタル制御電源では，必要な部品点数を10点未満に抑えています．部品点数を4分の1以下に低減できる一方，電源の信頼性は大幅に向上します．さらに集積度を高め，信頼性を向上させたのが，ZL2106などのFET内蔵コントローラや，ZL9101などのフル機能集積型の電源モジュールです．

堅牢性の向上に加え，ディジタル電源がもつもう一つの特長は，モニタ機能をもち，環境の変化にも最適な応答が可能なことです．例えば，ZL6105の場合は，内部ダイ温度と外部温度のいずれのモニタも可能です．これにより，温度に敏感な動作の場合もコントローラによる補正が可能になり，正確な制御とモニタリングが実現できます．温度補正ができるコントローラを使うと測定ができないため，負荷変動に対する最適な応答が不可能になります．

■ 使いやすさ

安定性は電源にとって不可欠な動作要件です．安定化電源では，安定性の大部分はフィードバック・パスの特性によって制御されます．電源エンジニアに必要とされるのは，設計の際のこうした特性への配慮で，それにより，すべての負荷条件，環境条件，部品特性の変動に対して安定動作が確保されます．多くの場合，すべての条件下で安定性を確保できるようフィードバック・ループを設計するには時間がかかります．

使用しているアナログ・フィルタ回路によっては，従来の電源の場合，位相補償のために多くの部品が必要になる可能性がありました．開発中には，こうした部品の選択/購入，さらには基板へのはんだ接合が必要となります．多くの場合，全動作範囲にわたって必要に応じて位相補償を行うためには，チューニングによって部品パラメータ値を調整しなければなりません．

問題をさらに複雑にしているのが，フィードバック・ループで大きな役割を果たす寄生値です．こうした寄生要素はモデル化が極めて難しく，多くの電源部品で対応が困難です．負荷自体はフィードバック・ループでカギとなる要素ですが，その特性があまり理解されていないことがほとんどです．それに加えて，複数の寄生要素と負荷自体が一定にならない可能性があり，寄生変動に対応した，しっかりした調整を行う必要があります．

さらに，位相補償の難しさをわかりやすく説明するため，次の二つの状況を例として取り上げてみます．まず，最初の状況は，ハイQ（低損失）設定を行った場合です．ラボでは簡単に調整が可能ですが，いったん生産段階に入ると，電源インダクタ値が±10％の幅で変動し，さらに出力コンデンサも±10％の幅で変動を示す可能性があります．これにより，制御ループが大幅に変動し，電源の安定性が著しく低下する可能性があります．第2の状況は，屋外で使用する機器で，出力フィルタ段で電解コンデンサを使用する場合です．冬季には，電解質が冷たくなるとESRの上昇と電解容量の低下が起こり，次にそれを温めるとESRが低下し，電解容量が上昇します．これも，フィードバック・ループを大きく変動させ，安定性を低下させる可能性があります．

ここ10年の間に，ディジタル制御電源ソリューションがアナログ回路に代わるソリューションとなってきました．位相補償回路は単なるフィルタ回路に過ぎないことから，ディジタル電源コントローラのディジタル・フィルタをそのまま位相補償として使用できます．このことは，外付け部品がなくても，ディジタル・メモリに保存したゲイン値を変更すれば，チューニングが可能なことを意味します．位相補償への対処という観点からは，これによりアナログ部品に対する優位性が生まれます．このように，ディジタル・フィルタによって位相補償回路の調整が容易になります．さらに，最近では多くの場合，GUI（グラフィカル・ユーザ・インターフェース）画面上でのディジタル補正が可能で，この場合，カーソルを当ててクリックするだけで簡単にゲイン値を入力できます．

ディジタル・フィルタは，アナログ・フィルタの代替以上の意味をもっています．アナログ・フィルタをはるかに凌駕する機能を備えているからです．例えば，ハイQ（>0.5）の2次回路では，プラント中の極は複素数極であり，ディジタル・フィルタで効果的に補正を

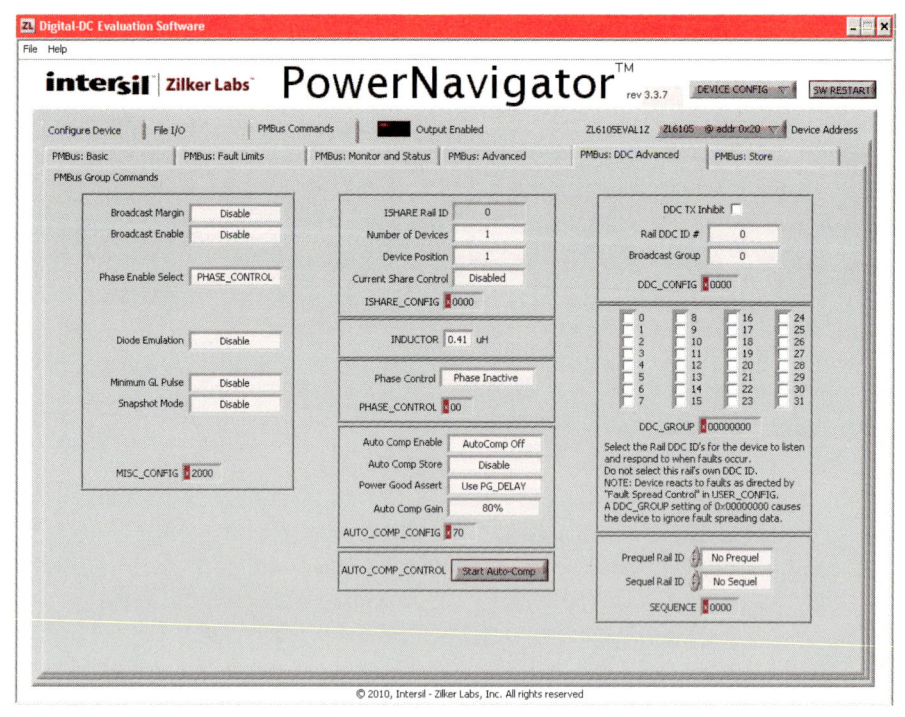

図A　自動補正の設定が可能なタブを選んだときのGUI画面

行うためには複素数ゼロを必要とします．従来の位相補償回路は，調整のために実ゼロを提供するだけです．このため，ハイQ電源の効果的な調整の能力に制約が生まれます．

一方，ディジタル・フィルタはハイQ電源の調整のために複素数ゼロを簡単に提供できます．このことは，ディジタル補正がアナログ方式に比べてより安定した形で開始され，部品のパラメータ変動による影響が少ないことを意味します．しかし，こうした利点があっても，多くの場合，全条件下で電源を安定化し，最適化するには不十分です．実際に必要になるのは，電源の自動補正法です．

近年，業界がディジタル電源の分野で注力している課題は自動補正です．これまで，自動補正に関するアイデアは多数の技術論文で論じられてきましたが，今もって入手可能な半導体製品は皆無です．

インターシルは，自動補正機能を備えたフル機能内蔵のインテリジェントなディジタル電源IC ZL6105を発表しました．

ZL6105は，高い評価を受けているZilker Labsのディジタル・コントローラをベースにしており，安定動作に必要なプラントのキャラクタライゼーションと，適切な補正設定のために先進的なディジタル・アルゴリズムを採用しています．こうしたディジタル・コントローラは専用ステート・マシンを使用しており，ディジタルPWMコントローラと組み込みマイクロコントローラが，回路，環境条件，設定プロファイルをモニタし，リアルタイムでステート・マシンの動作の設定と修正を行います．自動補正中に，マイクロコントローラは電力変換プロセスの安定化のためにステート・マシンの状態調整を行います．パワー・トレインの部品値は製造時に設定されますが，それが変化したとしても，マイクロコントローラが低い消費電力でその機能を容易に実行できるほど，極めてゆっくりしたペースでの変化です．

インターシルの他のディジタル・コントローラと同じように，ZL6105はGUIインターフェース採用の"PowerNavigator"を使った設定が可能です．Power NavigatorはSMBusドングルへのUSBを通じて電源に接続します．いったん接続すれば，コントローラ回路の完全な設定と，コントローラによって提供される入出力電圧，出力電流，温度などのテレメトリ情報の提供のために，PowerNavigatorを使用することができます．さらに，自動補正はGUIインターフェースを使った設定も可能です．

自動補正は必要に応じて設定できます．図Aは，自動補正の設定が可能なタブを選んだときのGUI画面を示しています．

コントローラは自動的に自動調整設定を行うことができるほか，PMBusコマンドを通じてオンデマンドで自己調整を行うように命令することもできます．GUIを使えば，ボタン一つをクリックするだけでこう

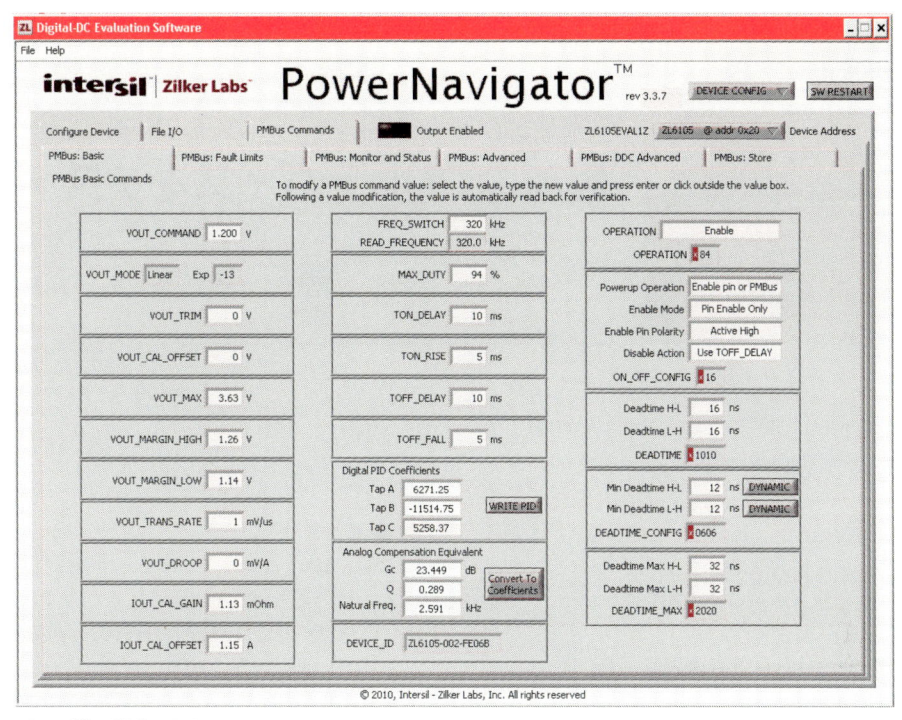

図B 補正設定の画面

した操作を行うことができます．

　図Bは補正設定を示したもので，生の補正ゲイン値と同時に，ゲイン値，Q値，自然周波数がユーザ・フレンドリな形で表示され，2次システムの特性がわかりやすく提示されます．

　自動補正により，これまで難しく，時間もかかっていた操作が不要になり，ボタン一つをクリックするだけ，あるいはもっと簡単な場合はデフォルト値を使用するだけで，補正を完了することができます．特許申請中の自動補正アルゴリズムは，回路パラメータが変動する環境下でも堅牢性を維持できるよう設計されています．

　自動補正のもう一つの利点は，プラントのキャラクタライゼーションが補正アルゴリズムにより行われることです．ゲイン値，Q値，自然周波数は電源の全使用期間にわたってモニタでき，プラントの大幅な変化は多くの場合，システム故障が発生するまえに発見することができます．これにより，システムの状態を故障が発生するまえから診断できるようになり，信頼性が向上します．

　自動補正機能とともに，早期診断機能も備えたディジタル電源によって実現する技術的な進歩により，設計時間の大幅な節減，電源の安定化，信頼性の向上が可能になりました．

■ アナログからディジタルへの容易な移行

　今日のステート・マシンをベースとしたディジタル電源コントローラは，特別なプログラミングが不要な電源コントローラです．ディジタル電源コントローラは，電源として動作させるためのプログラミングは不要で，その機能の多くをピン設定あるいはレジスタ設定によって制御できます．

　このため，コントローラのアナログ方式からディジタル方式への移行は極めて容易です．さらに，ディジタル制御の電源が必要な場合には，ピン設定あるいはレジスタ設定の代わりに，PMBusシリアル・インターフェースとGUIインターフェースを使用すればもっと便利になり，クリックするだけで必要な設定変更を行うことができます．

まとめ

　ディジタル電源制御は，最適性能，信頼性，機能の多さ，使いやすさなどの面から，従来のアナログ制御に比べて多数の利点を提供します．従来のアナログ電源制御からディジタル電源制御への切り替えは容易なだけでなく，多くのメリットをもたらします．

（原典：Chris Young；Advanced Digital Power Technology, Intersil Corporation）

デバイス

ディジタル制御によって
高速応答と高効率を実現した

最新のPOLデバイスをテストする

瀬川　毅
Tsuyoshi Segawa

　アメリカのスイッチング・パワー・サプライ専門メーカのバイコー社(Vicor)から，ディジタル制御によるPOL(Point of Load)としてPI33xxシリーズが発売されました．メーカの広報資料[1]では，ディジタル制御によるZVS(Zero Voltage Switching)によって高効率を実現し，さらに高速応答も実現とのこと．さっそくテストしました．本稿はその報告です．

PI33xxシリーズの概要と特性

● 同期整流型バック・コンバータ

　PI33xxシリーズは，入力電圧は8～36V，出力電圧は1～15V，出力電流は最大10Aで供給されています．製品ラインナップは表1のように，1.0V，2.5V，3.3V，5.0V，12.0V，15Vの6種類が用意され，12.0V出力，15.0V出力モデルが最大電流8Aとなっています．出力電圧は，抵抗を外付けすることで約±20%程度の可変が可能です．さらに最大6個の並列運転が可能で，つまり最大電流が60Aまで増加させることができる仕様になっています．

　実験したのはPI33xxのうち3.3V/10A出力のモデルPI3301-00-LGIZです．写真1に，実験したPI3301-00-LGIZの評価ボードを示します．入出力のジョンソン端子(Johnson terminal)は，当初は未実装だったので筆者が実装しました．図1に，PI33xxシリーズのブロック図[2]，写真2に実験のようすを示します．

　図1を見ると，トポロジ(topology)は，同期整流型のバック・コンバータ(buck converter)です．トポロジがバック・コンバータとすれば，入力電圧範囲は12.0V出力，15.0V出力モデルについては15V以上と思われます．この点は，資料[2]からは不明でした．

● 最高効率は94.5%

　まず，謳い文句の高効率特性を測定しました．図2，図3です．入力電圧を4.0V刻みで変えて，8.0Vから36.0Vまで8通りの測定です．図の見やすさも考慮して2枚に分けました．結果，最高の効率を示したのは，入力電圧8.0V時に6A出力時で94.5%でした．

　効率測定，特に効率が90%を越える場合，あるいは電流が10A以上の場合は，負荷への接続ケーブル，入出力端子，プリント基板のパターンなどの配線抵抗が無視できません．そうした配線抵抗は，すべて誤差

表1　PI33xxシリーズのラインナップ

型番	出力電圧範囲		最大出力電流 [A]
	定格電圧 [V]	電圧範囲 [V]	
PI3311-00-LGIZ	1.0	1.0～1.4	10
PI3312-00-LGIZ	2.5	2.0～3.1	10
PI3301-00-LGIZ	3.3	2.3～4.1	10
PI3302-00-LGIZ	5.0	3.3～6.5	10
PI3303-00-LGIZ	12	6.5～13.0	8
PI3305-00-LGIZ	15	10.0～16.0	8

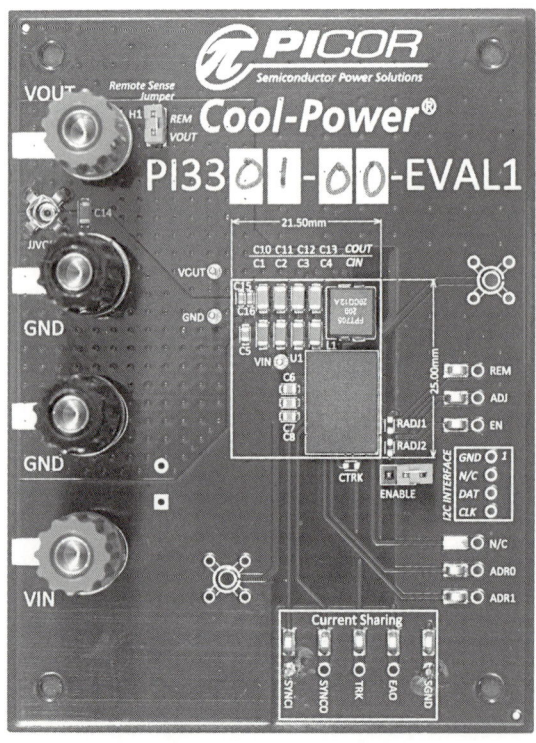

写真1　実験したPI33xxシリーズの評価ボード

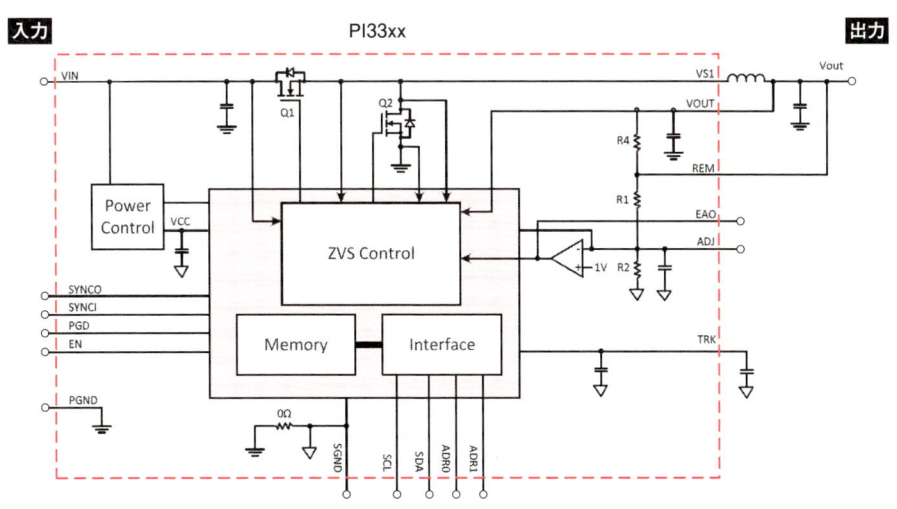

図1(2)　PI33xxシリーズの内部ブロック

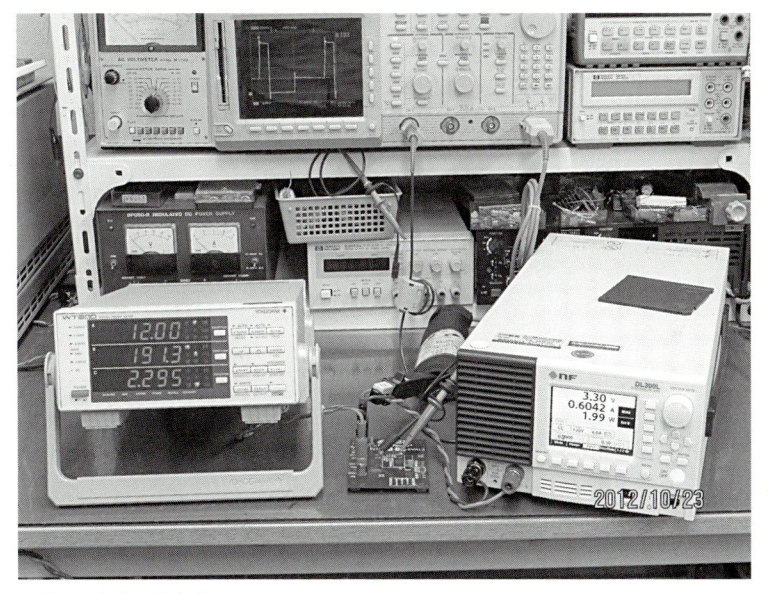

写真2　実験のようす

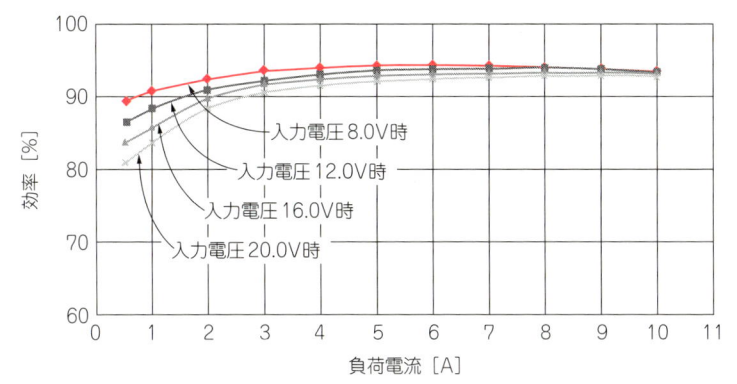

図2　出力電流と効率（入力電圧8.0～20.0 V）

PI33xxシリーズの概要と特性　　93

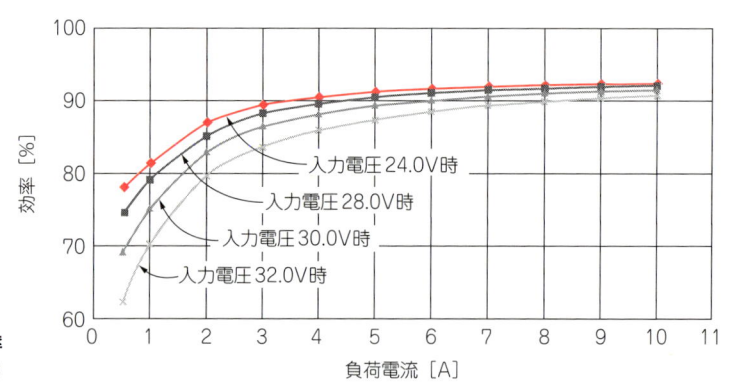

図3 出力電流と効率
（入力電圧24.0～32.0 V）

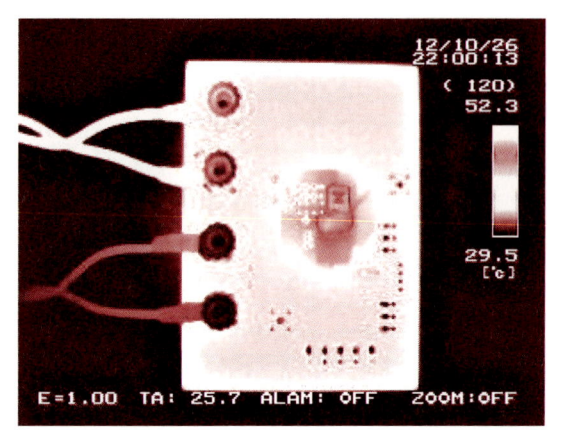

写真3 入力電圧12 V時に常温で30分間連続運転したあとの温度分布

要因となり測定上の効率を悪化させるでしょう．そこで入力電圧，出力電圧は，デバイスの直近で測定しています．

高効率ならば，デバイス自身の発熱も少ないはずです．そこでサーモグラフィで温度測定したものが**写真3**です．**写真3**は，入力電圧が12.0 V，出力電圧／電流が3.30 V/10.0 Aの条件下で，常温にて30分連続動作させたあとに測定しました．誌面ではわかりにくいのですが（元データはフルカラー），周囲温度は29.5℃，パッケージの最も熱くなっている個所で52.3℃となっています．

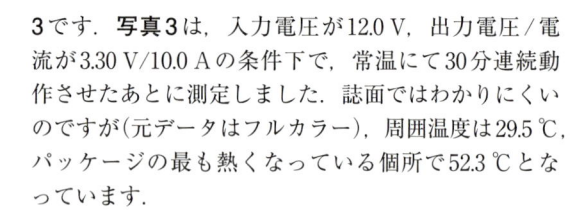

● 負荷変動には高速応答

今度は，負荷を急速に変動させたときの出力の変動を測定します．この特性はPOLでは非常に重要です．電流の高速変動が可能な電子負荷DL300L（エヌエフ回路設計ブロック）を用意して，20 A/μsで変化させています．

入力電圧は12.0 V，24.0 V，36.0 Vの3通り，負荷変動は5.0 A⇔10.0 A，2.0 A⇔10.0 A，1.0 A⇔10.0 A，0.0 A⇔10.0 Aの4通りで測定しています．測定結果は，1ch（上側波形）が出力電圧の変動ぶん，4ch（下側波形）が負荷電流です．測定した写真がたくさんありますが内訳は，入力12.0 V時の5.0 A⇔10.0 A変動が**写真4**，2.0 A⇔10.0 A変動が**写真5**，1.0 A⇔10.0 A変動が**写**

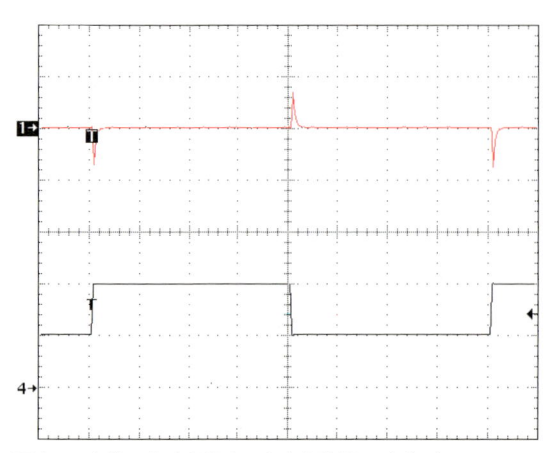

写真4 負荷の急速変動時の出力変動（上：出力電圧100 mV/div，下：負荷電流5 A/div，500 μs/div）
入力電圧12 V，負荷変動5 A⇔10 A

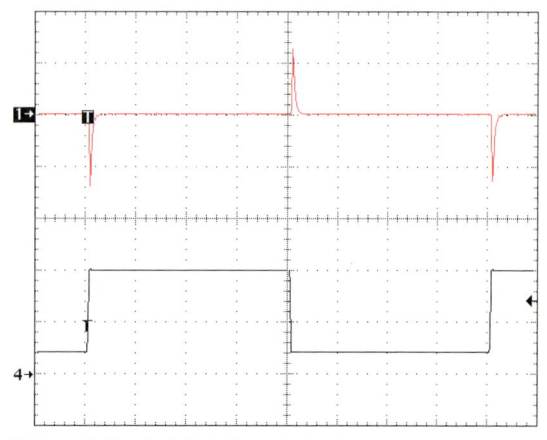

写真5 負荷の急速変動時の出力変動（上：出力電圧100 mV/div，下：負荷電流5 A/div，500 μs/div）
入力電圧12 V，負荷変動2 A⇔10 A

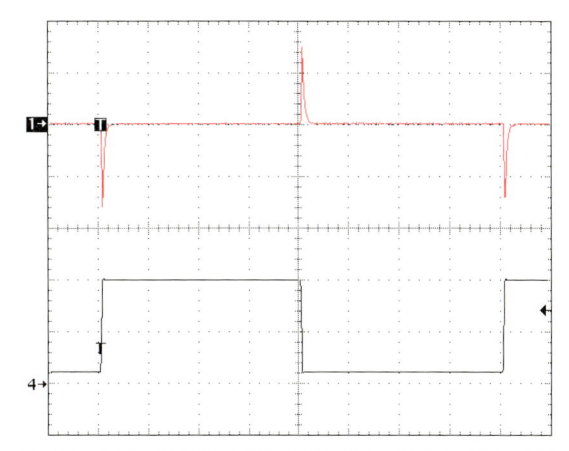

写真6　負荷の急速変動時の出力変動（上：出力電圧100 mV/div，下：負荷電流5 A/div，500 μs/div）
入力電圧12 V，負荷変動1 A⇔10 A

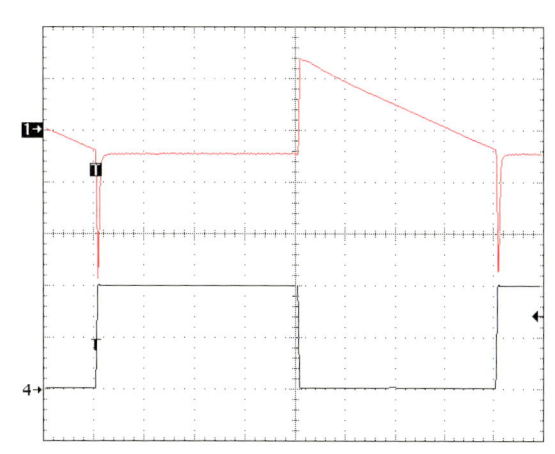

写真7　負荷の急速変動時の出力変動（上：出力電圧100 mV/div，下：負荷電流5 A/div，500 μs/div）
入力電圧12 V，負荷変動0 A⇔10 A

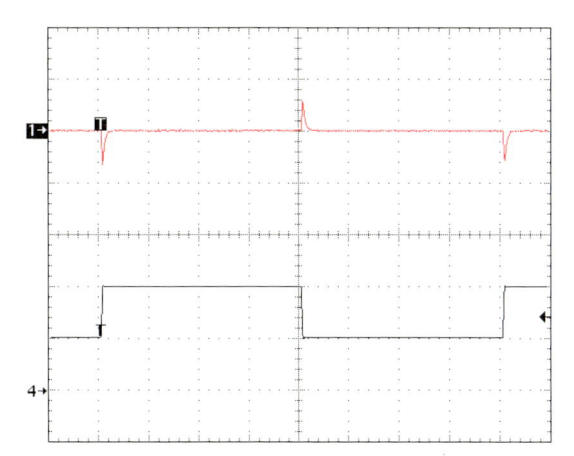

写真8　負荷の急速変動時の出力変動（上：出力電圧100 mV/div，下：負荷電流5 A/div，500 μs/div）
入力電圧24 V，負荷変動5 A⇔10 A

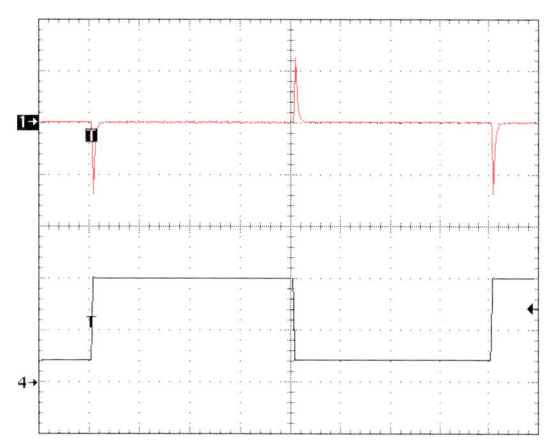

写真9　負荷の急速変動時の出力変動（上：出力電圧100 mV/div，下：負荷電流5 A/div，500 μs/div）
入力電圧24 V，負荷変動2 A⇔10 A

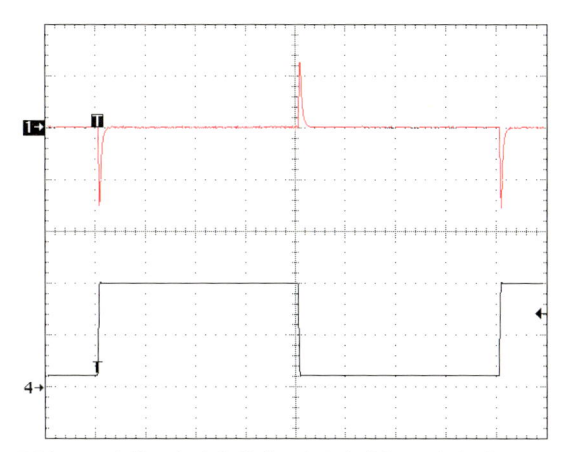

写真10　負荷の急速変動時の出力変動（上：出力電圧100 mV/div，下：負荷電流5 A/div，500 μs/div）
入力電圧24 V，負荷変動1 A⇔10 A

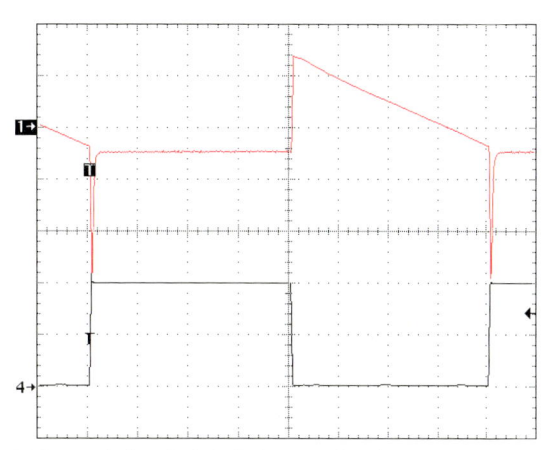

写真11　負荷の急速変動時の出力変動（上：出力電圧100 mV/div，下：負荷電流5 A/div，500 μs/div）
入力電圧24 V，負荷変動0 A⇔10 A

PI33xxシリーズの概要と特性

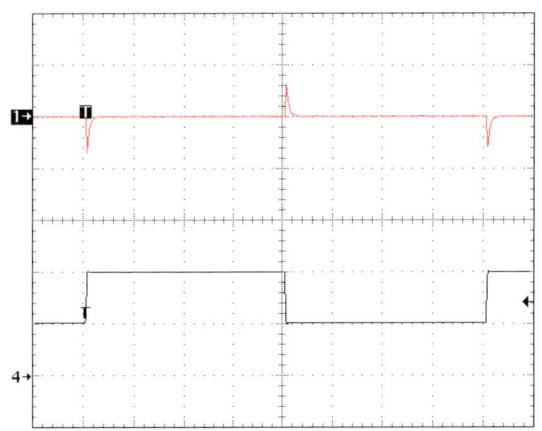

写真12 負荷の急速変動時の出力変動（上：出力電圧100 mV/div，下：負荷電流5 A/div，500 μs/div）
入力電圧36 V，負荷変動5 A⇔10 A

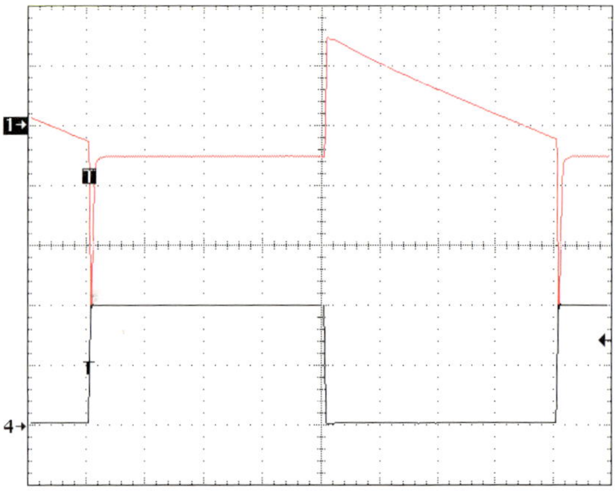

写真13 負荷の急速変動時の出力変動（上：出力電圧100 mV/div，下：負荷電流5 A/div，500 μs/div）
入力電圧36 V，負荷変動2 A⇔10 A

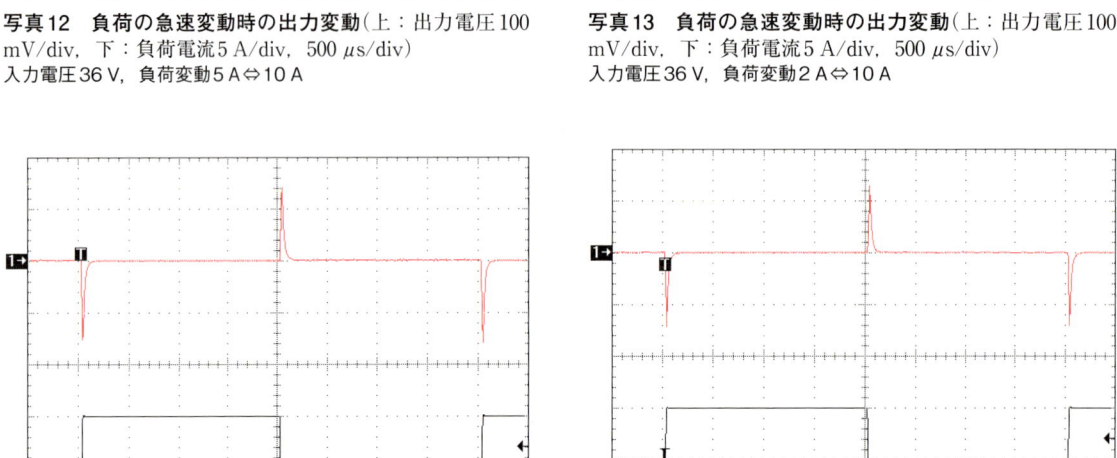

写真14 負荷の急速変動時の出力変動（上：出力電圧100 mV/div，下：負荷電流5 A/div，500 μs/div）
入力電圧36 V，負荷変動1 A⇔10 A

写真15 負荷の急速変動時の出力変動（上：出力電圧100 mV/div，下：負荷電流5 A/div，500 μs/div）
入力電圧36 V，負荷変動0 A⇔10 A

真6，0.0 A⇔10.0 A変動が**写真7**，以下同様に入力24.0 V時が，**写真8～写真11**，入力36.0 V時が**写真12～写真15**です．

出力電圧の変動とその対策

● 負荷電流急変時の出力電圧の変動原因はインダクタのエネルギー

　入力電圧に無関係に電流の変動幅を大きくとると，出力電圧の変動も大きくなります．この理由について考察してみましょう．

　LCフィルタのインダクタLに注目してください．このインダクタLのエネルギーEは，電流iが流れていると一般に，

$$E = \frac{1}{2} L i^2$$

ですね．今，負荷電流がi_1から$i_2 (i_1 > i_2)$に急激変動したとしましょう．すると，インダクタLのエネルギーに注目すると，

$$E = \frac{1}{2} L i_1^2 - \frac{1}{2} L i_2^2$$

のエネルギーが，不要なエネルギーで余剰になってしまいます．

　この余剰エネルギーは，急に都合よく消滅することは絶対にありません．余剰エネルギーは，電流として出力のLCフィルタのキャパシタCや負荷に伝わります．その結果，インダクタLに貯まった余剰エネルギーが出力電圧を大きく上昇させるのです．

　負荷電流が急に大きくなった場合も同様のことが発

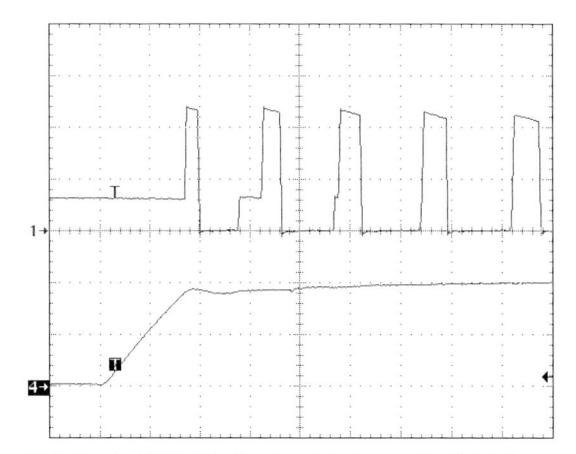

写真16 負荷電流が急増したときのスイッチング波形(上：5 V/div，下：5 A/div，1 μs/div)
入力電圧12 V，負荷変動0 A→10 A

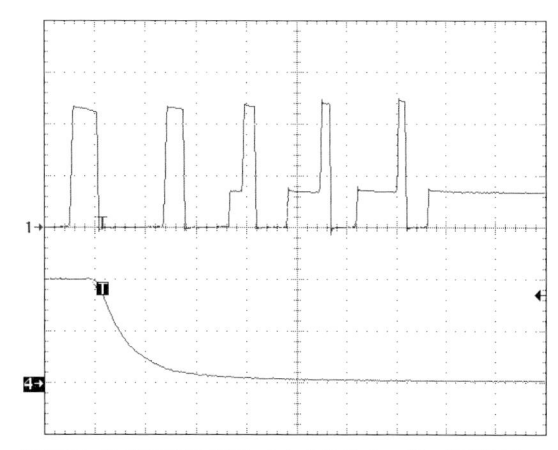

写真17 負荷電流が急減したときのスイッチング波形(上：5 V/div，下：5 A/div，1 μs/div)
入力電圧12 V，負荷変動10 A→0 A

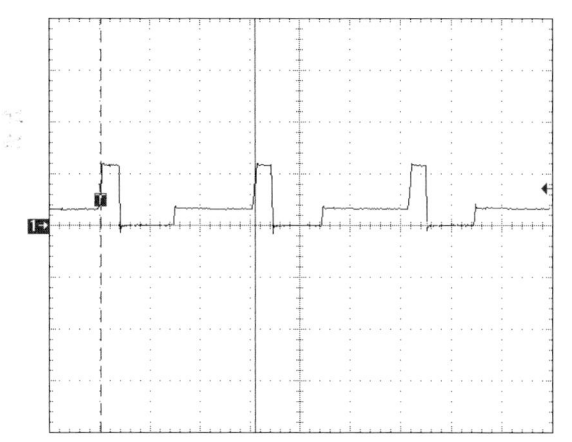

写真18 入力電圧を12.0 Vに固定して負荷電流を変化させたときのスイッチング波形(10 V/div，500 ns/div)
負荷電流1 A

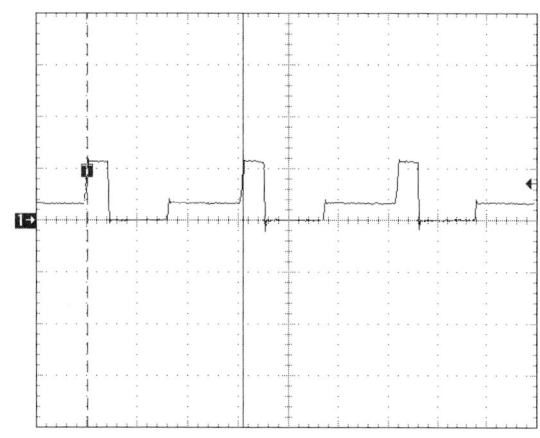

写真19 入力電圧を12.0 Vに固定して負荷電流を変化させたときのスイッチング波形(10 V/div，500 ns/div)
負荷電流2 A

生します．今度はインダクタLにエネルギーが不足します．となれば，出力電圧は大きく下がるでしょう．

　こうした負荷電流の変化が大きく，そのためインダクタの余剰/不足エネルギーが大きくなればなるほど，出力電圧は大きく変動します．**写真4**から**写真15**は，そのことを示しています．

● 出力の電圧変動を抑えるにはキャパシタンスCを大きくする

　今，ネガティブ・フィードバックが理想に近く設計されているとしましょう．その状態でも，出力の電圧変動は上記した理由で発生します．

　この出力変動を少なく抑えるには，LCフィルタのキャパシタCのキャパシタンスを大きくするとよいでしょう．現状のCPUやFPGAのボードは，POLとCPU，FPGA間に積層セラミック・キャパシタを数多く並列に接続することで，出力電圧の変動を抑えています．

　ところで，このインダクタンスLの余剰エネルギーは，ネガティブ・フィードバック系が理想に近い状態で高速応答可能であったとしても，なくなるわけではありません．つまり，理想のネガティブ・フィードバック系を実現しても，出力電圧の変動は余剰エネルギーによって生じてしまいます．このあたりに，出力電圧の変動をさらに減少させるポイントがあります．読者のアイデアを期待しています．

● 電圧変動時を詳細に見る

　写真4から**写真15**までは，一般的な負荷変動時の出力電圧の変動を測定しました．さらに微にいり際をうがってみましょう．負荷電流が急変する際のスイッチングの波形も測定してみました．**写真16**，**写真17**

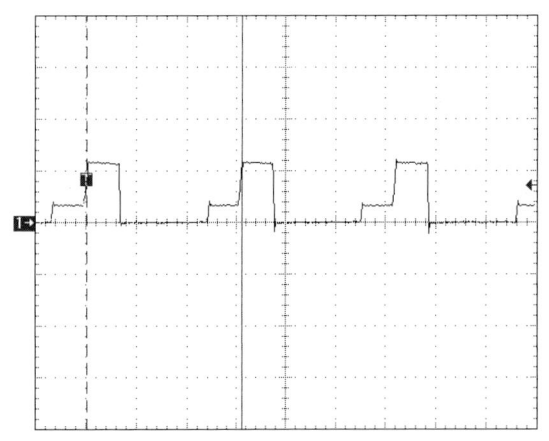

写真20 入力電圧を12.0 Vに固定して負荷電流を変化させたときのスイッチング波形(10 V/div, 500 ns/div)
負荷電流5 A

写真21 入力電圧を12.0 Vに固定して負荷電流を変化させたときのスイッチング波形(10 V/div, 500 ns/div)
負荷電流7 A

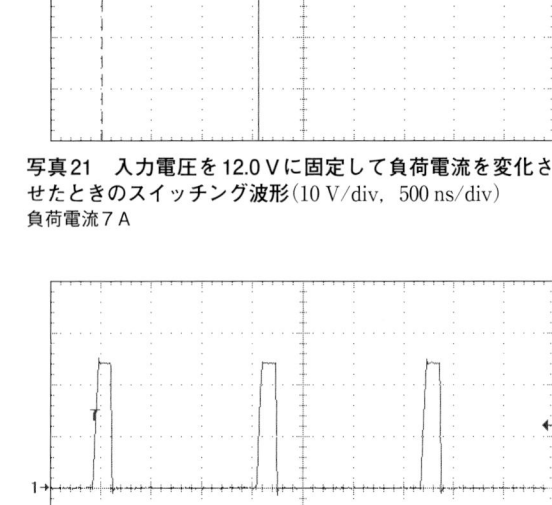

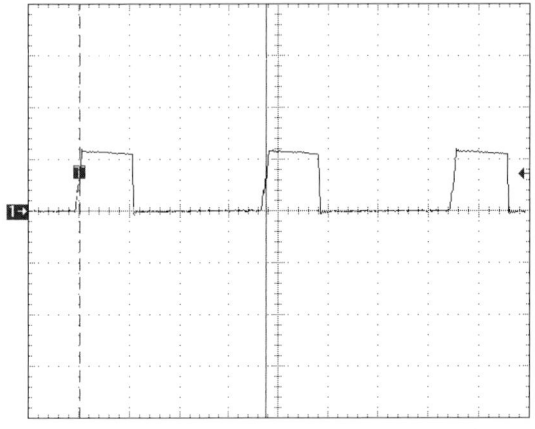

写真22 入力電圧を12.0 Vに固定して負荷電流を変化させたときのスイッチング波形(10 V/div, 500 ns/div)
負荷電流10 A

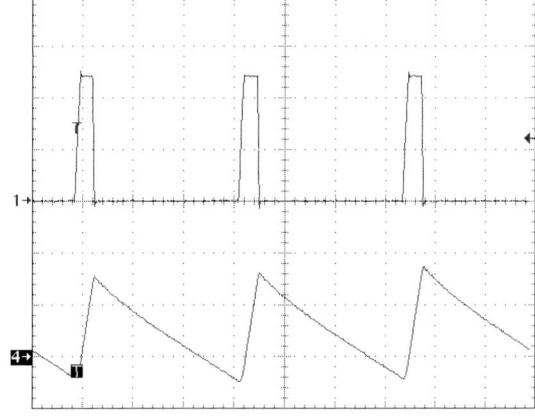

写真23 一般的な同期整流のスイッチング波形(上：5 V/div, 下：インダクタ電流2 A/div, 500 ns/div)
負荷電流1 A

です．注目する点は，スイッチングのサイクル数です．何と5サイクル程度のスイッチングで，定常状態のパルス幅になっています．

ネガティブ・フィードバックが適切なので高速応答できているのかは，こうした定常状態まで収束するサイクル数に表れるのです．その意味で，この特性は素晴らしいです．

繰り返し述べますが，いかにネガティブ・フィードバックが素晴らしくても，インダクタンスLのエネルギーを急激に変える魔法はありません．

● 同期整流のCCMを中止してDCMで効率を上げる

スイッチング波形を測定していて気が付いたことがあります．それは，このPI33xxシリーズは，単純なスイッチングをしていないという点です．入力電圧を12.0 Vに固定して，負荷電流を変化させてみました(**写真18～写真22**)．

写真18が負荷電流1.0 Aのときで，順に電流が大きくなり**写真22**が10.0 Aの定格電流のときです．単純なON/OFFのスイッチングではありませんね．特に，負荷電流が小さいときにそのことが顕著です．

一般的な同期整流ならば，**写真23**のように常時CCM(Continuous Conduction Mode)動作です．しかし，PI33xxでは，負荷電流が少ないときは明らかに**写真23**とはスイッチング波形が異なります．つまり，負荷電流7 A未満ではDCM(Discontinuous Conduction Mode)で動作している，と思われます．

DCMで動作させた理由を考察してみましょう．同期整流ならば，負荷電流が少ないときは**写真23**のようにパワーMOSFETに逆向きに電流が流れる時間があるので，効率が悪化します．その現象を嫌って負荷電流が少ないときにDCMで動作するようにした，と

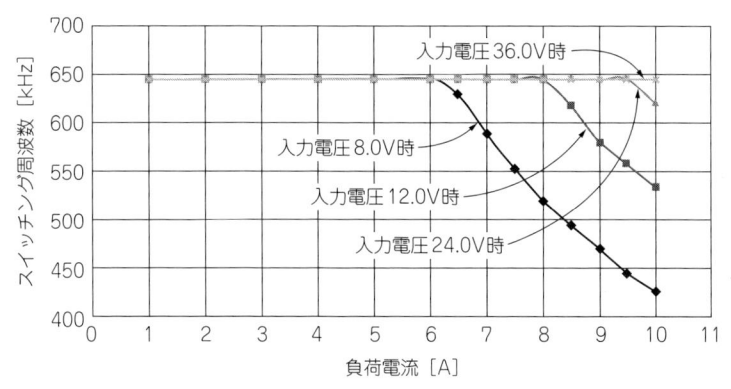

図4 負荷電流とスイッチング周波数の関係

思われます．こうしたCCM，DCMの切り替えができることは，ディジタル制御ならではです．

● 負荷電流によってスイッチング周波数が変化する

また，スイッチング周波数も負荷電流によって変化する現象も気が付きました．この現象は，入力電圧が低いときに大きく出て，入力電圧が高い場合は出にくい傾向があります．図4に，負荷電流とスイッチング周波数の関係を示します．非常に興味深い特性だと思います．

入力電圧が低い条件で，負荷電流の増加とともにスイッチング周波数が変化するメカニズムは，残念ながら資料からは推察できませんでした．

● 課題

PI33xxシリーズの資料[1],[2]には，ZVSをしているとの記述があります．ところが，PI33xxのパワー・スイッチング部はIC内部にあり，残念ながら確認することができませんでした．宿題が残ったようです．

◆参考・引用*文献◆
(1) Vicor Japan NEWS，2012年7月，バイコー・ジャパン．
(2)* 8V to 36Vin Cool-Power ZVS Buck Regulator Family, Rev 1.2, August 24, 2012, Vicor.
http://cdn.vicorpower.com/documents/datasheets/Picor/ds_pi33xx.pdf
(3) 瀬川 毅；ディジタル制御型のDC-DCコンバータIC ZL2006，グリーン・エレクトロニクスNo.6，2011年9月，CQ出版社．

POLとは

POL(Point of Load)は，CPU，FPGAなどの「負荷直近に配置する」という設計思想で作られたDC-DCコンバータの総称です．CPU，FPGAの電源は，1.2V以下の電圧と10A以上の大電流で，さらに高速応答(20A/μs以上)が必要であることが多いのです．

そのため，DC-DCコンバータとCPU，FPGA間の配線によるインダクタンス成分L_kが，負荷の電流の変化率di/dtに大きな影響を与えます．例えば，インダクタンス成分L_kが60nHとしましょう．今，負荷のCPU側で負荷変動があり，しかも短絡状態と見なせるほど急激な負荷変動と仮定します．すると，DC-DCコンバータから負荷に流れ出る電流の変化率di/dtは，

$$\frac{di}{dt} = \frac{V_{out}}{L_k} = \frac{1.2\text{V}}{60\text{nH}} = 20\text{A}/\mu\text{s}$$

となります．

この事例では配線のインダクタンス成分L_kが60nHあると，理想的な応答のDC-DCコンバータでも20A/μs以上の電流が流れることができません．その結果，負荷側では短い時間ですが電流が不足してCPUの電源電圧が下がる現象が発生するでしょう．負荷側で電圧変動が発生したのですね．この電圧がデバイスの定格を越えると誤動作，あるいはデバイス破壊につながります．こうした問題に対処するため，CPUやFPGAの電源端子に大容量の積層セラミック・コンデンサを多数実装するのが一般的です．

このような事態を避けるために，配線のインダクタンスは少なくする，つまりDC-DCコンバータはCPUやFPGAの直近に配置する，という思想が生まれたのです．

デバイス

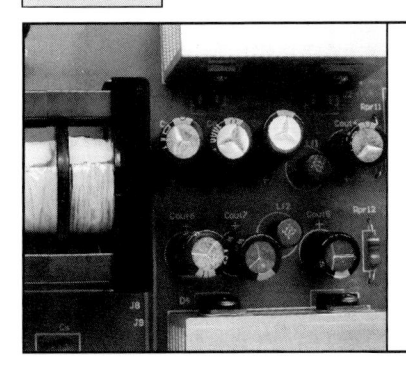

8ピンでハイ・サイド・ドライバを内蔵したLLCコンバータ用コントローラ
IRS2795シリーズを使用したLLC共振電源の設計

吉岡 均
Hitoshi Yoshioka

インターナショナル・レクティファイアー社は，多品種のMOSFETやIGBTを供給していることで有名ですが，実は多くの電源用制御ICも供給しています．ここで解説するIRS2795シリーズは，8ピンにもかかわらず600 V耐圧のハイ・サイド・ドライバを内蔵したLLC共振ハーフ・ブリッジ用のコントローラです．

IRS2795の概要と機能

最大50％デューティのコンプリメンタリ出力を提供し，ハイ・サイドとロー・サイドのMOSFETを180°位相でドライブします．プログラム可能なデッド・タイムは，一方のスイッチのターン・オフと他方のスイッチのターン・オンの間に挿入され，ソフト・スイッチングが可能です．

このコントローラは必要とする機能を含んだマルチファンクションな発振器を内蔵しています．2端子で構成するRC発振器は，スイッチング周波数など各種のプログラムを外部から設定することができます．出力の過電流保護（OCP；Over Current Protection）のため，ハーフ・ブリッジのロー・サイドMOSFETの電流を監視するVS検出回路を内蔵しています．ロー・サイドMOSFETのRDS(ON)を使うことによって，電流検出回路が簡単になります．低い待機電力のマイクロパワー・スタートアップは，ICの消費電力が少ないスリープ・モードが可能です．

ICとしての性能は，耐湿性がMSL2で開封後1年間（IPC/JEDEC J-STD-020），ESDはHBM（Human Body Model）がクラス2で2 kV～4 kV（JESD22-A114），MM（Machine Model）がクラスBで200 V～400 V（JESD22-A115），ラッチアップ耐量はクラス1のレベルAで室温±100 mA（JESD78）です．

パッケージは，IRS27951/27952がSOIC8N（8ピン），IRS279524がSOIC14N（14ピン）です（写真1）．

● ピンの構成

ピン配置を図1に，内部ブロックを図2に示します．

▶ VCC(1)：電源端子

ICの電圧供給ピンで，UVLO（Under Voltage Lock Out）回路の検出ノードです．UVLOは，V_{CCUV+} = 11 V_{typ} でターン・オン，V_{CCUV-} = 9 V_{typ} でターン・オフします．ピンを'L'にするとICが停止します．耐圧25 V_{max}で内部クランプはありません．

▶ RT(2)：タイミング抵抗

このピンは2 Vの基準電圧を提供し，COMピン間に接続した抵抗R_Tで最小スイッチング周波数を設定する電流を決めます．最低R_T値は2 kΩです．発振器の周波数を調整して，出力電圧を制御するフィードバック・ループを構成します．フォトカプラのフォト・トランジスタを抵抗経由でこのピンと接続し，最大スイッチング周波数を設定します．COMピン間に接続するRC直列回路は，ソフト・スタートの起動時スイッチング周波数の偏移を設定します．

写真1
IRS2795シリーズの
パッケージ外観
（8ピン）

図1 IRS2795xのピン配置

(a) SOIC8N

1	V_{CC}	VB	8
2	RT	HO	7
3	CT/SD	VS	6
4	COM	LO	5

(b) SOIC14N

1	NC	NC	14
2	V_{CC}	VB	13
3	RT	HO	12
4	CT/SD	VS	11
5	COM	NC	10
6	NC	NC	9
7	NC	LO	8

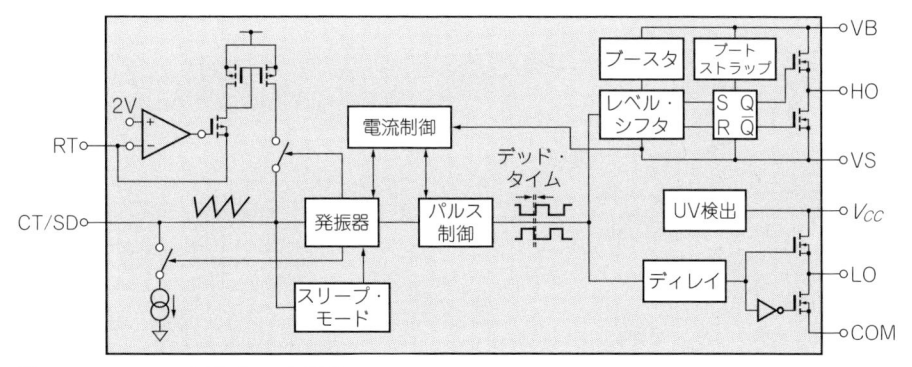

図2 IRS2795xの内部ブロック構成

▶ CT/SD(3)：タイミング・コンデンサ/シャットダウン

このピンとCOMピン間に接続したコンデンサC_Tは，発振器のデッド・タイムとスイッチング周波数を設定します．最大のC_T値は2000 pFです．閾値V_{EN1}=1.05 V_{typ}になるとコンデンサを10μAの電流源で充電します．CT/SDピンは三角波を発生し，上り傾斜の間にRTピンでプログラムされた電流基準によって充電し，下り傾斜の間に内部で固定された2 mAの電流源によって放電します．三角波の下降時間はデッド・タイムを決めます．外部でCT/SDピンをV_{EN2}=0.85 V_{typ}以下にすると，ICはスリープ・モードに入ります．

▶ COM(4)：ロジックとゲート・ドライブのグラウンド

ICのグラウンド・ピンです．すべての内部回路は，このピンを基準に動作します．

▶ LO(5)：ロー・サイドのゲート・ドライバ出力

ハーフ・ブリッジのロー・サイドMOSFETをドライブする+0.3 A/−0.9 Aのドライバ端子です．UVLOの間は 'L' になります．

▶ VS(6)：ハイ・サイドのゲート・リターン/電流検出

フローティング電源のリターン・ピン（ハイ・サイドのグラウンド）です．このピンは高電圧の電流検出ピンとしてOCP動作し，ロー・サイドMOSFETの$R_{DS(ON)}$を用いて電流検出します．閾電圧はIRS27951が2 V，IRS27952(4)が3 Vの固定です．このOCP機能はラッチ式です．

▶ HO(7)：ハイ・サイドのゲート・ドライブ出力

ハーフ・ブリッジのハイ・サイドMOSFETをドライブする+0.3 A/−0.9 Aのドライバ端子です．UVLOの間は 'L' になります．

▶ VB(8)：ハイ・サイドのフローティング電圧

ロー・サイドのMOSFETがONのとき，VBピンとVSピン間に接続されたブートストラップ・コンデンサC_{VB}は，外部のブートストラップ・ダイオードで充電されます．ハイ・サイドには個別のUVLOがあり，V_{BSUV+}=8.5 V_{typ}でターン・オン，V_{BSUV-}=7.9 V_{typ}でターン・オフします．

● ハイ・サイド・ドライバ

6ピン〜8ピンが，グラウンド・ピンCOMに対して600 Vの耐電圧をもつハイ・サイド・ドライバ部を構成します．ハーフ・ブリッジのハイ・サイドMOSFETをパルス・トランスやフォトカプラなどを使わずに，直接ドライブすることができます．

VSピンはドライバIC特有の仕様で，スイッチング時のON/OFFによるdv/dt耐量が重要です．本ICは50 V/nsと高速のスイッチング・パルスでの使用が可能です．

動作モード

ICの動作状態は条件により，UVLO，SLEEP，通常動作，電流フォルトに切り替わります．**図3**に状態図を示します．

● UVLOモード

VCCピンの電圧がV_{CCUV+}を越えるまで，ICは停止状態です．ICがUVLO状態の間，ゲート・ドライバは停止し，ICの静止電流は$I_{CTstart}$まで少なくなります．

VCC起動のあとにV_{CCUV-}より低下すると，ICはUVLOモードに戻ります（**図4**）．このモードでの電流消費は，100μA以下になります．

● スリープ・モード

VCCピンがV_{CCUV+}以上で通常モードの間，CTピンをスリープ閾値V_{EN2}以下にすると，消費電流が200μA以下のスリープ・モードになります（**図5**）．ICのRTピンは，ソフト・スタートによるシステムの再起動を確実にするため外部コンデンサを放電します．

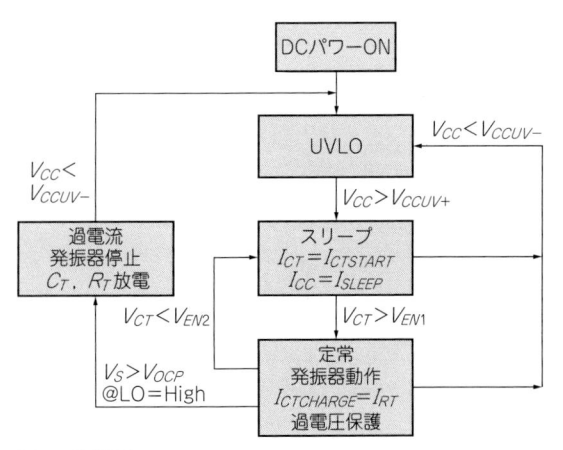

図3 状態図

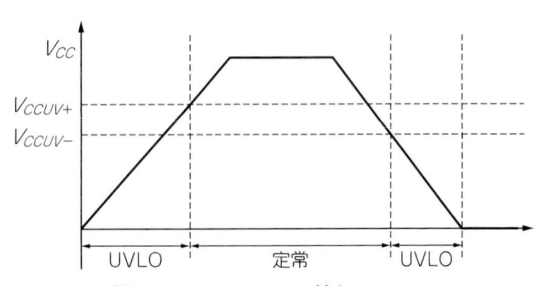

図4 VCC電圧によるモード切り替え

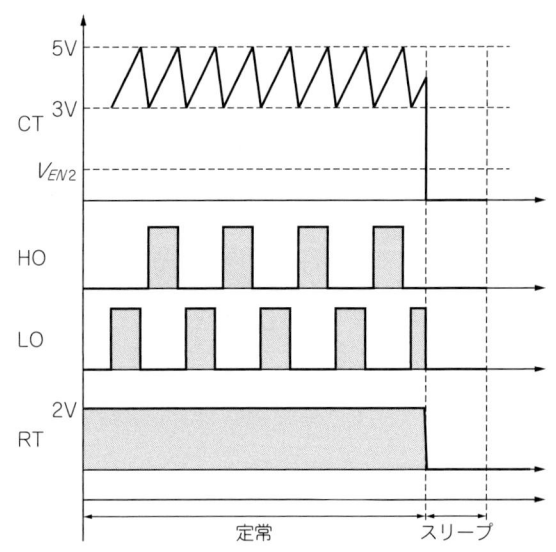

図5 CT/SDピンを 'L' にするとスリープ・モードに移行する

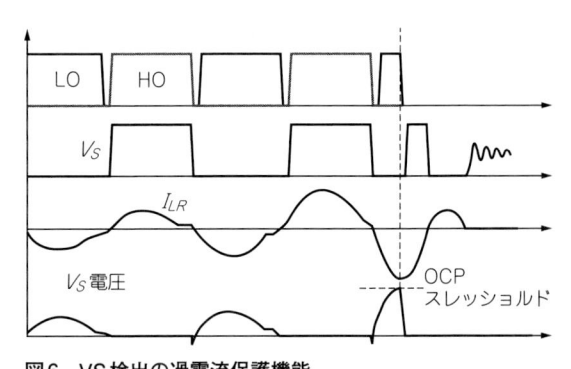

図6 VS検出の過電流保護機能
VSピンのセンス電圧はLOが 'H' のときに有効

このモードは各種の規制，ブルーエンゼル，エネルギースター，グリーンパワーなどを満たすことができます．このIC停止ファンクションは，他のシステム保護機能にも応用できます．

● 通常モード

VCCピンがV_{CCUV+}を越えると，ICは通常の動作モードに入ります．RTピンの電圧は，通常モードで2Vです．ゲート・ドライブ信号は50%固定のデューティで，HOピンとLOピンに出力されます．このモードの間，VSピンの過電流保護OCPは使用可能です．

● 電流フォルト・モード

通常モードではロー・サイドMOSFETのターン・オンごとに，VSピンの電圧を検出します．MOSFETの$R_{DS(ON)}$を使うので，電流検出抵抗は不要です．VSピンの電圧は検出電圧がVOCPを越えると，LOのリーディング・エッジ・ブランキング$t_{blank} = 300$ ns$_{typ}$後に検出され，ICは電流フォルト・モードに入ります．出力中のゲート・パルスを止め，発振器とゲート・ドライバを停止して，ラッチオフします(**図6**)．

この状態になると，RTピンとCT/SDピンの外部コンデンサは放電されます．この保護機能はラッチ式で，VCCピンをUVLO閾値以下にしてリセットし，再びV_{CCUV+}以上にすると再スタートします．

● 2端子のマルチファンクション発振器

2端子の発振器は，CTピンとCOMピンをコンデンサC_Tで接続し，RTピンとCOMピンの抵抗R_Tで外部設定を行います．RTピンは2Vの基準電圧と，2mAの電流源を提供します．

通常運転では，C_TはRTピンに接続された外部部品で決まる電流で充電されます．発振器のランプ波形は，二つのランプ閾値3Vと5Vの間で充電/放電します．ランプ電圧が5Vに達すると，内部の2mA固定電流で放電します．ランプの下降時間はハーフ・ブリッジMOSFETのデッド・タイムとなります．CTピン/RTピンの波形を**図7**に示します．

スタートアップは，10μAの電流源でCTピンのコンデンサを充電します．CTピンがV_{EN1}まで上昇する

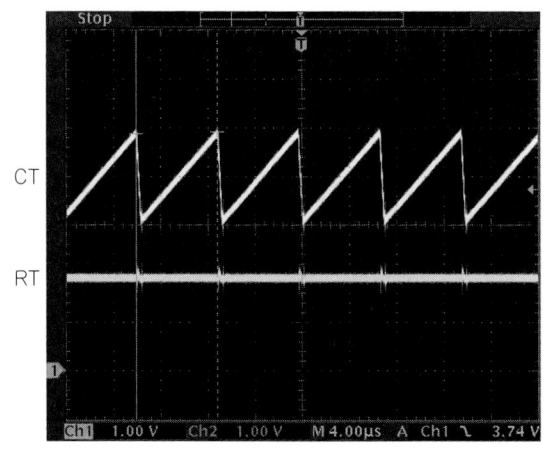

図7　CTピンとRTピンの波形 (1 V/div, 4 μs/div)
上：CTピン(三角波), 下：RTピン(基準電圧)

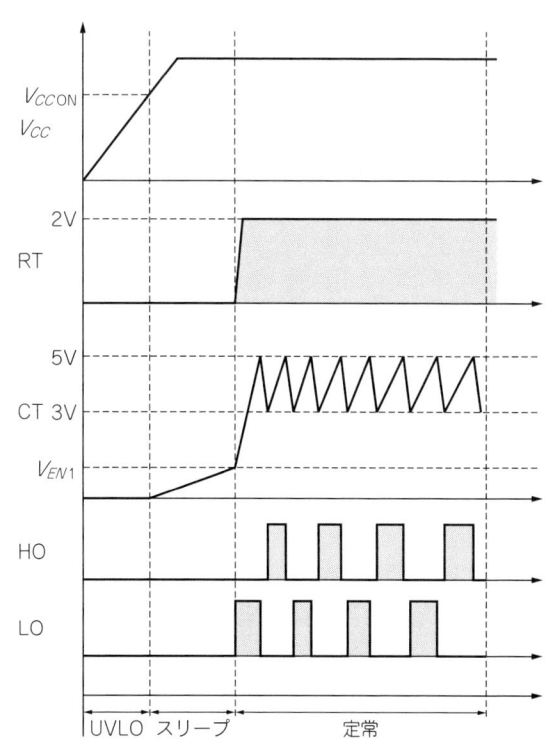

図8　ソフト・スタートによる起動波形

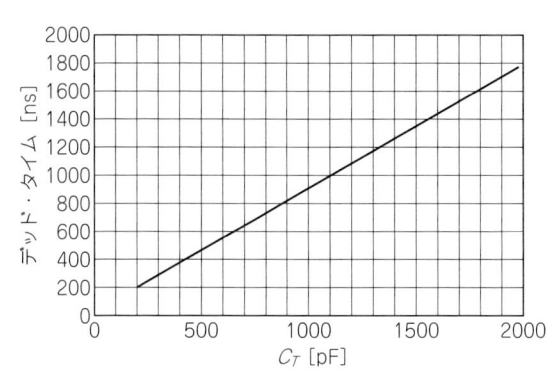

図9　C_Tとデッド・タイムのグラフ

と，ICはスリープ・モードから抜け，RTピンに2Vの基準電圧が出力されます．ハイ・サイドのフローティング・ドライバに電源V_Sを供給するブートストラップ・コンデンサを充電するため，最初にロー・サイドMOSFETがONするようにスタートアップ・シーケンスが動作します(図8)．CTピンの電圧が5Vのランプ閾値に到着するまで，ロー・サイドMOSFETはONし続けます．

発振器の機能を以下に示します．
(1) 広い周波数範囲：発振器は50 kHz～500 kHz以上までの周波数で発振します．
(2) デッド・タイム：タイミング・コンデンサC_Tは，LOとHOの間でデッド・タイムを設定します．
(3) ソフト・スタート：出力電圧は，スイッチング周波数を低下しながら立ち上がります．

RTピンとCOMピンに接続されたRC直列回路(C_{SS}＋R_{SS})は，ソフト・スタート時間を設定します．最初，コンデンサC_{SS}は放電されており，直列抵抗R_{SS}がR_{fmin}と並列になるので，初期のスイッチング周波数はR_{SS}とR_Tによって決定されます(フォトカプラのフォト・トランジスタはOFF)．スイッチング周波数はC_{SS}の充電とともに低下し，電圧が2Vになり，R_{SS}を通過する電流がゼロになるまで，C_{SS}は充電されます．

(1) 起動，最小，最大スイッチング周波数：ソフト・スイッチング領域でスイッチング周波数を制御します．
(2) 起動時，RTピンの並列抵抗($R_{SS}//R_T$)とコンデンサC_Tは，起動時のスイッチング周波数を設定します．
(3) 抵抗R_TとコンデンサC_Tは，最小のスイッチング周波数を設定します．
(4) フィードバック制御は抵抗R_{fmax}とフォト・トランジスタを使い，電流を調整して発振周波数を可変します．
(5) 最大スイッチング周波数($R_{max}//R_T$)は，C_Tで設定します．

● スイッチング周波数とデッド・タイムの算出

デッド・タイムは次式で計算します(図9)．

$$t_{DT} = (0.85 C_T + 40 \text{ pF}) \frac{2 \text{ V}}{2 \text{ mA}}$$

スイッチング周波数は次式で与えられます．

$$f_{SW} = \frac{1}{2 [R_{Teq}(0.85 C_T + 40 \text{ pF}) + t_{DT}]}$$

R_{Teq}はRTピン全体の等価抵抗で，図10に示すスイ

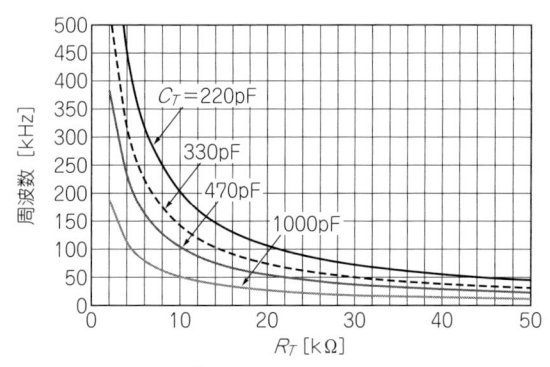

図10 スイッチング周波数とR_Tの選択グラフ

ッチング周波数チャートのR_T値から選びます．
最大デューティは次式で与えられます．

$$D_{C\max} = 0.5 - (t_{DT} f)$$

実装上の注意

● PCBレイアウトの例

ハイ・サイドを構成する部品は，フローティング電圧ピン(VBとVS)の近くに配置します．ノイズ・カップリングを少なくするため，グラウンドはフローティングの高電圧の下や近くに置くべきではありません．

ゲート・ドライブの電流ループはアンテナのように働き，EMIノイズを受けたり，発生することがあります．EMIカップリングを減らし，MOSFETのターン・オン/オフ特性を改善するため，ゲート・ドライブのループはなるべく小さくします．ロー・サイド・ドライバの電流ループのリターンは，ICのCOMピンに直接接続し，信号グラウンドと分けます．つまり，電源グラウンドと信号グラウンドはCOMピンに対して，1点アースします．

VCCピンのバイパス・コンデンサは，1μF程度のセラミック・コンデンサを使い，寄生素子を減らすためVCCピンとCOMピンの近く配置します．ハイ・サイドのコンデンサC_{BS}も可能な限りVBピンとVSピンに近く配置します．

● ルーティングと配置

ICは信号リターンと電力リターンの両方に1本のCOMピンなので，信号グラウンドと電源グラウンドを別々にして，COMピンで1点アースします．

RTピンは発振器に電流基準を提供し，ハイ・サイドとロー・サイド間で周波数ジッタやデューティのアンバランスの発生を避けるため，ゲート・ドライバのループやVSノードなどの高周波スイッチング・ノードから遠ざけます．

コンデンサC_Tは直接COMピンと接続し，リター

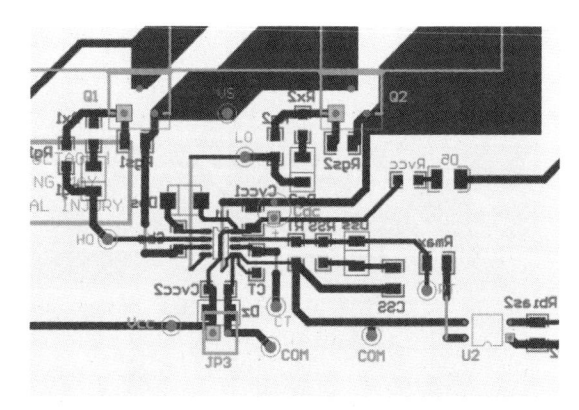

図11 パターン・レイアウトの一例

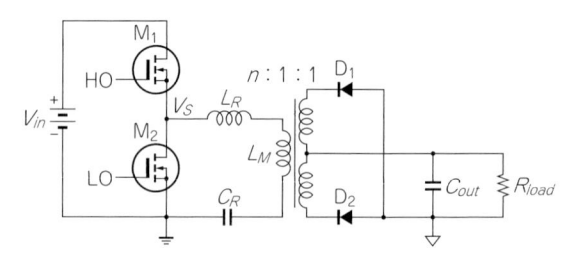

図12 LLC共振ハーフ・ブリッジ・コンバータの基本回路

ンを他の信号グラウンドと共有しないでください．
図11にパターン・レイアウトの一例を示します．

LLC共振ハーフ・ブリッジ・コンバータの動作

ハーフ・ブリッジのLLC共振型コンバータ(レゾナント・ハーフ・ブリッジ・コンバータ)は，高効率，スイッチング・ノイズの低減，高電力密度を達成できます．この回路方式は，DCバス変換用フロントエンドではもっとも理想的な回路方式の一つです．ソフト・スイッチングの領域ではバック・ブースト変換の特性で，共振タンクを構成するためにトランスの励磁インダクタンスL_Mと漏れインダクタンスL_Rを利用します．この回路方式の代表的なパワー段の回路を図12に示します．

二つのMOSFETは50%デューティで動作し，出力電圧はスイッチング周波数を変化して制御します．共振タンクには2種類の共振周波数があり，一つは低い共振周波数(L_M，L_R，C_Rと負荷で決まる)で，もう一つは高い直列共振周波数f_{R1}(L_RとC_Rで決まる)です．誘導負荷モードZVS(Zero Volt Switch)領域で動作するとき，二つのMOSFETはすべての領域でソフト・スイッチングできます．直列共振周波数f_{R1}を上回ることも下回ることもあります．

LLC共振ハーフ・ブリッジ・コンバータの代表的

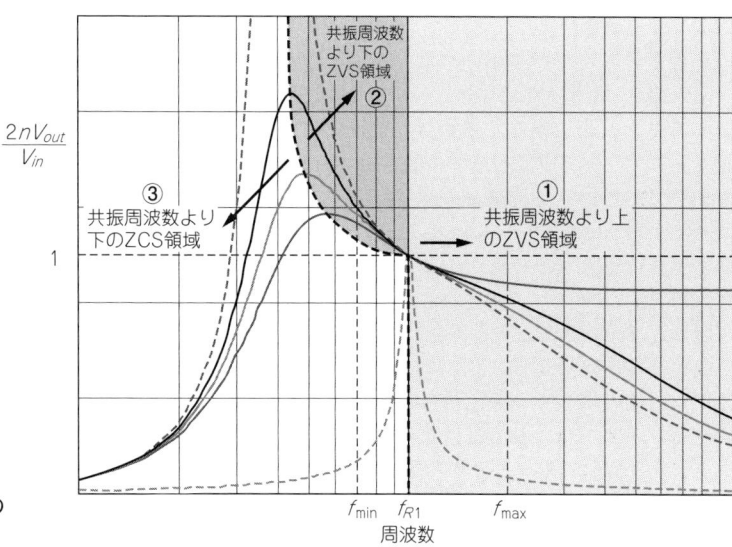

図13
LLC共振ハーフ・ブリッジ・コンバータの代表的な周波数ゲイン

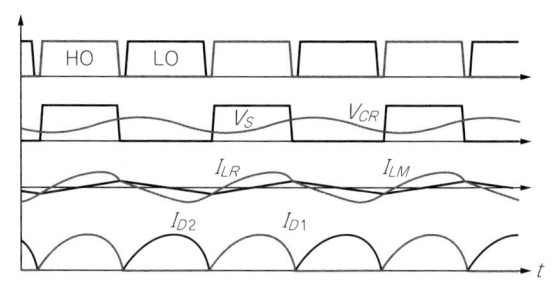

図14 領域①の直列共振周波数f_{R1}より高い誘導負荷モードZVSでの動作波形

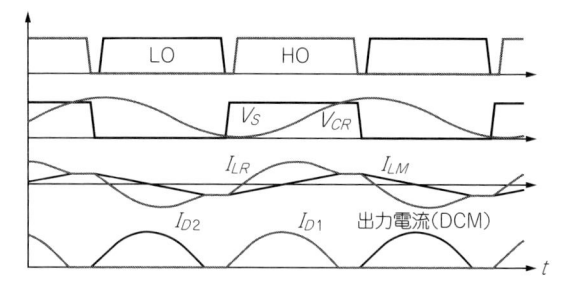

図15 領域②の低い共振周波数より高く，直列共振周波数f_{R1}より低いZVSでの動作波形

な周波数ゲインを図13に示します．これらの曲線は，異なる負荷状態での三つの異なる動作モード，三つの領域の周波数ゲインを示します．

● **領域①**

一つ目の領域は，直列共振周波数f_{R1}より高いスイッチング周波数の領域①です．コンバータの動作は，直列共振コンバータに似ています．

このとき，励磁インダクタンスL_Mと共振コンデンサC_Rは共振しません．励磁インダクタンスL_Mは出力電圧でクランプされ，直列共振タンクの負荷として機能します．これは誘導負荷モードZVSの領域であり，コンバータは負荷の状態にかかわらず，常にZVS動作をします(**図14**)．

$$f_{R1} = \frac{1}{2\pi\sqrt{L_R C_R}}$$

● **領域②**

二つ目の領域は，スイッチング周波数が低い共振周波数よりも高く，直列共振周波数f_{R1}より低い図13の領域②です．低い共振周波数は負荷とともに変化する

ので，領域②と領域③の境界線は，周波数ゲイン曲線の頂点を結んだところです．この領域では，LLC共振ハーフ・ブリッジの動作は二つの時間に分割されます．

まず，漏れインダクタンスL_Rと共振コンデンサC_Rが直列共振し，励磁インダクタンスL_Mは出力電圧によってクランプされます．漏れインダクタンスL_Rの共振電流が，励磁電流と同じレベルまで到達すると，L_RとC_Rは共振を停止し，励磁インダクタンスL_Mが共振動作に加わります．この間に，支配的な共振部品は，L_Rに直列なC_R，そしてL_Mに変わります．

領域②のZVS動作は，周波数ゲイン曲線の右側でコンバータを動作させることで実現します．L_R，C_Rによる直列共振周波数f_{R1}を下回るスイッチング周波数では，負荷の状況によって領域②か領域③のいずれかで動作します(**図15**)．

● **領域③**

直列共振周波数f_{R1}を下回る領域③では，LLC共振ハーフ・ブリッジ・コンバータは容量負荷モードZCS (Zero Current Switch)で動作します．MOSFETはハ

ード・スイッチングになり，スイッチング損失が大きくなります．

出力電流が増加すると，スイッチング周波数が直列共振周波数f_{R1}を上回るZVSから，直列共振周波数f_{R1}を下回るZVSへと変化します．2次側の整流ダイオードの電流は，電流連続モード（CCM；Continuous Conduction Mode）から電流不連続モード（DCM；Discontinuous Conduction Mode）へ移ります．共振コンデンサCRのリプル電圧は，直列共振周波数f_{R1}を下回るZVSモードでは大きくなります（図16）．

領域③容量負荷モードZCSでは，二つのMOSFETはゼロ電流の状態でOFFします．しかし，スイッチのターン・オンは，ZVSではないハード・スイッチングになります．ターン・オンのスイッチング損失は，バス電圧が高いと特に大きくなり，共振コンデンサC_Rは高い電圧ストレスを受けます．ZCSの動作は常に避けなければなりません．

● LLC共振ハーフ・ブリッジ・コンバータの電圧変換比率

図17に，LLC共振ハーフ・ブリッジ・コンバータの代表的な電圧変換比率を示します．入力電圧一定で出力電流を変化すると，出力電圧を制御するためスイッチング周波数を変えます．Qが異なっても，曲線群で同じ電圧変換比率を保持します．出力電流一定で入力電圧を変化すると，出力電圧を制御するため，負荷曲線に沿ってスイッチング周波数を変えます．変換比率は入力電圧が下がると増加します．

LLC共振ハーフ・ブリッジ・コンバータの設計にあたり，等価回路を得るため基本波近似法（FHA；First Harmonic Approximation）を用います．分析を単純にするため，すべての部品は1次側に配置します．負荷はトランスの励磁インダクタンスL_Mに並列接続している抵抗R_{AC}です（図18）．

共振タンクの入力電圧は，振幅がV_{in}の矩形波です．矩形波の基本要素は次式のとおりです．

$$\frac{2V_{in}}{\pi}\sin(\omega t)$$

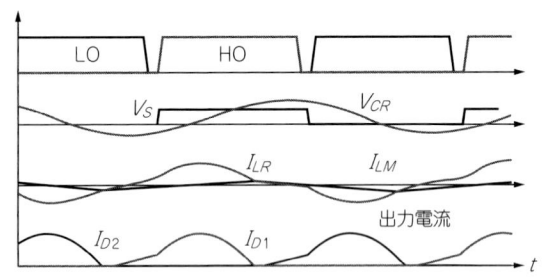

図16 領域③の低い共振周波数より低いZCSでの動作波形

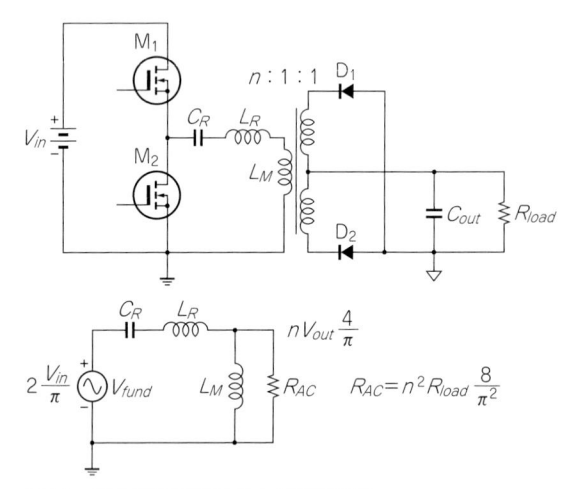

図18 基本波形近似法による等価回路

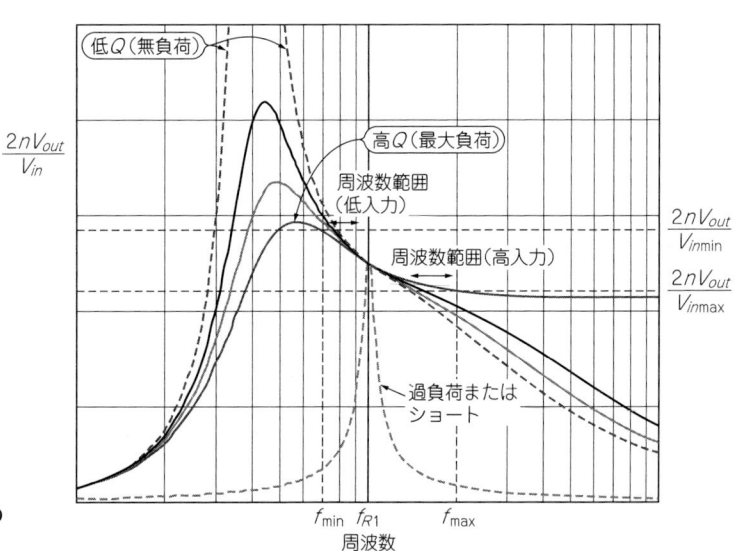

図17 LLC共振ハーフ・ブリッジ・コンバータの代表的な電圧変換比率

共振タンクの出力電圧は，励磁インダクタンスL_Mにかかる電圧です．これは振幅が$-nV_{out}$から$+nV_{out}$まで変化する矩形波に近似できます．したがって，出力矩形波の基本要素は次式の通りです．

$$\frac{4nV_{out}}{\pi}\sin(\omega t)$$

等価AC抵抗R_{AC}の電力損失は，R_{load}の電力損失に等しく，次式のようになります．

$$\frac{V_{out}^2}{R_{load}} = \frac{\left(\frac{4nV_{out}}{\sqrt{2}\pi}\right)^2}{R_{AC}}$$

式を整理すると，等価AC抵抗R_{AC}は次式のように求められます．

$$R_{AC} = \frac{8n^2}{\pi^2}R_{load}$$

等価回路の変換比率Mは，次式のように求められます．

$$M = \left| \frac{\frac{j\omega L_M R_{AC}}{j\omega L_M + R_{AC}}}{j\omega L_R + \frac{1}{j\omega C_R} + \frac{j\omega L_M R_{AC}}{j\omega L_M + R_{AC}}} \right|$$

変換すると次式のようになります．

$$M = \left| \frac{1}{1 + \frac{L_R}{L_M} - \frac{1}{\omega^2 L_M C_R} + \frac{j\omega L_R}{R_{AC}} - \frac{j}{\omega C_R R_{AC}}} \right|$$

次式のような定義付けでMが簡略化されます．

$$f_{R1} = \frac{1}{2\pi\sqrt{L_R C_R}},\quad x = \frac{f_{SW}}{f_{R1}}$$

$$\omega = 2\pi f_{SW} = 2\pi x f_{R1} = \frac{x}{\sqrt{L_R C_R}}$$

$$k = \frac{L_M}{L_R},\quad R_{AC} = \frac{8n^2 R_{load}}{\pi^2}$$

$$Q = \frac{2\pi f_{R1} L_R}{R_{AC}} = \frac{1}{2\pi f_{R1} C_R R_{AC}}$$

$$M = \left| \frac{1}{1 + \frac{1}{k}\left(1 - \frac{1}{x^2}\right) + jQ\left(x - \frac{1}{x}\right)} \right|$$

または，

$$M = \frac{1}{\sqrt{\left[1 + \frac{1}{k}\left(1 - \frac{1}{x^2}\right)\right]^2 + \left[Q\left(x - \frac{1}{x}\right)\right]^2}}$$

Mは出力電圧と入力電圧の比に等しいので，次式のようになります．

$$M = \frac{nV_{out}\frac{4}{\pi}}{2\frac{V_{in}}{\pi}} = \frac{V_{out}}{V_{in}}2n$$

したがって，出力電圧V_{out}と入力電圧V_{in}の変換比率は次式のとおりです．

$$\frac{V_{out}}{V_{in}} = \frac{M}{2n}$$

トランスと共振回路の設計

このセクションでは，LLC共振ハーフ・ブリッジ・コンバータの主要部品の計算方法を，出力24Vで10Aの240W電源を例にして説明します（表1）．

● ステップ1：トランス巻き数比率の計算

トランス巻き数比率は，最大入力電圧と無負荷状態という最悪のケースも含めて，出力電圧が常に変動率以下となるように，最大入力電圧で計算します．通常，パワー段の変換比率は計算値よりも高くなります．

これは，システムの寄生容量，トランスの巻き線間にある結合コンデンサと出力ダイオードの接合コンデンサが，特にスイッチング周波数が直列共振周波数f_{R1}よりも高くなる無負荷の場合，共振に影響を及ぼすためです．したがって，特にコントローラにバースト・モードがない場合，計算値よりも高い変数nを選択します．

$$n = \frac{V_{in\max}}{2V_{out}}$$

$n = 430 \div 2 \times 24 = 8.96 \rightarrow 9$

● ステップ2：kの値の選択

kはトランスの結合率と呼ばれ，励磁インダクタンスL_Mと漏れインダクタンスL_Rの比率です．kの値が小さくなると，図13に示した直列共振周波数f_{R1}を下回る領域②でゲイン曲線が急勾配になります．出力電圧は，kファクタが小さくなると周波数変動に反応しやすくなります（図19）．

kの値が大きくなると，励磁インダクタンスL_Mが

表1 設計するLLC共振ハーフ・ブリッジ・コンバータの仕様

項目	単位	説 明	値
$V_{in\max}$	V	最大入力電圧	430
$V_{in\min}$	V	最小入力電圧	350
$V_{in\text{nom}}$	V	定格入力電圧	390
V_{out}	V	出力電圧	24
I_{out}	A	出力電流	10
f_{R1}	kHz	共振周波数	100
$f_{\max}$	kHz	最大スイッチング周波数	150
$D_{\max}$	−	最大デューティ	0.5
t_{SS}	ms	ソフト・スタート時間	10
f_{SS}	kHz	ソフト・スタート周波数	300
		トランス	ETD49

注▶最大スイッチング周波数が高くなると，システムの寄生容量が出力電圧を上げるような3次共振周波数を作るので，通常は$f_{\max}$を$2f_{R1}$より小さく設定する

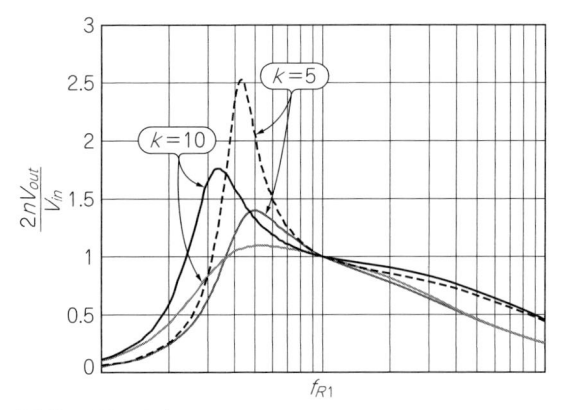

図19 k ファクタ

大きくなり，トランスの1次側の巻き線の励磁電流が少なくなります．すなわち，循環電力損失が低くなることを意味します．しかし，励磁インダクタンス L_M が大きすぎると，高い入力電圧の無負荷状態でZVSできないことがあります．循環電流が小さすぎてデッド・タイム中にVSノードを十分に充放電することができなくなるからです．

● ステップ3：最低入力電圧で最大負荷でZVS動作を維持するための Q_{max} の計算

等価共振回路の入力インピーダンスは，次式で求めることができます．

$$Z_{in} = j\omega L_R + \frac{1}{j\omega C_R} + \frac{j\omega L_M R_{AC}}{j\omega L_M + R_{AC}}$$

$$Z_{in} = Q \cdot R_{AC} \left| \frac{k^2 Q^2}{1+k^2 x^2 Q^2} + j\left(x - \frac{1}{x} + \frac{xk}{1+k^2 x^2 Q^2}\right) \right|$$

コンバータがソフト・スイッチング動作を続けるため，動作点は常に領域①または領域②の誘導性負荷モードZVSでなければなりません．ZVSとZCSの境界線は，入力インピーダンス Z_{in} の位相角 $\Phi(Z_{in})=0$（容量負荷モードと誘導負荷モードの境界条件）で，Z_{in} の虚数部はゼロになります．この条件でZVS動作するための最大の Q を計算でき，最大の Q は最低入力電圧と最大負荷で発生します．

$$Q_{max} = \frac{1}{k}\sqrt{\frac{1+k\left(1-\frac{1}{M_{max}^2}\right)}{M_{max}^2}}$$

$$= \frac{1}{k}\sqrt{\frac{1+k\left[1-\frac{1}{\left(2n\frac{V_{out}}{V_{in\,max}}\right)^2}\right]}{\left(2n\frac{V_{out}}{V_{in\,max}}\right)^2 - 1}}$$

M_{max} が最低入力電圧で最大の変換比率になるのは以下の場合です．

$Q_{max} = 0.456$

● ステップ4：最低スイッチング周波数の計算

最小スイッチング周波数は，先に計算した最大の Q_{max} によって，最低入力電圧と最大負荷で発生します．Q_{max} は $I_m(Z_{in})=0$ で定義されるので，次式のようになります．

$$\left(x - \frac{1}{x} + \frac{xk}{1+k^2 x^2 Q_{max}^2}\right) = 0$$

f_{min} は次式で計算します．

$$x_{min} = \frac{1}{\sqrt{1+k\left(1-\frac{1}{M_{max}^2}\right)}}$$

$$= \frac{1}{\sqrt{1+k\left[1-\frac{1}{\left(2n\frac{V_{out}}{V_{in\,max}}\right)^2}\right]}}$$

$x_{min} = 0.607$

$f_{min} = x_{min} f_{R1} = 60.7$ kHz

● ステップ5：L_R，C_R，L_M の計算

Q_{max} は最大負荷で発生するので，共振部品 L_R，C_R，L_M は，ステップ3で求められた Q_{max} の値を使って求めます．

$$R_{load} = \frac{V_{out}}{I_{out}} = \frac{24\text{ V}}{10\text{ A}} = 2.4\ \Omega$$

$$R_{AC} = \frac{8n^2 R_{load}}{\pi^2} = \frac{8 \times 9^2 \times 2.4\ \Omega}{\pi^2} = 157.57\ \Omega$$

$$L_R = \frac{Q_{max} R_{AC}}{2\pi f_{R1}} = \frac{0.456 \times 157.57\ \Omega}{2\pi \times 100\text{ kHz}} = 114\ \mu\text{H}$$

$$C_R = \frac{1}{2\pi f_{R1} Q_{max} R_{AC}}$$

$$= \frac{1}{2\pi \times 100\text{ kHz} \times 0.456 \times 157.57\ \Omega}$$

$$= 0.022\ \mu\text{F}$$

C_R は標準に近いコンデンサの値を選びます．

選択したコンデンサを使い，同じ Q_{max} を維持できるように直列共振周波数 f_{R1} を再計算します．

$$f_{R1} = \frac{1}{2\pi C_R Q_{max} R_{AC}} = 100.7\text{ kHz}$$

選択した C_R と f_{R1} を用いて，漏れインダクタンス L_R を再計算します．

$$L_R = \frac{Q_{max} R_{AC}}{2\pi f_{R1}} = 113\ \mu\text{H}$$

ZVS領域で動作させるには，実際の L_R の値を計算した値よりも小さくします．次に，L_R とステップ2で

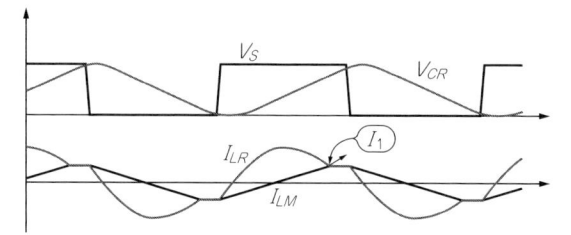

図20 最低入力電圧で最大負荷時のトランス1次側の波形

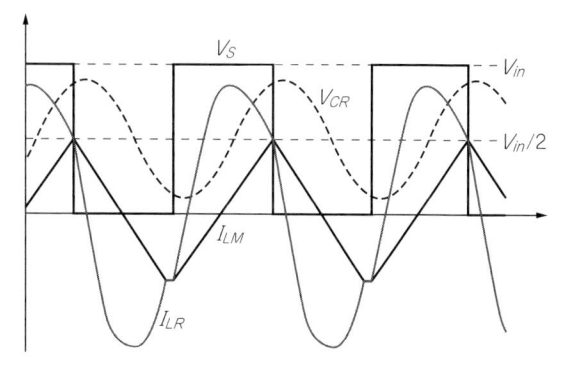

図21 共振タンクの代表的な電圧と電流波形

設定したkファクタに基づいて，励磁インダクタンスL_Mを計算します．

$$L_M = L_R k = 113 \times 5 = 565\,\mu\text{H}$$

1次側インダクタンスの合計値L_Pは，励磁インダクタンスL_Mと漏れインダクタンスL_Rを合計したものです．

$$L_P = L_M + L_R = 678\,\mu\text{H}$$

パワー段を簡素化するため，共振インダクタを分割ボビン（セクション・ボビン）を使って，トランスに組み込みます．1次巻き線と2次巻き線を2分割することで，1次/2次を分割しないボビンより結合が悪くなります．漏れインダクタンスが大きくでき，共振インダクタとして使用できます．部品点数が少なくなり，銅損も小さくなります．

トランスのインダクタンスを測る際，1次側のインダクタンスL_Pは2次側の巻き線をすべてオープンにして測ります．漏れインダクタンスL_Rは，2次側の巻き線をすべてショートして測ります．

● ステップ6：トランスの1次/2次巻き線の計算

標準的なハーフ・ブリッジのトランス巻き数の計算式を使います．

$$N_P = \frac{V_{in\,min} D_{max}}{2 \Delta B A_e f_{min}}$$

$\Delta B = 0.2$ T，$A_e = 2.11$ cm^2（ETD49），$f_{min} = 60$ kHz，$V_{in\,min} = 350$ V，$D_{max} = 0.5$ とすると，

$$N_P = \frac{350\,\text{V} \times 0.5}{2 \times 0.2\,\text{T} \times 2.11\,\text{cm}^2 \times 60\,\text{kHz}} \times 10 = 35\,\text{T}$$

$$N_S = \frac{N_P}{n} = \frac{35\,\text{T}}{9} = 3.89\,\text{T}$$

巻き数は整数値で，計算値よりも大きくなければならないので，$N_S = 4$ T を選びます．
N_Pを再計算します．

$$N_P = n N_S = 9 \times 4\,\text{T} = 36\,\text{T}$$

● ステップ7：トランスの1次/2次電流の計算

LLC共振ハーフ・ブリッジ・コンバータは，最低入力電圧で全負荷状態でも出力電圧を制御するため，最小スイッチング周波数が直列共振周波数f_{R1}より低くなるように設計します．このときの電流波形を**図20**に示します．

I_1は，共振電流I_{LR}と励磁電流I_{LM}のクロスした点の電流です．このポイントは，f_{R1}の前半でC_RとL_Rが共振を終わるところでもあります．このポイントでは，出力にはエネルギーが供給されず，出力ダイオードがOFFしています．MOSFETが状態遷移するまで，C_Rは$L_R + L_M$と共振を開始します．I_1は次式のように計算できます．

$$I_1 = \frac{n V_{out}}{2 L_{M2} f_{R1}} = 0.95\,\text{A}$$

1次側のピーク電流と実効電流の値は，以下のように見積もることができます．

$$I_{P(pk)} = \sqrt{\left(\frac{I_{out}\pi}{2n}\right)^2 + I_1^2} = 1.99\,\text{A}$$

$$I_{P(RMS)} = \frac{I_{P(pk)}}{\sqrt{2}} = 1.4\,\text{A}$$

実効電流は純粋な正弦波電流を想定して計算されるので，実際の1次側の実効電流は計算値よりも大きくなります．2次側の巻き線の電流は正弦波の半周期に近いので，ピーク電流と実効電流は次式で見積もることができます．1次側と2次側の巻き線の太さは，計算された実効電流に従って選びます．

$$I_{S(pk)} = \frac{I_{out}\pi}{2} = 15.7\,\text{A}$$

$$I_{S(RMS)} = \frac{I_{out}\pi}{4} = 7.85\,\text{A}$$

● ステップ8：共振コンデンサ電圧の計算

共振コンデンサC_Rの波形を**図21**に示します．
I_{LM}はトランス1次側の励磁電流で，2次側に出力される電流を含みません（**図22**）．

共振コンデンサC_Rの電圧V_{CR}は，漏れインダクタンスL_Rの電流がゼロ・クロスすると頂点に達し，L_R

の電流が頂点に達すると入力電圧の中間点になります．V_{CR}はVSノードがゼロのとき最大値になり，VSノードがV_{in}のとき最小値になります．したがって，$V_{CR\min}$と$V_{CR\max}$は次式のように計算できます．

$$V_{CR\max} = nV_{out} \times I_{P(pk)} \times \sqrt{\frac{L_R}{C_R}}$$

$$V_{CR\min} = V_{in} - nV_{out} - I_{P(pk)} \times \sqrt{\frac{L_R}{C_R}}$$

V_{CR}のピーク-ピーク電圧は$V_{CR\max} - V_{CR\min}$です．

$$V_{CR(pp)} = 2nV_{out} + 2I_{P(pk)} \times \sqrt{\frac{L_R}{C_R}} - V_{in}$$

ピーク-ピーク電圧の最大は，最低入力電圧$V_{in\min}$と全負荷で，最小スイッチング周波数$f_{\min}$のときに発生します．本例では次式のようになります．

$$V_{CR(pp)} = 2 \times 9 \times 24\,V + 2 \times 1.99\,A \times \sqrt{113\,\mu H / 0.022\,\mu F} - 350\,V$$
$$= 368\,V$$

共振コンデンサC_Rは，容量値と電圧，電流定格で選びます．電力損失を低くするため，ポリプロピレン・フィルム・コンデンサを使います．ポリプロピレン・フィルム・コンデンサは，DC電圧もしくは50 Hzの

AC電圧の定格で，周波数や周囲温度により使用電圧を低減します．高周波での耐電圧は，熱（電力損失）とピーク電流によって制限されます．通常，減定格は周囲温度が85～90℃で始まり，周囲温度が85℃を越える場合は，定格電圧が高いコンデンサを選択します．図23はEPCOS社のMKPコンデンサB32621（DC 630 V/AC 400 V）の一例です．

● ステップ9：最高入力電圧と無負荷状態でZVSを維持する最小デッド・タイムの計算

　LLC共振ハーフ・ブリッジ・コンバータでは，最高スイッチング周波数は最高入力電圧で無負荷のときです．理論上は，スイッチング周波数が直列共振周波数f_{R1}を越えるとZVSとなります．

　しかし，直列共振周波数f_{R1}を越えるのはZVSに必要な条件の一つで，ハーフ・ブリッジのVSノードの等価寄生コンデンサが，デッド・タイム時間内で完全に充放電されなければなりません．デッド・タイムが十分ではない場合，コンバータが直列共振周波数f_{R1}を下回るZVSの領域②で動作していても，MOSFETのターン・オンがハード・スイッチングになることを図24が説明しています．

　コンバータを常にZVS状態で動作させるには，二つのMOSFET間のデッド・タイムに，V_S等価コンデンサを充放電する最低時間が必要です．トランスの1次巻き線の循環電流によって等価コンデンサを充放電するので，最高入力電圧で無負荷状態がトランスの電流が最小になりワースト・ケースです．無負荷では2次側への電流転送はなく，共振タンクの電流はトランスの励磁電流のみとなり，図25のように半周期ごとに直線となります．

　したがって，この状況での1次電流は次式のように計算できます．

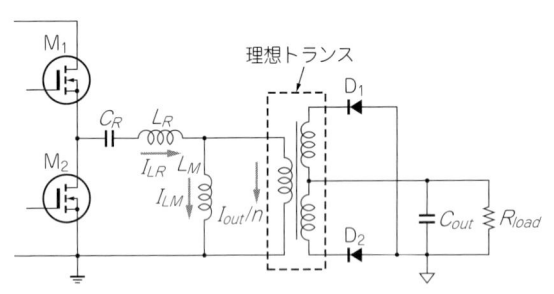

図22　励磁インダクタンスL_Mと理想トランス

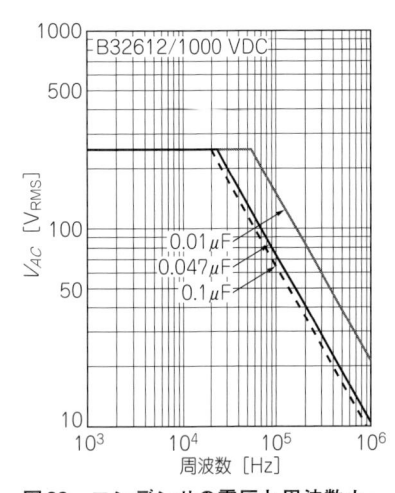

図23　コンデンサの電圧と周波数カーブ（MKP B32612，$T_a \leq 90℃$）

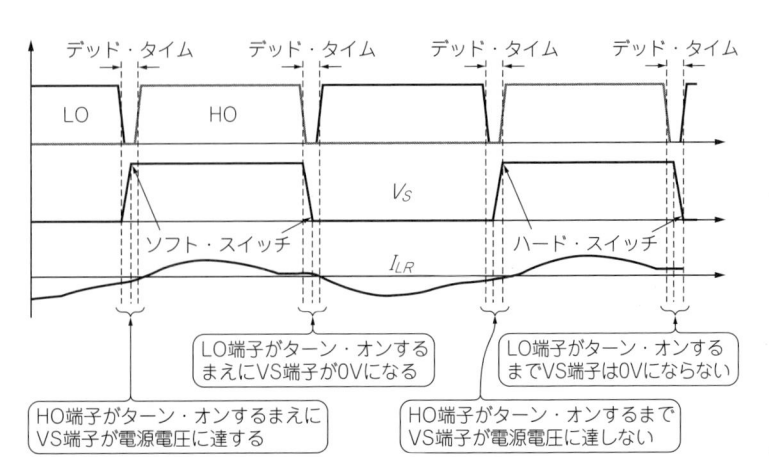

図24　領域②におけるZVSと非ZVSの動作波形

$$I_{P(\text{pk})}' = \frac{nV_{out}}{4f_{\max}(L_R + L_M)}$$

$I_{P(\text{pk})}' = 0.53$ A

図26に，ハイ・サイドVSノードの全等価結合コンデンサC_{HB}を示します．

$C_{HB} = 2C_{oss(\text{eff})} + C_{rss(\text{eff})} + C_{well} + C_S$

この式には以下の内容が含まれます．

▶ 二つのMOSFETの実効C_{oss}

MOSFETの実効容量は，MOSFETのデータシートに記載されている$C_{oss(\text{eff})}$です．V_{DS}が0から80%まで上昇する間，固定コンデンサの充電時間と同じです．したがって，500 VのMOSFETの$C_{oss(\text{eff})}$は，この回路では0から400 VのV_{DS}で規定されます．

▶ ロー・サイドMOSFETの実効C_{rss}

MOSFETの帰還容量C_{rss}は$V_{DS} = 25$ Vで規定され，C_{rss}はV_{DS}電圧が上昇するにつれて減少します．したがって，実効容量はC_{rss}の1/2～1/3を選択します．

▶ ハイ・サイド側の浮遊容量C_{well}

IRS2795シリーズの浮遊容量C_{well}は，600 Vのハイ・サイド側の容量で約5 pFです．例えば，MOSFET STF13NM50Nの$C_{oss(\text{eff})}$は110 pFで，C_{rss}は5 pF，VSノードにスナバ・コンデンサはなく，VSノードの充放電時間は次式のように求められます．

$$t_{ch} = \frac{C_{HB} V_{in\max}}{I_{P(\text{pk})}'}$$

$t_{ch} = 185$ ns

● デッド・タイム

デッド・タイムの計算には，ゲート・ドライブの下降時間も含めます．図27はMOSFETのターン・オフのタイミング・チャートです．最初の時間t_1で，ゲート電圧はミラー効果による平らな電圧V_M'まで放電し，V_{DS}とI_Dはまだ変化しません．MOSFETのゲート電圧がV_M'の間，ミラー・コンデンサC_{GD}が放電され，やがてV_{DS}は上昇し始めます．C_{oss}コンデンサの非線形性によってV_{DS}は初めゆっくり上昇し，V_{DS}が上がるにつれて傾斜が急になり，ドレイン電流とともに変化します．V_M'はゲート・ターン・オフ閾値$V_{GS(\text{th})}$に近い値です．

t_2から始まるVSノード（MOSFETのV_{DS}）の充電時間がすでにt_{ch}の計算に含まれているので，デッド・タイムの計算に関与するタイミングはt_1です．t_1では

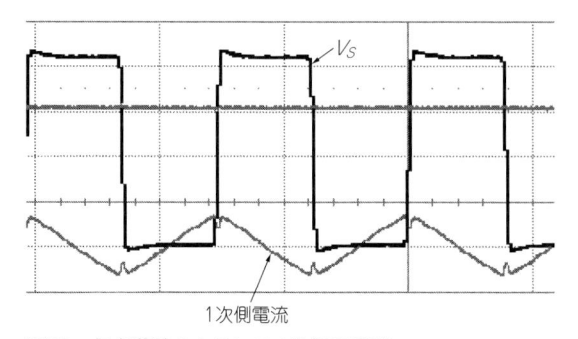

図25 無負荷時のトランス1次側の波形

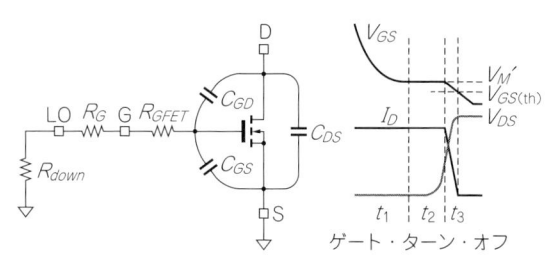

1次側電流

図27 MOSFETの等価的なターンOFF回路とタイミング・チャート

ゲート・ターン・オフ

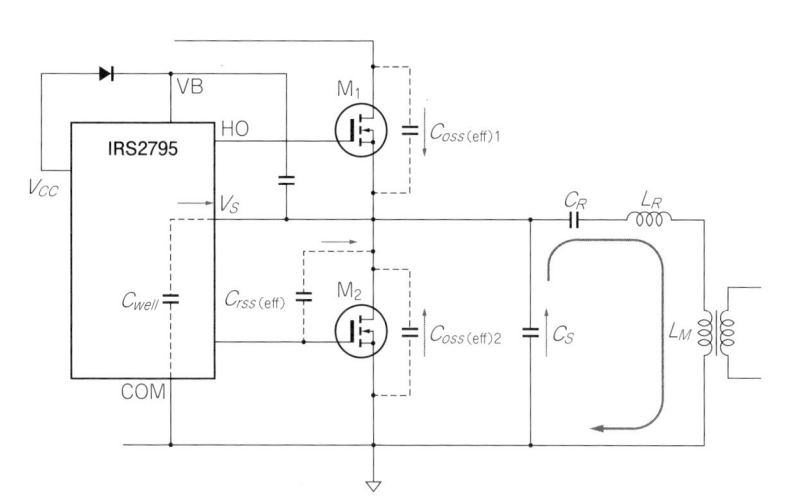

図26 VS端子の等価結合コンデンサC_{HB}

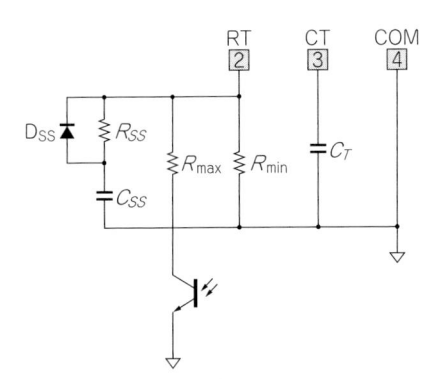

図28 IRS2795シリーズの2ピン発振器の周辺回路

$V_{DS} = 0\,\text{V}$で，MOSFETのゲートは一定のコンデンサ負荷に等しくなります．したがって放電時間t_1は，ゲート・ドライブ・ループのRC時定数で計算されます．

$$t_1 = -RC_{Geq} \log_e \frac{V_M{}'}{V_G}$$

$$C_{Geq} = \frac{Q_G - Q_{GD} - Q_{GS}}{V_{GS} - V_M}$$

$V_M{}' \gg V_{GS(\text{th})}$

$V_G = V_{CC}$：ゲート電圧はV_{CC}電圧にクランプされる

$R_{down(\text{eff})}$：ゲート・ドライバの有効プルダウン抵抗($6\,\Omega$)

R_G：MOSFET外部のゲート抵抗

R_{GFET}：MOSFET内部のゲート入力抵抗

STF13NM50のゲート等価容量は2320 pF，内部ゲート抵抗は$5\,\Omega$，$V_{GS(\text{th})}$は3 Vです．したがって，$V_{CC} = 15\,\text{V}$で$R_G = 10\,\Omega$なら，ゲート放電時間は$t_1 = 78.4\,\text{ns}$です．デッド・タイムはt_{ch}とt_1の合計より長くし，計算値+50 nsを推奨します．その結果，最小デッド・タイムt_{DT}は次式のように求められます．

$$t_{DT} = t_{ch} + t_1 + 50\,\text{ns} = 313\,\text{ns}$$

デッド・タイムが長すぎると定格出力電流でボディ・ダイオードの電力損失が多くなるので，$1\,\mu\text{s}$より短くします．もし計算したデッド・タイムが長すぎるなら，ステップ2に戻って，小さめのk値を選びます．

システムの各パラメータが決定したら，図28に示す受動部品の定数が計算できます．

$$C_T = \frac{t_{DT} \times 10^{-3} - 40 \times 10^{-12}}{0.85}$$

$$= \frac{313 \times 10^{-12} - 40 \times 10^{-12}}{0.85} = 321\,\text{pF}$$

コンデンサC_TはZVS動作させるため，計算値以上の標準的なコンデンサの値を選びます($C_T = 390\,\text{pF}$)．

選択したC_Tの値で，実際のデッド・タイムを計算します．

$$t_{DT} = (0.85\,C_T + 40\,\text{pF}) \frac{2\,\text{V}}{2\,\text{mA}} = 371.5\,\text{ns}$$

最小スイッチング周波数$f_{\min}$とC_Tで，タイミング抵抗R_Tを計算します．

$$R_T = \frac{1}{2 f_{\min} t_{DT} \times 10^{-3}} - 1\,\text{k}\Omega$$

R_TはZVS動作させるため，計算値より小さくします．最大スイッチング周波数$f_{\max}$を決める抵抗$R_{\max}$を計算します．

$$R_{eq} = \frac{1}{2 f_{\max} t_{DT} \times 10^{-3}} - 1\,\text{k}\Omega, \quad R_{\max} = \frac{R_T R_{eq}}{R_T - R_{eq}}$$

希望のソフト・スタート周波数でソフト・スタート抵抗R_{SS}を計算します．

$$R_{SSeq} = \frac{1}{2 f_{SS} t_{DT} \times 10^{-3}} - 1\,\text{k}\Omega, \quad R_{SS} = \frac{R_T R_{SSeq}}{R_T - R_{SSeq}}$$

希望のソフト・スタート時間でソフトスタート・コンデンサC_{SS}を計算します．

$$C_{SS} = \frac{t_{SS}}{3 R_{SS}}$$

スリープ・モードまたはフォルト・モードでは，RTピンは0 Vに放電されます．ダイオードD_{SS}は，ICがシャットダウンまたはフォルト・モードに入ったとき，C_{SS}を速く放電するためR_{SS}に並列接続します．これはICがすばやく再起動する際も，確実にソフト・スタートさせるためです．D_{SS}には汎用の10 V/100 mAクラスのダイオードを使用します．

ハイ・サイド・ドライバの電圧V_{BS}を維持するため，ブートストラップ・コンデンサC_{BS}を使います．C_{BS}の値は$0.1\,\mu\text{F} \sim 0.22\,\mu\text{F}$を推奨します．$C_{BS}$コンデンサが大きすぎると，起動時の充電電流が大きくなるので避けます．ICにはブートストラップ回路を内蔵していないので，外部に600 V/1 Aクラスのファスト・リカバリ・ダイオードが必要です．

損失

● ICの電力損失計算

ICの電力損失はV_{CC}とI_{qcc}で求めます．I_{qcc}はデータシートから最大2.5 mAです．

$$P_{d1} = V_{CC} I_{qcc}$$

● ゲート・ドライブの電力損失

ICのゲート損失は，MOSFETをドライブする損失です．ZVSではゲートのターン・オン直前のV_{DS}が0 Vなので，ミラー電荷Q_{GD}はゲート電荷の合計から減算します．

さらにZVSでは，MOSFETはドライバにとって一定のコンデンサ負荷となります．等価コンデンサは，$V_{DS} = 0\,\text{V}$のとき，C_{GS}とC_{GD}の和になり，データシー

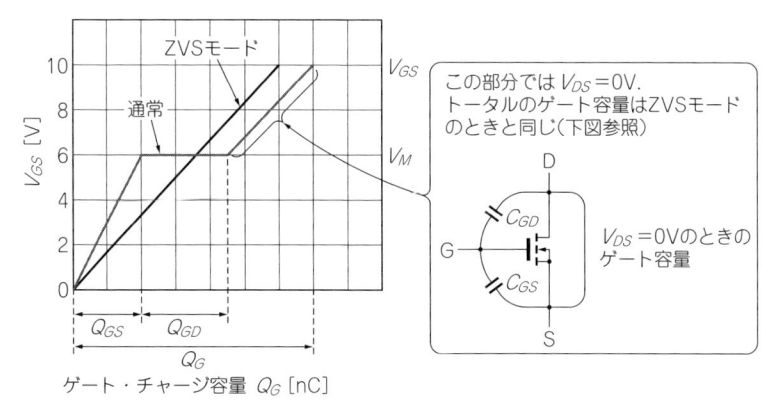

図29 MOSFETのゲート・チャージ特性とZVSモードの等価ゲート容量

トのゲート電荷曲線から得られます．図29に示すように，V_{GS}がミラー効果による電圧V_Mを越えると，ゲート電荷曲線が傾斜します．

$$C_{Geq} = \frac{Q_G - Q_{GD} - Q_{GS}}{V_{GS} - V_M}$$

一般的にQ_GとQ_{GD}，Q_{GS}の値はゲート電圧V_{GS}が10 Vの仕様で，V_Mはゲート電荷曲線の平らな部分になります．STF13NM50ではQ_G＝30 nC，Q_{GD}＝15 nC，Q_{GS}＝5 nC，V_M＝5.7 V，ZVSモードの等価ゲート容量は2320 pFです．ZVS動作時のゲート電荷の合計は，ゲート電圧に比例します．

$$C_{Gz} = C_{Geq} V_G$$

ゲート電圧はV_{CC}電圧なので，ハイ・サイドとロー・サイド両方のゲート・ドライバの損失は次式で計算できます．

$$P_{dr} = P_{dr1} + P_{dr2} = 2 C_{Geq} V_{CC}^2 f_{SW}$$

ゲート・ドライバの合計損失は，MOSFETの内部ゲート抵抗を含めたドライバIC外部のゲート・ドライブ抵抗で消費します．電力損失計算に使うゲート・ドライバのプルアップ／プルダウン抵抗は，$R_{up(eff)}$＝40 Ω／$R_{down(eff)}$＝6 Ωです．ICの電力損失は，次式のように抵抗分割の値に比例します．

$$P_{d2} = \left(\frac{R_{up(eff)}}{R_{up(eff)} + R_G + R_{GFET}} + \frac{R_{down(eff)}}{R_{down(eff)} + R_G + R_{GFET}} \right) \frac{P_{dr}}{2}$$

R_G：MOSFET外部のゲート抵抗［Ω］
$R_{up(eff)}$：実効プルアップ抵抗（40 Ω）
$R_{down(eff)}$：実効プルダウン抵抗（6 Ω）
R_{GFET}：MOSFET内部のゲート入力抵抗［Ω］

● CMOSスイッチング損失

低電圧回路のスイッチング損失は，スイッチング周波数f_{SW}と供給電圧V_{CC}に比例します．

$$P_{d3} = V_{CC} f_{SW} Q_{CMOS}$$

IRS2795シリーズでは，Q_{CMOS}＝6 nC～10 nCです．

● 高電圧スイッチング損失

高耐圧ドライバのレベル・シフト回路でのスイッチング損失は，次式のようになります．

$$P_{d4} = (V_{CC} + V_{in}) f_{SW} Q_P$$

V_{in}は入力バス電圧で，Q_Pはレベル・シフタに吸収される電荷です．本ICでは300 V～430 Vのバス電圧でQ＝2 nCです．

● パワー・ロスの算出

全電力損失は，P_{d1}～P_{d4}までの合計です．

$$P_{d(total)} = P_{d1} + P_{d2} + P_{d3} + P_{d4}$$

V_{CC}が15 V，最大スイッチング周波数が150 kHz，入力電圧が400 V，外部ゲート抵抗が10 Ωでの電力損失の計算例を挙げます．

P_{d1}＝37.5 mW
P_{dr}＝157 mW，P_{d2}＝79.5 mW
P_{d3}＝18 mW
P_{d4}＝124.5 mW
$P_{d(total)}$＝259.5 mW

高電圧ドライバのスイッチング損失P_{d4}とゲート・ドライバ損失P_{d2}が，全電力損失の大半を占めます．P_{d4}は，スイッチング周波数と入力電圧に比例します．DC 400 Vの入力電圧では，スイッチング周波数250 kHzまで大型MOSFET（C_{Geq}≦4700 pF）を直接ドライブできます．大型MOSFETをドライブして，スイッチング周波数が300 kHz以上の場合，供給電圧V_{CC}を15 V以下にしてゲート・ドライブ損失を低減します．スイッチング周波数が300 kHz～500 kHzのアプリケーションでは，外部ドライバを使うことを推奨します．

$$I_{CC} = (P_{d1} + P_{dr} + P_{d3}) / V_{CC}$$

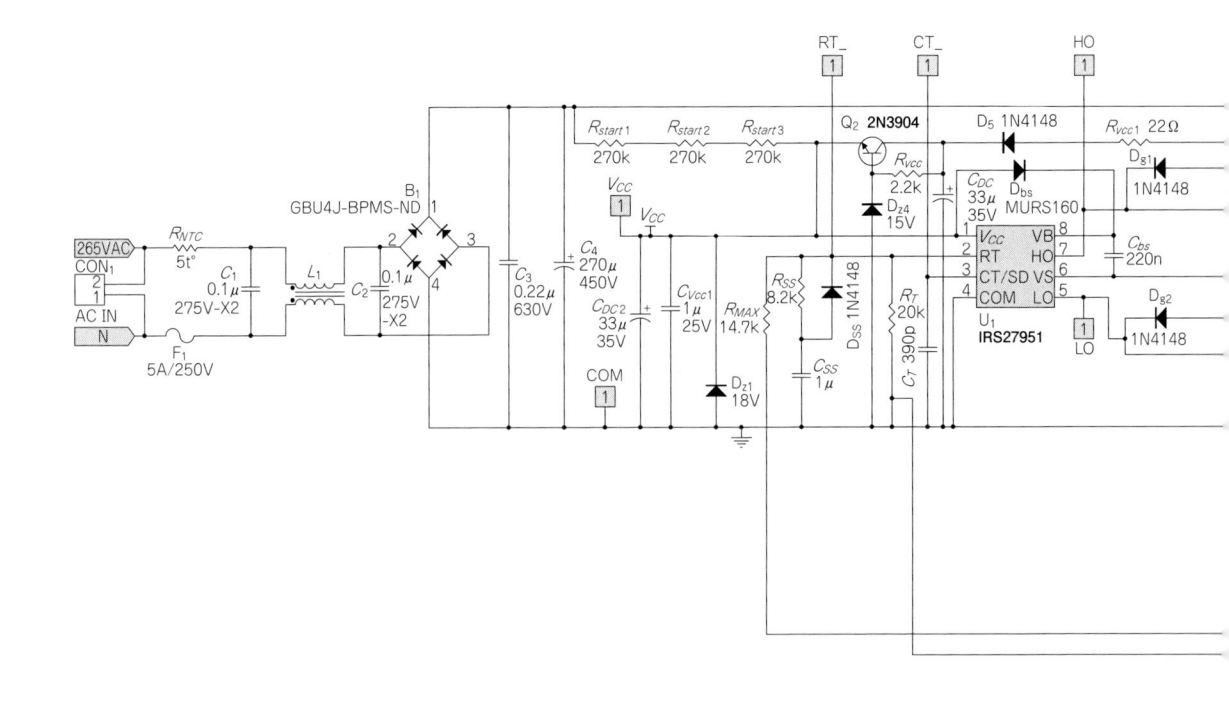

図30 IRS2795シリーズの標準的な回路

周辺部品と評価ボード

● MOSFETセレクション・ガイド

パワーMOSFETは，耐電圧V_{DSS}とオン抵抗$R_{DS(ON)}$で選びます．加えて，ボディ・ダイオードの逆回復特性も重要な要素です．

通常，コンバータは起動時にハード・スイッチングのスイッチング・サイクルがいくつかあります．これは，共振コンデンサと出力コンデンサが完全に放電されているためです．この場合，ボディ・ダイオードの逆回復時間が長いと，二つのMOSFET間でシュート・スルーが起こるかもしれません．したがって，高速ダイオードを内蔵したMOSFETを推奨します．

LCC共振ハーフ・ブリッジはZVS動作なので，ターン・オン損失は微小です．150 kHz以下のスイッチング周波数なら，MOSFETのおもな電力損失は$R_{DS(ON)}$による導通損失です．最大の導通損失P_{con}は次式のように計算できます．

$$P_{con} = I_{q(RMS)}^2 R_{DS(ON)@T_j}$$

$I_{q(RMS)} = I_{P(pk)}/2$

$R_{DS(ON)@T_j}$：最大接合温度T_{Jmax}におけるMOSFETのオン抵抗

MOSFETのターン・オフ損失P_{OFF}の計算は，異なるV_{DS}電圧ではC_{oss}の非直線性により複雑になるので，次の推定式を使います．

$$P_{OFF} = \frac{C_{HB} V_{in}^2 f_{SW}}{24}$$

MOSFETの電力損失は，P_{con}とP_{OFF}の和です．ICは電流検出にロー・サイドMOSFETの$R_{DS(ON)}$を使い，IRS27951のOCP閾値は2 Vで，IRS27952は3 Vです．IRS27951はより高効率で$R_{DS(ON)}$が低い大型のMOSFETに向いており，IRS27952は$R_{DS(ON)}$が比較的高くコスト効率のよいMOSFETに向いています．

OCP閾値を簡単に見積もると，最大ドレイン電流の2.5～3倍とMOSFETの$R_{DS(ON)}$の積です．起動時に，MOSFETの電流は通常動作の電流より数倍大きくなります．$R_{DS(ON)}$の高いMOSFETを使用する際は，OCPの誤動作を防ぐため，数十msまでソフト・スタートを延長します．

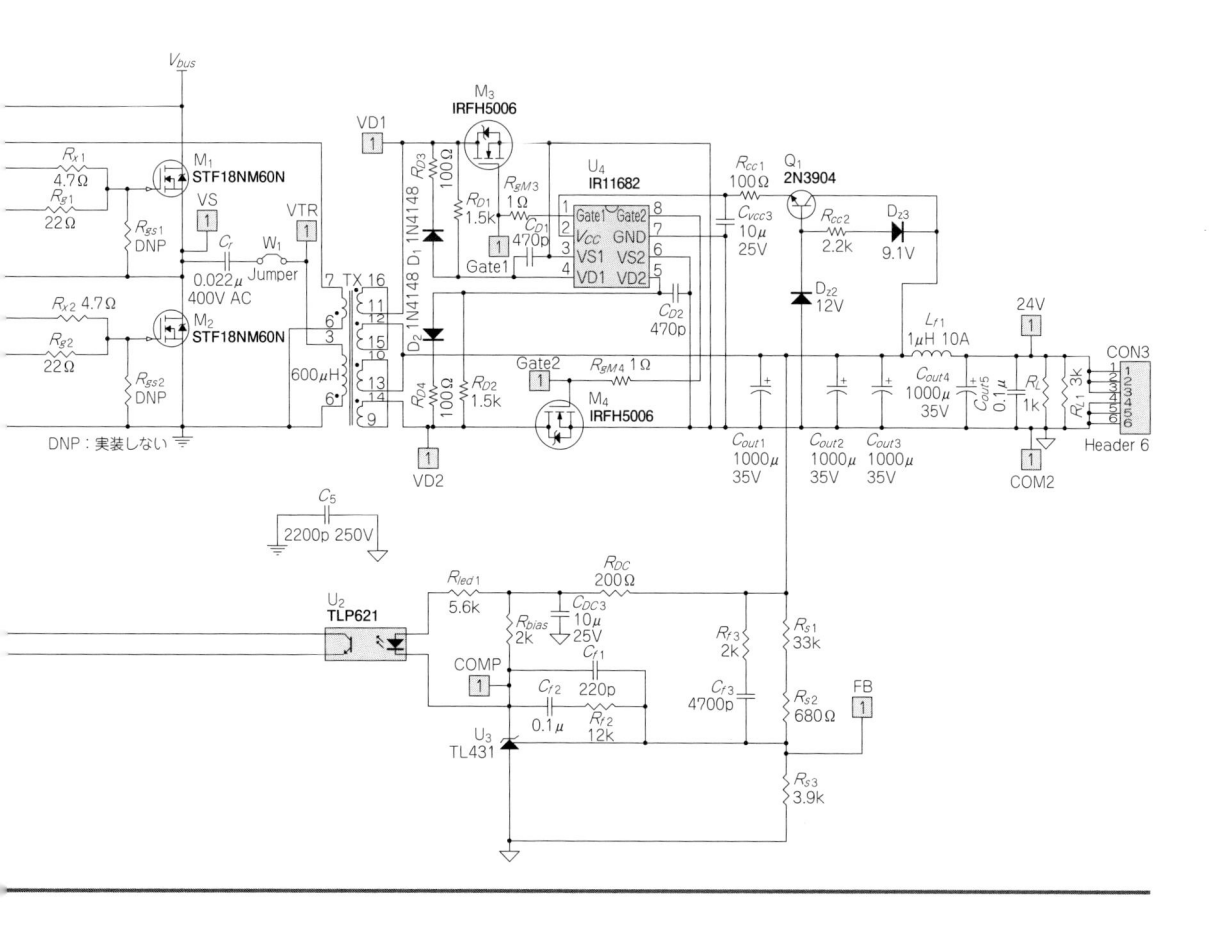

- ● 評価ボードIRAC27951-220 Wの仕様
  - 入力電圧：AC 280 V，またはDC 400 V
  - 入力周波数：47〜63 Hz
  - スイッチング周波数：70〜150 kHz
  - コンバータ出力：24 V/6 A，12 V/6 A
  - 最大出力：220 W
  - 最小出力電流条件：なし
  - 最大周囲動作温度：40℃
  - 変換効率：92％（＠220 W）
  - 短絡保護：両出力
  - プリント基板：2オンス銅の片面

- ● 評価ボードの説明

　評価ボードの回路を図30に示します．評価ボードは，フロントエンドのAC-DC整流ダイオード段，2個のMOSFETをカスコード接続したハーフ・ブリッジによる24 Vと12 Vの出力です．フロントエンドはEMIフィルタと整流用ダイオード・ブリッジにより，後段はIRS2795シリーズによる，LLC共振ハーフ・ブリッジ・コンバータです．

　コントローラは，入力電圧や負荷電流の変化に対して，出力電圧を調節するフィードバック信号に従って周波数を制御し，デッド・タイムのある50％デューティの信号で2個のMOSFETをドライブします．すでに説明したように，LLC共振ハーフ・ブリッジ・コンバータの設計に必要なほとんどのファンクションが，この8ピンICの外部でプログラムできます．

　共振用の直列／並列インダクタンスをパワー・トランスに組み入れて磁気統合したトランスを使用します．トランスの構成は2次巻き線がセンタ・タップで，出力整流部は，2個のMOSFET IRFH5006と整流制御IC IR11682による同期整流方式です．

　フィードバック・ループは，フォトカプラTLP621の電流制御にシャント・レギュレータTL431を使った回路構成です．24 Vと12 Vの両電圧から複合された分圧抵抗は，全体の出力電圧変動を検出するためTL431のリファレンス・ノードで集約されます．スイッチング周波数を可変するため，フォトカプラのトランジスタはRTピンの電流を調節し出力電圧の変動を制御します．

　評価ボードの外観を写真2に示します．

写真2 評価ボードの外観

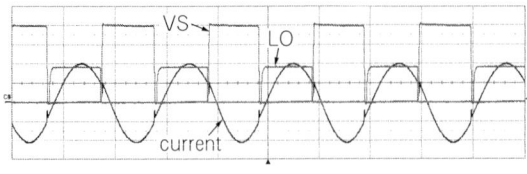

図31 定常時の動作波形（5 μs/div）
（a）最大負荷のとき　（b）無負荷のとき
VS：VSピンの電圧（100 V/div），LO：ロー・サイドFETのV_{GS}（10 V/div），current：共振回路電流（1 A/div）

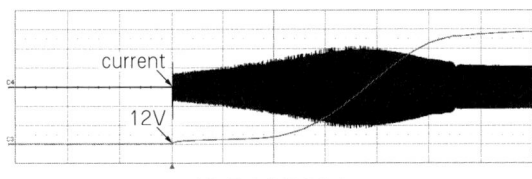

図32 起動時の動作波形（5 ms/div）
（a）最大負荷のとき　（b）無負荷のとき
12 V：出力電圧（2 V/div），current：共振回路電流（2 A/div）

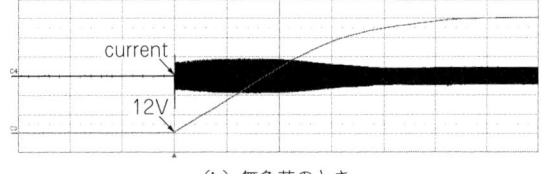

● **DC供給電圧**

評価ボードは，スタートアップ回路とトランスの補助巻き線によってICのV_{CC}を自己供給します．スタートアップ回路は，ACまたはDCの入力電圧をボードに加えると，起動時に一度だけ動作します．ただし，V_{CC}はバス電圧がDC 350 V以上のときに安定します．V_{CC}電圧は，テスト・ポイントVCCとCOMで確認できます．

外部のDC電源を使ってICのVCC UVLOファンクションなどを確認するためV_{CC}を供給するなら，コネクタJP3またはテスト・ポイントVCCとCOMにDC電圧を供給します．推奨の最小／最大電圧は12 V～18 Vです．

● **パワーアップ・シーケンス**

外部のDC電源を使ってV_{CC}を供給する場合，ACまたはDC 400 Vを最初に供給し，次にV_{CC}を供給します．このシーケンスは，DC-DCコンバータのソフト・スタート動作を確実にするため必要です．

定常時と起動時の波形を**図31**，**図32**に示します．

● **過電流保護**

ロー・サイドMOSFETがターン・オンしたとき，VSノードの電圧が検出され，負荷ショート条件，すなわち$I_D \times R_{DS(ON)}$が内部の閾値を越えるときに，OCPでラッチオフします．

● **高速負荷応答**

定格負荷から無負荷，無負荷から定格負荷へのロード・ステップは，システムのダイナミックな応答をテストするため用いられます．出力電圧はライン・レギュレーションとロード・レギュレーションの範囲全体で約3%で規格内です．高速負荷応答を**図33**に，ロード・レギュレーションを**図34**に示します．

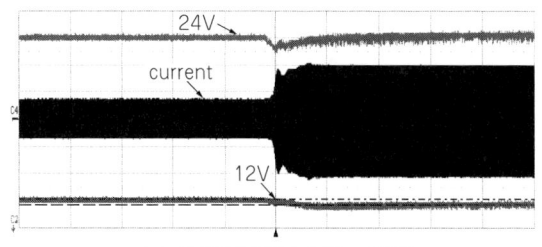

(a) 無負荷から最大負荷への遷移

(b) 最大負荷から無負荷への遷移

図33　高速負荷変動時の動作波形（2 ms/div）
24 V：24 V出力（1 V/div），12 V：12 V出力（1 V/div），current：共振回路電流（1 A/div）

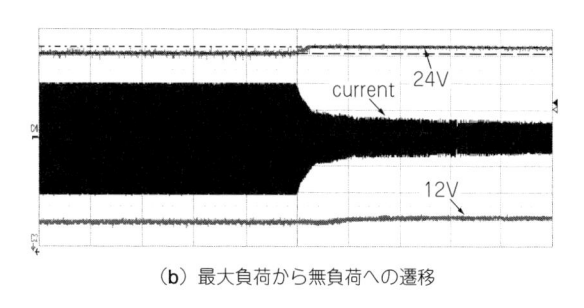

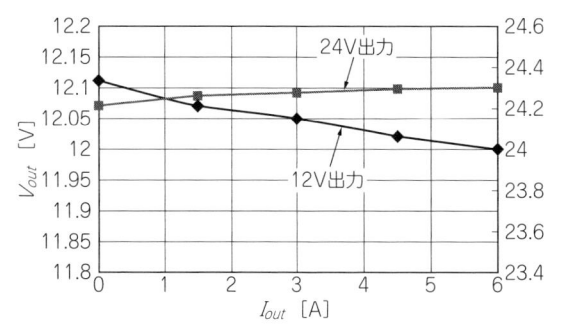

図34　出力電圧の安定度

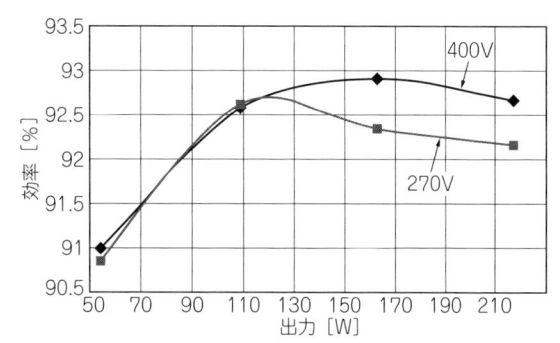

図35　変換効率カーブ

表2　評価ボードの効率

V_{in}(AC)	24 V出力 [V]	24 V出力電流 [A]	12 V出力 [V]	12 V出力電流 [A]	P_{out} [W]	P_{in} [W]	効率 [%]
270 V	24.26	1.5	12.07	1.5	54.5	61.1	89.20%
	24.27	3	12.05	3	109	119	91.60%
	24.29	4.5	12.02	4.5	163.4	178	91.80%
	24.3	6	12	6	217.8	239	91.10%
	23.51	6	12.41	0	141.1	155	91.00%
	24.89	0	11.75	6	70.5	79.7	88.50%

表3　部品の温度

部品	ケース温度 [℃]
MOSFET Q1	63
MOSFET Q2	57
U1 IRS27951	46
トランス	78
24 V用ダイオード	73
12 V用ダイオード	58

● スリープ・モード

CT/SDピンを外部で 'L' にすると，ICはスリープ・モードになります．コンバータ出力にパワーが要求されていないときにコンバータを停止することで全体のスタンバイ・パワーを減らし，システム全体のパワー・マネジメントが可能です．

● 効率チャート

評価ボードの効率は，出力電流範囲で入力AC 270 Vでテストしました．結果を表2に示します．

25％，50％，75％，および100％の出力電流における評価ボードの平均的な効率は，AC 270 Vの入力で91％です．DC 400 Vの入力の効率はより高く，定格出力電流で92％に達します（図35）．

● 温度データ

評価ボードの温度テストは，室温でDC 400 V入力，220 Wの出力電流でテストしました（表3）．

● トランスの仕様

コア・タイプ：ETD49-0R44949EC
最小動作周波数：80 kHz
励磁インダクタンス：585 μH±10％@1 kHz-0.25 V（2ピンと5ピン間を測定）
漏れインダクタンス：133 μH±10％@1 kHz-0.25 V（2次巻き線を短絡して2ピンと5ピン間を測定）

トランスの構成と位置関係を図36，図37に，各巻き線の構成を表4に示します．

図36 トランスの巻き線構成

表4 共振トランスの巻き線構成

ピン	巻き線	巻き数	実効電流	線種 [mm]
2-5	1次	36	1.8 A	リッツ線 $\phi 0.15\times 30$
9-7	補助	2	0.1 A	$\phi 0.2$
20-19	Sec. A	4	7 A	リッツ線 $\phi 0.20\times 40$
18-17	Sec. B	4	7 A	リッツ線 $\phi 0.20\times 40$
14-13	Sec. C	2	7 A	リッツ線 $\phi 0.20\times 40$
12-11	Sec. D	2	7 A	リッツ線 $\phi 0.20\times 40$

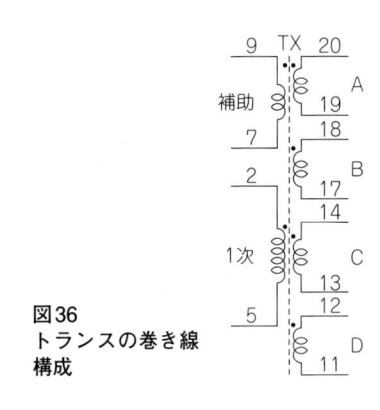

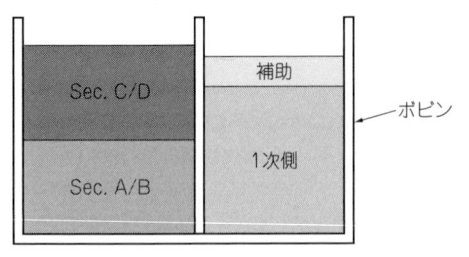

図37 共振トランスの巻き線位置

＊　　　　＊

なお，別の評価ボードとしてIRAC27951SR-240W もリリースしています．単出力24V/10Aの240Wで，2次側に整流用MOSFETと制御ICにIR11682を用いた同期整流を使い，変換効率は95％とさらに高効率です．

◆ 引用文献 ◆

(1) 20100730 International Rectifier "IRAC27951-220W" IRS27951評価ボード ユーザーガイド．
http://www.irf.com/technical-info/refdesigns/irac27951-220w.pdf

(2) 201007 International Rectifier AN-1160 Helen Ding, "IRS2795(1, 2)コントロールICを使ったレゾナント・ハーフブリッジ・コンバータの設計アプリケーション・ノート"．
http://www.irf.com/technical-info/appnotes/an-1160.pdf

(3) 201009 International Rectifier PD 97556 Datasheet "IRS 27951S/52RESONANT HALF-BRIDGE CONVERTER CONTROL IC"．
http://www.irf.com/product-info/datasheets/data/irs27951s.pdf

(4) 201106 International Rectifier "IRAC27951SR" IRS27951評価ボード ユーザーガイド．
http://www.irf.com/product-info/datasheets/data/irs27951s.pdf

---

グリーン・エレクトロニクス No.12　　好評発売中

特集　多様化を深める電源仕様に柔軟に対応しつつ高効率化を図る
マイコンによるディジタル制御電源の設計

B5判 128ページ
定価 2,310円（税込）

電源回路をはじめとするパワー・エレクトロニクスでは，入出力の電圧/電流を検出し，電力変換回路を適切に制御することによって，最終的に必要とする出力を得ます．この際に，いわゆるフィードバック制御が行われます．
　従来では，この部分には専用のアナログ制御ICが使われることが多かったのですが，昨今では，汎用マイコンやDSP，ディジタル制御電源用のプロセッサなどを使用してダイレクトにディジタル制御する事例が増えてきました．高効率化や小型化だけでなく，きめの細かい制御や複雑な電力変換が求められてきているからです．
　特集では，おもにマイクロプロセッサを応用したディジタル制御電源の設計技法を解説します．今後，パワー・エレクトロニクス装置ではマイコン制御が必須となり，アナログ制御では実現が不可能という場面が増えてきます．ぜひディジタル制御電源にチャレンジし，高機能で小型/高効率なパワー・エレクトロニクス回路を実現しましょう．

デバイス

$V_{in} = 8 \sim 30\,V$, $V_{out} = 3 \sim 16\,V$, $I_{out} = 0 \sim 2\,A$

TO-220パッケージで簡単に使える DC-DCコンバータ・モジュールMPM80

岡部 康寛
Yasuhiro Okabe

一般的に電子回路を動作させるためには，さまざまな用途に合わせて，安定した電圧が要求されます．通常，これらの安定化された電源を作るためには，リニア・レギュレータ(シリーズ・レギュレータ)や，DC-DCコンバータと呼ばれる回路を用います．

本稿では，これらの安定化電源の種類や，製作するための方法について述べていきます．

レギュレータの種類

● リニア・レギュレータ(シリーズ・レギュレータ)

最も基本的な定電圧電源を作るための回路です．一般的には，ICの場合は"78Mxx"，"79Mxx"(xxは出力電圧が入ることが多い)などと呼ばれる3端子レギュレータICがあります．3端子レギュレータICは，IC内部に出力電圧の検出回路をもち，入出力端子にコンデンサを接続することで，安定化した電圧を得ることができます(**図1**)．

また，簡易的には定電圧ダイオードとトランジスタを組み合わせたものや，シャント・レギュレータとトランジスタを組み合わせたものでも，リニア・レギュレータを構成することができます．ただし，これらの部品でレギュレータを構成する場合には，各部品のばらつきや温度特性に注意する必要があります．

リニア・レギュレータでは，メインのパワー素子をリニア領域で使用します．このため，パワー素子が可変抵抗のように動作しますので，以下の式(1)のように損失が発生します．

$$P_{loss} = (V_{in} - V_{out})I_{out} \quad \cdots\cdots\cdots (1)$$

P_{loss}：パワー素子の損失 [W]
V_{in}：入力電圧 [V]
V_{out}：出力電圧 [V]
I_{out}：出力電流 [A]

この損失P_{loss}が発生するために，リニア・レギュレータでは，許容損失の確認をしながら使用する必要があります．

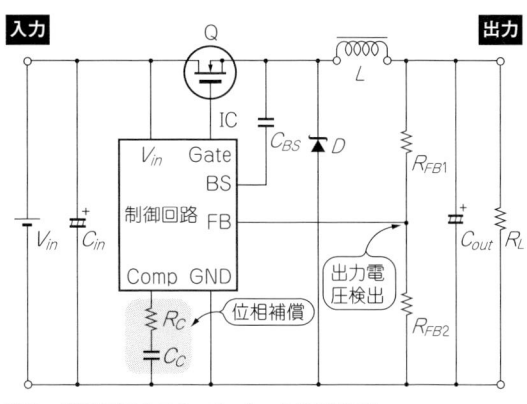

● DC-DCコンバータ

DC-DCコンバータは，リニア・レギュレータと異なり，メインのパワー素子をスイッチングさせて飽和領域で使用します．DC-DCコンバータには，降圧型や昇圧型，昇降圧型があります．

入力電圧よりも低い電圧を得るための降圧チョッパ回路の場合，回路構成としては，メインのスイッチング素子であるパワーMOSFET，MOSFETを安定に駆動させ出力電圧を制御する制御回路(コントローラ)，入出力のコンデンサ，インダクタ，回生用のダイオードが主要な部品になります．また，制御回路にもよりますが，出力電圧を設定する抵抗やMOSFETを駆動するためのブートストラップ用コンデンサ，位相補償

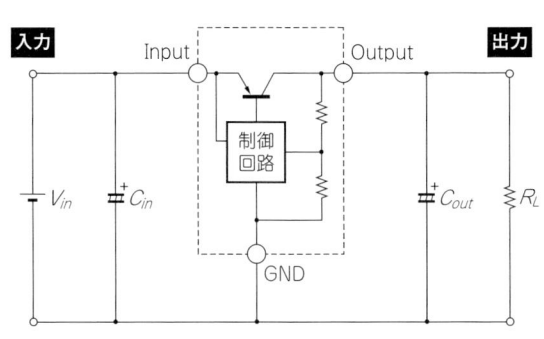

図1 3端子レギュレータの応用回路例

図2 降圧型DC-DCコンバータの回路例

用のコンデンサや抵抗が必要になる場合があります（図2）．

DC-DCコンバータの設計法

● 降圧チョッパの動作原理

降圧チョッパは，Buck型とも呼ばれ，一般的にはPWM（Pulse Width Modulation；パルス幅変調）方式で動作します．PWM方式以外には，PFM（Pulse Frequency Modulation；パルス周波数変調）方式やPRC（Pulse Ratio Control；パルス比制御）方式などの方式があります．

PWM方式では，メインのスイッチング素子のデューティ（ON期間とOFF期間の比率）を制御することで，安定化された出力電圧を得ます．

チョッパ回路の動作は，まずメインのスイッチング素子がONします．すると，インダクタLに入力電圧が印加され，インダクタに電流I_1が流れることで，インダクタにエネルギーを蓄えます．次に，スイッチング素子がOFFし，インダクタLに蓄えられたエネルギーが出力のコンデンサを通り，回生用のダイオードを通して放出されます（I_2）．

このとき，インダクタに流れる電流I_Lは，

$$I_L = I_1 + I_2 \cdots\cdots\cdots\cdots\cdots\cdots\cdots\cdots (2)$$

となります（図3）．このインダクタ電流I_Lの平均値が，出力電流I_{out}となります．

出力電圧は，スイッチング素子のデューティで決定され，以下の関係が成り立ちます．

$$T = t_{ON} + t_{OFF} \cdots\cdots\cdots\cdots\cdots\cdots\cdots (3)$$

$$f = 1/T \cdots\cdots\cdots\cdots\cdots\cdots\cdots\cdots\cdots\cdots (4)$$
$$\Delta I_L = (V_{in} - V_{out})/L \; t_{ON} \cdots\cdots\cdots\cdots (5)$$
$$D = t_{ON}/(t_{ON} + t_{OFF}) \cdots\cdots\cdots\cdots\cdots (6)$$
$$V_{out} = V_{in} D \cdots\cdots\cdots\cdots\cdots\cdots\cdots\cdots (7)$$
$$\therefore V_{out} = V_{in} \, t_{ON}/(t_{ON} + t_{OFF}) \cdots\cdots (8)$$

T：周期［sec］
t_{ON}：スイッチング素子のON期間［sec］
t_{OFF}：スイッチング素子のOFF期間［sec］
f：スイッチング素子の動作周波数［Hz］
ΔI_L：インダクタに流れる変化電流量［A］
L：インダクタンス値［H］
V_{out}：出力電圧［V］
V_{in}：入力電圧［V］
D：デューティ［%］

通常，PWM方式の場合，動作周波数が固定されていますので，デューティによって定電圧制御を行います．デューティは制御回路内の誤差増幅器に出力電圧や出力電圧を分圧した電圧を入力し，制御回路内でON時間を決定することで，定電圧制御に必要な値を得ます．

また，降圧チョッパでは，リニア・レギュレータと異なり，スイッチング素子をON/OFFさせるため，出力のコンデンサへ直流成分$I_{DC} + \Delta I_L$の電流が流れます．

コンデンサには，ESR（Equivalent Series Resistance；等価直列抵抗）と呼ばれる抵抗成分R_{ESR}があります．よって，出力電圧には$\Delta I_L \, R_{ESR}$の出力リプル電圧が発生しますので，使用するインダクタやコンデンサは仕様に合わせて選定する必要があります．

● 同期整流を用いた降圧チョッパ

降圧型チョッパの基本回路構成では，インダクタからのエネルギー放出の際に，回生用ダイオード（一般的に，低圧出力の場合はショットキー・バリア・ダイオード：SBD，高圧出力の場合は（超）高速整流ダイオード：（U）FRD）を用います．このとき回生用ダイオードには，回生電流（I_2）×ダイオードの順方向降下電圧（V_F）の損失が発生します．

この損失を低減させるために，回生用ダイオードをMOSFETなどのスイッチング素子に置き換えて，回生電流の流れる期間（メインのスイッチング素子のOFF期間）に発生する損失を，回生電流（I_2）の2乗×MOSFETのON抵抗として，損失を低減する方式を同期整流方式と呼びます（図4）．

当然，MOSFETのオン抵抗が大きくなると，損失低減効果は少なくなりますので，電源効率を改善するためには，MOSFETのオン抵抗は小さいものを選定する必要があります．

また，最近では発振周波数を高く設定できる制御回

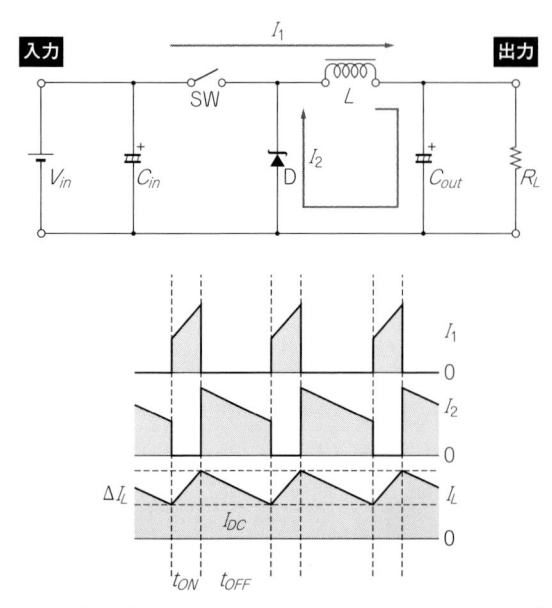

図3 降圧型DC-DCコンバータの電流経路と動作タイミング

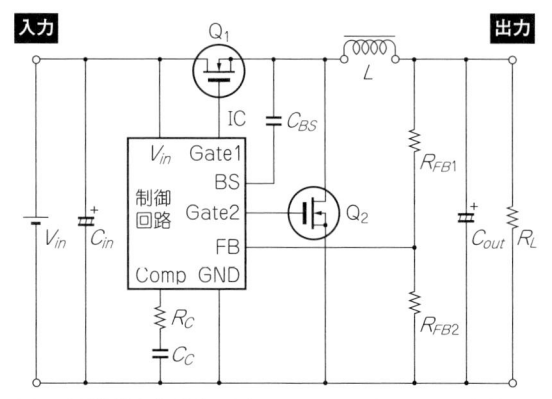

図4 同期整流方式降圧型DC-DCコンバータの回路例

路も出てきており，ゲート・ドライブ回路による損失も考慮する必要があります．

一般的に，ゲート・ドライブ損失は，MOSFETのパラメータのゲート電荷チャージ量Q_Gから算出することができ，ゲート・ドライブ損失P_Dは，以下の式で表されます．

$$P_D = f Q_G V_{GS} \quad\cdots\cdots\cdots\cdots\cdots\cdots (9)$$

P_D：ゲート・ドライブ損失［W］
f：動作周波数［Hz］
Q_G：ゲート電荷チャージ量［C］
V_{GS}：ゲート-ソース間電圧［V］

前述のように，同期整流方式の動作は，インダクタからエネルギーが放出され，回生電流が流れる際にMOSFETを駆動します．

メインのスイッチング素子であるMOSFETをQ_1，同期整流を行う回生用のMOSFETをQ_2とします．同期整流は，このQ_1とQ_2が交互に動作します．Q_1とQ_2のスイッチングの過渡状態，つまりQ_1がON状態からOFF状態，Q_2がOFF状態からON状態になるときや，その逆の状態の際に，Q_1とQ_2が同時にONの状態があると，Q_1とQ_2に貫通電流が流れ，最悪の場合，Q_1とQ_2が破壊に至ることがあります．貫通電流を防止するため，一般的な同期整流用の制御ICでは，デッド・タイム(dead time)と呼ばれる，Q_1とQ_2がともにOFFする期間を設けています(**図5**)．

Q_2のデッド・タイムの期間は，回生電流はQ_2の寄生ダイオード(ボディ・ダイオード)に流れます．

DC-DCコンバータを設計する際の注意点

DC-DCコンバータを設計する場合，非常に多くの点に注意を払う必要があります．

● メインのスイッチング素子の選定

メインのスイッチング素子にはMOSFETを使用す

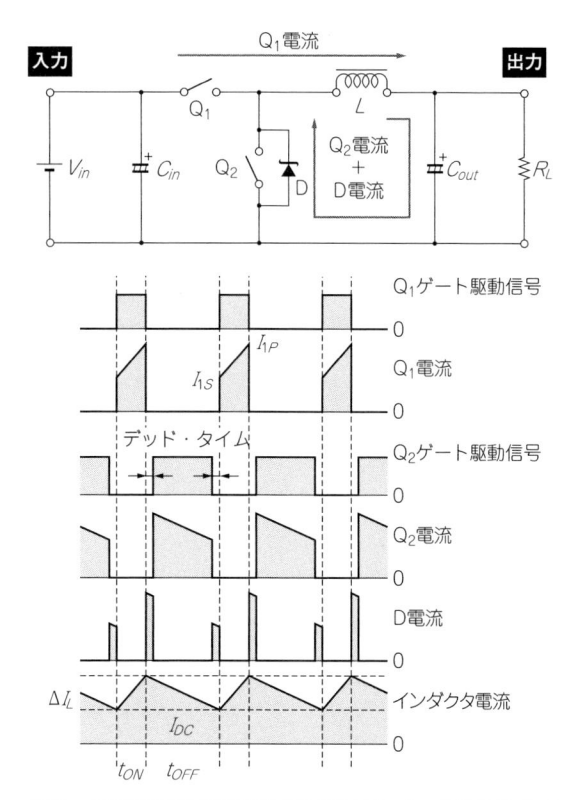

図5 同期整流方式降圧型DC-DCコンバータの動作タイミング

る場合が多く，ここではMOSFETを例に定格を考えます．

まずは，MOSFETの耐圧V_{DSS}です．これは，入力電圧V_{in}よりも高いものを選びます．一般的には，入力電圧に対して10〜20％のマージンを取り，これ以上の耐圧をもつMOSFETを選定します．

次に，電流定格とオン抵抗$R_{DS(ON)}$です．これは，使用するインダクタによっても変わってきますので，併せて検討を行う必要があります．メインのスイッチング素子に流れる電流は，**図3**のように，ΔI_Lと直流重畳する場合には，I_{DC}が加わります．I_{DC}は，出力電流I_{out}によって変化し，その関係は以下の式となります．

$$I_{out} = I_{DC} + \frac{\Delta I_L}{2} \quad\cdots\cdots\cdots\cdots\cdots\cdots (10)$$

I_{out}：出力電流［A］
I_{DC}：直流重畳電流［A］
ΔI_L：インダクタに流れる変化電流量［A］

この式と前述の式(5)から，MOSFETに流れる電流I_1を求めます．I_1は**図5**のような台形波となり，この電流の流れ始めをI_{1S}，流れ終わる点をI_{1P}とすると，この実効電流I_{1RMS}は，以下の式で表されます．

$$I_{1RMS} = \sqrt{(I_{1S}^2 + I_{1S}I_{1P} + I_{1P}^2)\frac{D}{3}} \quad\cdots\cdots\cdots (11)$$

I_{1RMS}：MOSFETに流れる実効電流［A］
I_{1S}：MOSFETに流れ始める電流［A］
I_{1P}：MOSFETの流れ終わりの電流［A］
D：MOSFETのオン・デューティ［％］

この実効電流からMOSFETの損失P_Mを求めると，

$$P_M = I_{1RMS}^2 R_{DS(ON)} \cdots\cdots\cdots\cdots (12)$$

となります．MOSFETに発生する損失はオン抵抗による損失のほか，ターン・オン／ターン・オフ時に発生するスイッチング損失があります（図6）．

スイッチング損失はゲート抵抗によって変わってくるため，実測しながら電圧電流時間積を求める必要があります．

なお，これは定格出力での算出方法ですので，負荷が短絡してしまった際に過電流動作となる場合も考慮する必要があります．

● 回生用ダイオードの選定

回生用のダイオードを選定する場合も，メインのスイッチング素子と同様に，電圧定格と電流定格を満足する必要があります．

耐圧に関しては，メインのスイッチング素子がONした際に，入力電圧V_{in}がダイオードのカソード-アノード間に印加されます．よって，ダイオードの耐圧V_{RM}はV_{in}以上が必要で，さらに10〜20％程度のマージンを取る必要があります．

電流定格は，出力電流I_{out}に対して適切なダイオードを選定します．ダイオードもMOSFETと同様に損失に注意が必要です．図7から，ダイオードに流れる電流はI_2となり，ダイオードの順方向降下電圧V_Fは，流れる電流によって値が変わってきます．このため，簡易的にダイオードの順方向降下電圧による損失P_{DF}

を算出するには，I_2のピーク電流点I_{2P}の電流値における順方向降下電圧をデータシートなどから読み取り，流れる電流の実効電流をかけたもので算出します．

$$I_{2RMS} = \sqrt{(I_{2P}^2 + I_{2P}I_{2E} + I_{2E}^2)\frac{D'}{3}} \cdots\cdots (13)$$

$$P_{DF} = V_F I_{2RMS} \cdots\cdots\cdots\cdots\cdots\cdots (14)$$

I_{2RMS}：ダイオードに流れる実効電流［A］
V_F：ダイオードの順方向降下電圧［V］
I_{2P}：ダイオードに流れ始める電流［A］
I_{2E}：ダイオードの流れ終わりの電流［A］
D'：ダイオードに流れる電流のデューティ［％］
　　（メインのスイッチング素子のオフ・デューティ）
P_{DF}：ダイオードの順方向電圧による損失［W］

ダイオードには，順方向降下電圧により発生する損失のほか，ダイオードがOFF状態に至る際のリカバリ電流による損失が発生します．リカバリ電流は，ダイオードのキャリアが消滅するまでの時間流れます．キャリアの消滅する時間は，順方向に流れる電流量（注入されるキャリア量）や逆バイアスされる際の電圧値によって変わってしまうため，実測して，電圧電流時間積を算出する必要があります（図7）．

● インダクタの選定

インダクタを選定する場合，飽和電流や直流抵抗（DCR；Direct Current Resistance），周波数特性に注意が必要です．インダクタは，電流が増加していくと，インダクタンス値が低下していきます．特にフェライト系のコアを用いたインダクタの場合，ダスト・コアを用いたものに比べて，飽和電流点を越えると急激にインダクタンス値が低下するので注意が必要です．

図6　MOSFETの損失

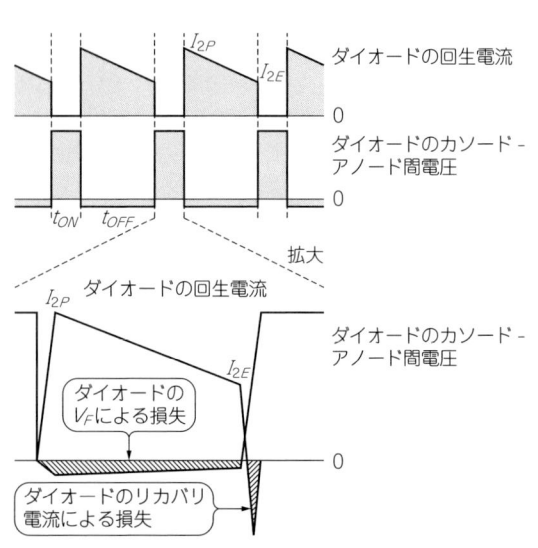

図7　回生用ダイオードの損失

また，インダクタに流れる電流の平均値が出力電流となります．このため，直流抵抗が大きいと，インダクタの損失が大きくなり，インダクタの発熱が大きくなります．

インダクタに流れる電流 I_L は，以下の式で表されます．

$$I_{LRMS} = \sqrt{\frac{I_{1S}^2 + I_{1S}I_{1P} + I_{1P}^2}{3}} \cdots\cdots\cdots (15)$$

I_{LRMS}：インダクタに流れる電流の実効値［A］
I_{1S}：MOSFETに流れ始める電流［A］
I_{1P}：MOSFETの流れ終わりの電流［A］

このとき，インダクタに発生する損失 P_L は，

$$P_L = I_{LRMS}^2 R_{DCR} \cdots\cdots\cdots\cdots\cdots\cdots (16)$$

P_L：インダクタに発生する損失［W］
I_{LRMS}：インダクタに流れる実効電流［A］
R_{DCR}：インダクタの直流抵抗［Ω］

となります．

周波数特性については，メーカのデータシートに記載されている周波数特性を参考にして，使用する周波数によってインダクタンス値を確認する必要があります．

なお，使用する周波数が高くなればなるほど，インダクタに表皮効果による見かけ上の直流抵抗の増加や渦電流損が発生することがありますので，この点にも注意が必要です．

● 出力コンデンサの選定

出力コンデンサは，耐圧，許容リプル電流，周波数特性，温度に注意が必要です．

耐圧については，出力電圧以上の耐圧をもつものを選定します．リプル電流は，前述の式(15)に示した I_{LRMS} となります．

電解コンデンサを使用する場合，メーカのデータシートより，許容リプル電流が出力電流の実効電流以上のものを選定します．セラミック・コンデンサを用いる場合も，電解コンデンサと同様の選定が必要になります．セラミック・コンデンサは，耐圧に近づけば近づくほど，容量が低下する特性をもっています．このため，使用する電圧(出力電圧 V_{out})がセラミック・コンデンサの耐圧と近い場合には，この点にも注意が必要です．

これらのデータは，コンデンサ・メーカのデータシートで公開されています．

● 配線パターンについて

DC-DCコンバータを作成する場合，パターン・レイアウトにも注意が必要です．

電流を流すパターンが細かったり，引き回しを長くしてしまうと，レギュレーションが悪化したり，輻射ノイズが出ることがあります．また，制御ICが誤動作してしまう場合もあります．最近の制御ICでは，高周波まで使用できる製品が多くなっており，パターン・レイアウトはDC-DCコンバータを設計する際の重要なファクタになっています．

基本的に，入力側のコンデンサ，メインのスイッチング素子，出力側のコンデンサ，インダクタ，回生用ダイオードは，スイッチング電流の流れるループになりますので，配線パターンは広く，短くします．

グラウンド・パターンは，入力側のコンデンサ，制御IC，出力側のコンデンサ，回生用ダイオードがスイッチング電流の流れるループになりますので，こちらも広く，短いパターンが理想的です(**図8**)．

制御ICの周辺部品は，ICのグラウンドが基準になりますので，ICの端子近傍に部品を配置します．また，ICの電源 V_{CC} は入力電圧側から取るため，ICのグラウンドは入力コンデンサの近くに配置するほうがICにとっては理想的です．

しかし，出力電圧は当然出力のコンデンサから取る形になります．出力電圧のレギュレーションを良くするためには，出力のコンデンサの両端で出力電圧を検出します．出力電圧を制御するのは制御ICですので，制御ICのグラウンドも出力電圧のコンデンサに近いほうが，レギュレーションは良くなります．

回生用ダイオードのパターンでは，メインのスイッチング素子がONする際には，入力のコンデンサ→メインのスイッチング素子→インダクタ→出力のコンデンサ→入力のコンデンサというループで電流が流れます．回生する電流は，インダクタ→出力のコンデンサ→回生用ダイオード→インダクタというループで電流が流れます．意外と見落としがちなのが，出力のコンデンサのグラウンド→回生用ダイオードのアノードの

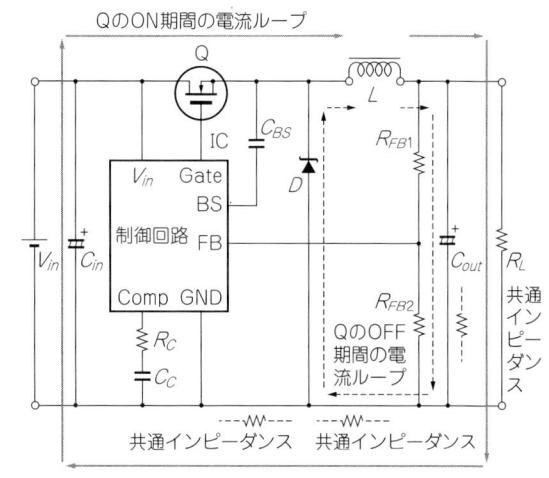

図8 降圧型DC-DCコンバータのパターン・レイアウトの注意点

部分に共通インピーダンスをもつようなパターンとなっている場合があることです．制御ICに電流モードのICを使用した場合，この共通インピーダンスで電圧降下が発生し，その影響でICが異常発振を起こす場合があります．

したがって，一番理想的なグラウンド・パターンは入出力のコンデンサ，回生ダイオード，制御ICのグラウンドを1点アースで取るほうが良いのですが，実際にパターンを引き回すと，引き回しが困難な場合も多々ありますので，ある程度，繰り返し確認を行う必要があります．

DC-DCコンバータ・モジュール MPM80

近年，DC-DCコンバータ用のモジュール製品などが多く発表されています．モジュール製品は，さまざまな部品が内蔵されていますので，回路設計/パターン設計が容易になったり，実装面積の低減などが可能です．さらに，端子間ショートなどのアブノーマル試験項目の削減や対策が容易になるなどといったメリットがあります．ここでは，DC-DCコンバータ用モジュールMPM80（サンケン電気）を紹介します（**写真1**）．

● 同期整流タイプの降圧型DC-DCコンバータ

MPM80は，同期整流タイプの降圧型DC-DCコンバータです．一般的な3端子レギュレータやDC-DCコンバータに使用されているTO-220のフルモールド・パッケージ内に，DC-DCコンバータに使用される部品の大部分を収めた製品となっています．

図9の内部ブロック図を見ると，TO-220パッケージ内に，メインのスイッチング素子であるMOSFET，制御回路，インダクタ，回生用のMOSFET，メインのスイッチング素子を動作させるためのブートストラップ用コンデンサ，入出力のコンデンサが内蔵されています．

MPM80は，メイン・スイッチであるMOSFETのオン抵抗が$100\ m\Omega_{typ}$，回生用のMOSFETのオン抵抗が$80\ m\Omega_{typ}$，動作周波数が$630\ kHz_{typ}$，内蔵されたインダクタのインダクタンス値が$5.6\ \mu H_{typ}$となっています．

また，メインのMOSFETの最大定格として耐圧が35 Vで，推奨動作条件では30 V入力となっており，24 V入力を意識した製品となっています（**表1**）．

MPM80の端子配置を**表2**に，応用回路例を**図10**に示します．これを見ると，外付け部品は入出力のコンデンサと出力電圧設定用の抵抗のみとなっています．

また，製品ラインナップを**表3**に示します．出力電圧が3.0～16.0 Vの可変タイプのMPM80，出力電圧が

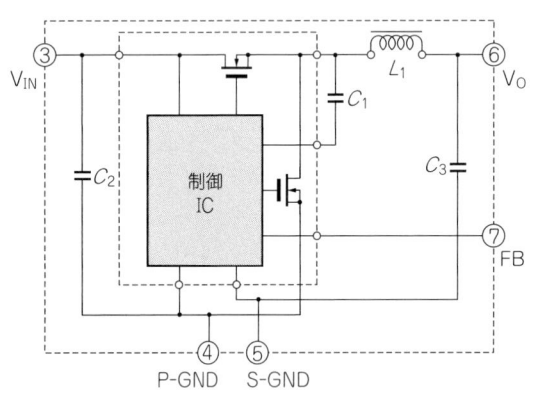

図9 MPM80の内部ブロック図

写真1 DC-DCコンバータ・モジュール MPM80の外観

表1 MPM80 絶対最大定格と推奨動作条件

(a) 絶対最大定格

項　目	記号	規格	単位	条件
V_{in}端子電圧	V_{in}	−0.3～35	V	
FB端子電圧	V_{FB}	−0.3～5	V	
V_o端子電圧	V_o	−0.3～20	V	
許容損失	P_{loss}	2	W	放熱板なし
接合温度	T_j	−20～125	℃	
保存温度	T_{stg}	−20～125	℃	
熱抵抗(MIC接合パッケージ表面)	θ_{j-a}	50	℃/W	放熱板なし

(b) 推奨動作条件

項　目	記号	規格 min	規格 max	単位	条　件
入力電圧範囲	V_{in}	8	30	V	
出力電流範囲	I_o	0	2	A	
動作時接合温度	T_{jop}	−20	125	℃	
動作時周囲温度範囲	T_a	−20	85	℃	ディレーティングあり

固定タイプであるMPM81，MPM82があり，MPM81は出力電圧が3.3 V，MPM82は出力電圧が5.0 Vで固定です．MPM81，MPM82では，検出用の抵抗も不要となっています．

写真2にMPM80シリーズ用基板と実装済み基板を示します．パッケージ内に主要な部品を収めているため，非常にコンパクトで，外部パターンの引き回しも容易になっています．

● **MPM80の特性**

MPM80の実際の動作波形を**図11**に示します．外部端子がV_{IN}，P-GND，S-GND，V_O，FBのみなので，実際のスイッチング波形を見ることはできませんが，出力電圧V_Oのリプル電圧を見ると，スイッチング動作していることがわかります．

効率曲線とレギュレーション曲線を**図12**に示します．これを見ると，V_{in} = 12 V，V_{out} = 5 V，I_{out} = 1 A時に効率が約87 %となっています．また，レギュレーション特性も，全入力範囲/全負荷範囲で0.5 %以内に入っています．

MPM80の回路構成としては，外付け部品が3端子レギュレータと同等です．そのため，3端子レギュレータからの置き換えで効率の改善が可能です．さらに，DC-DCコンバータでの効率の良さを生かし，24 V入

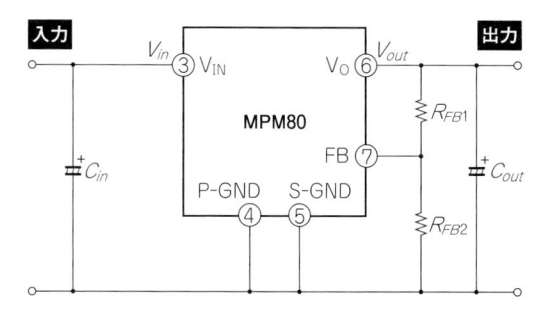

図10　MPM80の応用回路の構成

表2　MPM80の端子配置

ピン番号	記号	機　能
2	NC	未接続ピン
3	V_{IN}	電源入力端子
4	P-GND	グラウンド端子(パワー部)
5	S-GND	グラウンド端子(制御部)
6	V_O	出力端子
7	FB	フィードバック端子

表3　MPM80シリーズのラインナップ

製品名	出力電流 I_{out}	スイッチング周波数f_{OSC}	出力電圧 V_{out}	推奨入力電圧 V_{in}	最大効率 η	保護機能	
						OCP	TSD
MPM80	2.0 A	630 kHz	3.0〜16 V	8〜30 V	95 %	垂下型	自動復帰
MPM81	2.0 A	630 kHz	3.3 V	8〜30 V	88 %	垂下型	自動復帰
MPM82	2.0 A	630 kHz	5.0 V	8〜30 V	93 %	垂下型	自動復帰

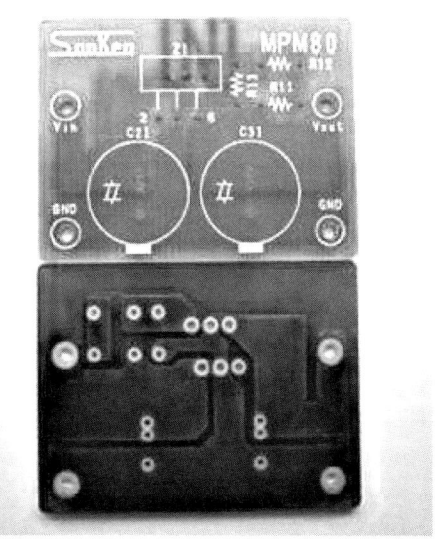

（a）MPM80用基板　　（b）実装済み基板

写真2　MPM80用基板と実装済み基板

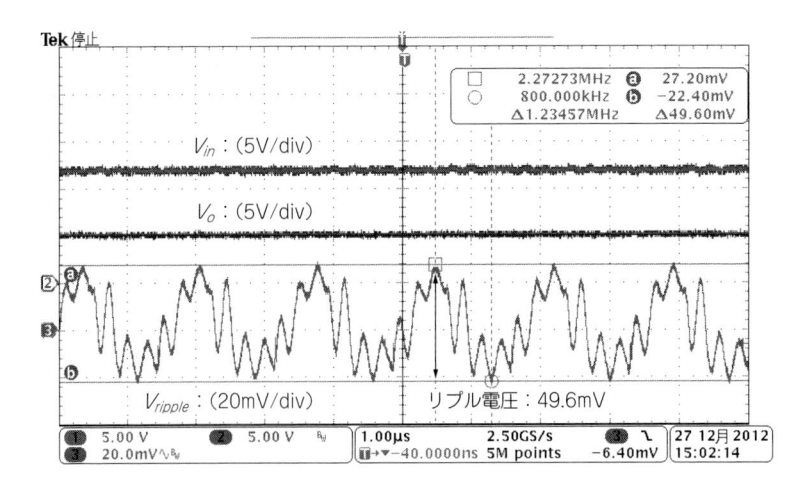

図11 動作時の波形（1 μs/div）

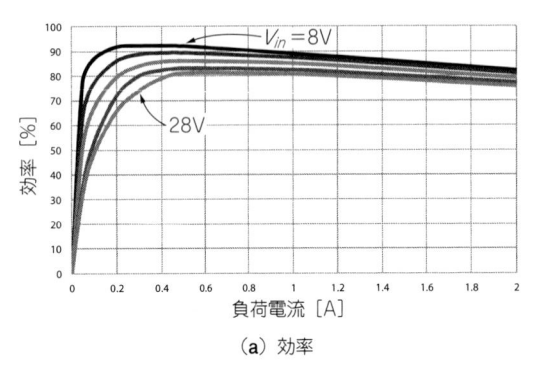

図12 MPM80の効率曲線とレギュレーション曲線
(a) 効率
(b) レギュレーション

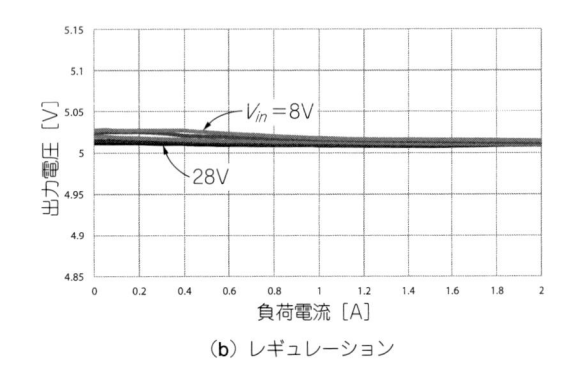

力から5V出力などを作る場合，3端子レギュレータでは取得不可能な電流まで得ることができます．

これは，前述した損失に起因します．例えば，24V入力から5V出力を取る場合，入出力電圧差が19Vとなります．式(1)から，この入出力電圧差と出力電流の積が損失ですから，負荷電流を0.5Aと仮定すると，損失P_{loss}は9.5Wにもなってしまいます．

実際の3端子レギュレータLM78M05の仕様から，放熱器なしの場合のジャンクション-エア間の熱抵抗を見ると，TO-220パッケージでθ_{j-a} = 66℃/Wですから，放熱器がない場合の温度上昇を計算すると，ジャンクション温度上昇ΔT_jは

$$\Delta T_j = \theta_j \cdot P_{loss}$$
$$= 66℃/W \times 9.5 W$$
$$= 627℃$$

にもなってしまいます．

実際には，ジャンクション温度が仕様（T_{jmax} = 150℃）以上になってしまうので，その時点で過熱保護機能をもつ制御回路であれば動作停止するか，最悪の場合には破壊に至ってしまいます．

逆に，使用できるような電流値を算出してみると，動作周囲温度の最大値を40℃とした場合，ジャンクション温度の最大値が150℃，熱抵抗が66℃/Wですので，許容できる損失P_Aは，

$$P_A = (T_{jmax} - T_a) / \theta_{j-a}$$
$$= (150℃ - 40℃) \div 66℃/W = 1.67 W$$

となります．24V入力で5V出力を取る場合には，入出力電圧差は19Vですので，流すことのできる電流$I_{out(max)}$は，

$$I_{out(max)} = \frac{P_A}{V_{in} - V_{out}}$$
$$= 1.67 W \div 19 V$$
$$= 0.088 A$$

となり，88mAしか流すことができなくなります．入出力電圧差が大きいと，負荷電流がほとんど取れないことがわかります．

この計算では，ジャンクション温度が150℃となるポイントから逆算していますが，実際に使用する場合には，使用する基板の許容温度も確認する必要がありますので，さらに負荷電流が取れなくなることがあり

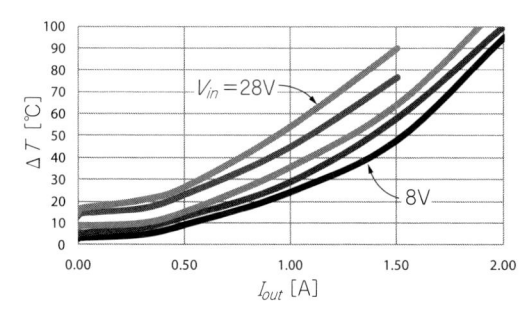

図13 MPM80の温度上昇曲線

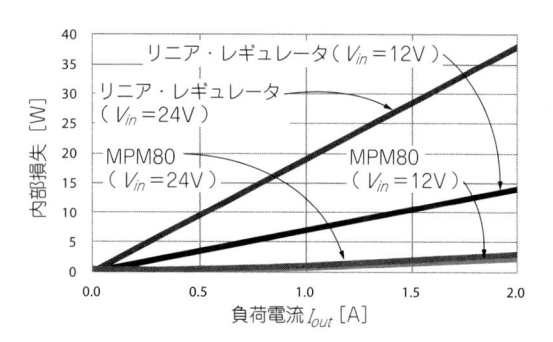

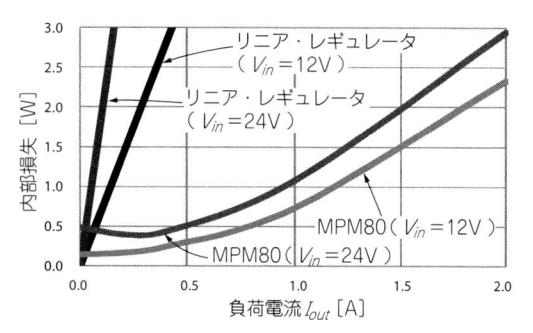

図14 リニア・レギュレータとMPM80の損失比較（出力電圧：5V）

ます．

これに対し，**図12**のMPM80の効率曲線曲線から，$V_{in} = 24\,V$，$V_{out} = 5\,V$，$I_{out} = 0.5\,A$ 時の効率は，約83％となっています．この曲線から内部損失P_Iを算出すると，

$$P_I = P_{in} - P_{out}$$
$$= \frac{P_{out}}{\eta} - P_{out} = P_{out}(\frac{1}{\eta} - 1)$$
$$= V_{out} I_{out}(\frac{1}{\eta} - 1)$$
$$= 5\,V \times 0.5\,A \times (1 \div 0.83 - 1)$$
$$= 0.512\,W$$

P_I：内部損失［W］
P_{in}：入力電力［W］
P_{out}：出力電力［W］
η：DC-DCコンバータの変換効率［％］
V_{out}：出力電圧［V］
I_{out}：出力電流［A］

MPM80の放熱器なしの場合のジャンクション-エア間の熱抵抗は，$\theta_{j-a} = 50\,℃/W$です．よって，このときのジャンクション温度上昇ΔT_jは，

$$\Delta T_j = P_I \theta_{j-a} = 0.512\,W \times 50\,℃/W$$
$$= 25.6\,℃$$

ΔT_j：ジャンクション温度上昇［℃］
P_I：内部損失［W］
θ_{j-a}：熱抵抗［℃/W］

になります．MPM80の$T_{j(max)}$は125℃ですが，十分に余裕のある温度です．

MPM80のデータシートには，**図13**のような温度上昇-出力電流曲線例がありますので，概算ではこの曲線を参考に，温度上昇を確認することができます．

● リニア・レギュレータとの比較

ここで，リニア・レギュレータとMPM80の損失を比較したグラフを**図14**に示します．これを見ると，入出力電圧差が大きく，負荷電流が大きくなるほどリニア・レギュレータでは損失が大きくなります．

これに対してMPM80では，リニア・レギュレータよりも圧倒的に損失が発生しないことがわかります．実際に熱抵抗を考慮すると，放熱器なしの場合，TO-220パッケージでは2W程度の許容損失となりますので，実際に使用できる範囲としては，MPM80のほうが数倍広くなります．

このように，リニア・レギュレータに比べて，DC-DCコンバータでは使用できる入出力範囲が大幅に広がります．また，MPM80ではDC-DCコンバータで必要な周辺部品を内蔵しているため，煩雑な回路設計も不要で，容易にDC-DCコンバータを使用することができます．

◆参考文献◆
(1) 3V～16V 2A 非絶縁降圧型DC/DC コンバータモジュール MPM80，サンケン電気株式会社．
http://www.sanken-ele.co.jp

- ● **本書記載の社名,製品名について** ── 本書に記載されている社名および製品名は,一般に開発メーカーの登録商標です.なお,本文中では ™, ®, © の各表示を明記していません.
- ● **本書掲載記事の利用についてのご注意** ── 本書掲載記事は著作権法により保護され,また産業財産権が確立されている場合があります.したがって,記事として掲載された技術情報をもとに製品化をするには,著作権者および産業財産権者の許可が必要です.また,掲載された技術情報を利用することにより発生した損害などに関して,CQ出版社および著作権者ならびに産業財産権者は責任を負いかねますのでご了承ください.
- ● **本書に関するご質問について** ── 文章,数式などの記述上の不明点についてのご質問は,必ず往復はがきか返信用封筒を同封した封書でお願いいたします.勝手ながら,電話での質問にはお答えできません.ご質問は著者に回送し直接回答していただきますので,多少時間がかかります.また,本書の記載範囲を越えるご質問には応じられませんので,ご了承ください.
- ● **本書の複製等について** ── 本書のコピー,スキャン,デジタル化等の無断複製は著作権法上での例外を除き禁じられています.本書を代行業者等の第三者に依頼してスキャンやデジタル化することは,たとえ個人や家庭内の利用でも認められておりません.

⟨R⟩〈日本複製権センター委託出版物〉
本書の全部または一部を無断で複写複製(コピー)することは,著作権法上での例外を除き,禁じられています.本書からの複製を希望される場合は,日本複製権センター(TEL:03-3401-2382)にご連絡ください.

グリーン・エレクトロニクス No.13(トランジスタ技術SPECIAL 増刊)

ディジタル制御電源の実践研究

2013年6月1日 発行　　　　　　　　　　　　　　　　　　　©CQ出版㈱ 2013
　　　　　　　　　　　　　　　　　　　　　　　　　　　（無断転載を禁じます）

編　集　トランジスタ技術SPECIAL編集部
発行人　寺　前　裕　司
発行所　ＣＱ出版株式会社
　　　　（〒170-8461）東京都豊島区巣鴨1-14-2
　　　　電話　編集　03-5395-2123
　　　　　　　広告　03-5395-2131
　　　　　　　営業　03-5395-2141
　　　　振替　00100-7-10665

定価は表四に表示してあります
乱丁,落丁本はお取り替えします　　　　DTP・印刷・製本　三晃印刷株式会社／DTP　有限会社 新生社

編集担当　清水　当
Printed in Japan